ESV
ERICH
SCHMIDT
VERLAG

AF532217

Doppelte Buchführung in der Kommunalverwaltung

Basiswissen für das „Neue Kommunale Finanzmanagement“ (NKF)

Von

Prof. Dr. Mark Fudalla

und

Christian Wöste

5., neu bearbeitete Auflage

ERICH SCHMIDT VERLAG

Bibliografische Information der Deutschen Nationalbibliothek
Die Deutsche Nationalbibliothek verzeichnet diese Publikation in der Deutschen Nationalbibliografie; detaillierte bibliografische Daten sind im Internet über dnb.d-nb.de abrufbar.

Weitere Informationen zu diesem Titel finden Sie im Internet unter
ESV.INFO/978-3-503-19577-0

1. Auflage 2004
2. Auflage 2005
3. Auflage 2007
4. Auflage 2011
5. Auflage 2021

ISBN 978-3-503-19577-0

www.ESV.info

Druck und buchbinderische Weiterverarbeitung: Difo-Druck, Untersiemau

Vorwort zur 5. Auflage

Die vorliegende 5. Auflage ist das Ergebnis einer gründlichen Überarbeitung. Dies war – 10 Jahre nach Erscheinen der 4. Auflage – überfällig: Die Rechtsvorschriften haben sich zwischenzeitlich gewandelt. 2018 wurde im Land Nordrhein-Westfalen die hergebrachte Gemeindehaushaltsverordnung (GemHVO NRW) durch die Verordnung über das Haushaltswesen der Kommunen im Land Nordrhein-Westfalen (KomHVO NRW) ersetzt. Paragrafen haben sich verschoben und Detailvorschriften geändert. Neben der Erneuerung der Verweise haben wir uns ferner bemüht, das Werk durch Klarstellungen, Straffungen oder Ergänzungen noch stimmiger zu gestalten.

Wir hoffen, das Lehrbuch kann sich in der vorliegenden Form weiterhin als Einstiegshilfe für (kommende) Doppik-Anwender in Kommunen – auch über Nordrhein-Westfalen hinaus – bewähren.

Unser herzlicher Dank gilt Frau Elke Franke für die Unterstützung bei der Erstellung des Manuskripts.

Köln, im Dezember 2020

Mark Fudalla
Christian Wöste

Inhaltsverzeichnis

Abbildungsverzeichnis

Abkürzungsverzeichnis

EUR	=	Euro
A	=	Aktiva
aplm.	=	außerplanmäßig
AB	=	Anfangsbestand
Abb.	=	Abbildung
Abg.	=	Abgänge
AfA	=	Absetzung für Abnutzung
AG	=	Aktiengesellschaft
AHK	=	Anschaffungs- und Herstellungskosten
AK	=	Anschaffungskosten
AkE	=	Abschlusskonto Ergebnisrechnung
AkF	=	Abschlusskonto Finanzrechnung
AktG	=	Aktiengesetz
AO	=	Abgabenordnung
APM	=	Aktiv-Passiv-Mehrung
APMi	=	Aktiv-Passiv-Minderung
ARAP	=	Aktiver Rechnungsabgrenzungsposten
AT	=	Aktiv-Tausch
Aufw.	=	Aufwendungen
Ausz.	=	Auszahlung
AV	=	Anlagevermögen
bewegl.	=	beweglich
BgA	=	Betrieb gewerblicher Art
BGA	=	Betriebs- und Geschäftsausstattung
BilRUG	=	Bilanzrichtlinie-Umsetzungsgesetz
bzw.	=	beziehungsweise
d.h.	=	das heißt
dgl.	=	dergleichen
DM	=	Deutsche Mark
DV	=	Datenverarbeitung
EBK	=	Eröffnungsbilanzkonto
EDV	=	Elektronische Datenverarbeitung
einschl.	=	einschließlich
Einz.	=	Einzahlung
EK	=	Eigenkapital
ER	=	Ergebnisrechnung
ERS	=	Entwurf Rechnungslegungsstandard
EStG	=	Einkommensteuergesetz
EStR	=	Einkommensteuer-Richtlinien
etc.	=	et cetera
Ford.	=	Forderungen
FR	=	Finanzrechnung
GemHVO	=	Gemeindehaushaltsverordnung (im Land Nordrhein-Westfalen)
GemKVO	=	Gemeindekassenverordnung

ggf.	=	gegebenenfalls
ggü.	=	gegenüber
GKR	=	Gemeinschaftskostenrahmen
GmbH	=	Gesellschaft mit beschränkter Haftung
GmbHG	=	GmbH-Gesetz
GO	=	Gemeindeordnung (für das Land Nordrhein-Westfalen)
GoB	=	Grundsätze ordnungsmäßiger Buchführung
GoI	=	Grundsätze ordnungsmäßiger Inventur
Guth.	=	Guthaben
GuV	=	Gewinn- und Verlustrechnung
GVG	=	geringwertiger Vermögensgegenstand
GWG	=	geringwertiges Wirtschaftsgut
H	=	Haben
ha	=	Hektar
HGB	=	Handelsgesetzbuch
HK	=	Herstellungskosten
Hrsg.	=	Herausgeber
hrsg.	=	herausgegeben
HÜ	=	Hauptabschlussübersicht
i.d.R.	=	in der Regel
i. H. v.	=	in Höhe von
i.S.d.	=	im Sinne des
i.V.m.	=	in Verbindung mit
IDW	=	Institut der Wirtschaftsprüfer in Deutschland e.V.
IKR	=	Industriekontenrahmen
ILV	=	Interne Leistungsverrechnung
IMK	=	Ständige Konferenz der Innenminister und -senatoren der Länder
KAG	=	Kommunalabgabengesetz (für das Land Nordrhein-Westfalen)
KGSt	=	Kommunale Gemeinschaftsstelle
KI	=	Kreditinstitut
KLR	=	Kosten- und Leistungsrechnung
KomHVO	=	Verordnung über das Haushaltswesen der Kommunen im Land Nordrhein-Westfalen
KStG	=	Körperschaftsteuergesetz
kum.	=	kumuliert
lt.	=	laut
LuL	=	(aus) Lieferung und Leistung
MES	=	Materialentnahmeschein
n.F.	=	neue Fassung
ND	=	Nutzungsdauer
NKF	=	Neues Kommunales Finanzmanagement
Nr.	=	Nummer
NRW / NW	=	Nordrhein-Westfalen
o.g.	=	oben genannt
ö-r.	=	öffentlich-rechtlich
P	=	Passiva
PB	=	Produktbereich

PRAP	=	Passiver Rechnungsabgrenzungsposten
PT	=	Passiv-Tausch
PWB	=	Pauschalwertberichtigung
R	=	Richtlinie
RAP	=	Rechnungsabgrenzungsposten
RHB	=	Roh-, Hilfs- und Betriebsstoffe
S	=	Soll
S.	=	Seite / Satz
SAV	=	Sachanlagevermögen
SB	=	Schlussbestand
SBK	=	Schlussbilanzkonto
SF	=	Sonstige Forderung
SoPo	=	Sonderposten
stat.	=	statistisch
SV	=	sonstige Verbindlichkeiten / Sozialversicherung
TER	=	Teilergebnisrechnung
TFR	=	Teilfinanzrechnung
u.a.	=	und andere / unter anderem
u.a.m.	=	und andere mehr
unbeb.	=	unbebaut
USt	=	Umsatzsteuer
UStG	=	Umsatzsteuergesetz
usw.	=	und so weiter
UV	=	Umlaufvermögen
v.	=	von/vom
v.H.	=	vom Hundert
verb.	=	verbunden
Verb.	=	Verbindlichkeiten
Verr.-Kto.	=	Verrechnungskonto
VG	=	Vermögensgegenstand
vgl.	=	vergleiche
Vj.	=	Vorjahr
VK	=	Vertriebskosten
VP	=	Verkaufspreis
VV	=	Muster zur GO NRW und KomHVO NRW = Muster für das doppische Rechnungswesen sowie zu Bestimmungen der Gemeindeordnung für das Land Nordrhein-Westfalen und der Kommunalhaushaltsverordnung Nordrhein-Westfalen
z.B.	=	zum Beispiel
Zug.	=	Zugänge
Zuw.	=	Zuweisungen
ZV	=	Zweckverband

1 Einleitung

Die kaufmännische doppelte Buchführung (kurz: „Doppik“) ist mittlerweile weit verbreitete Praxis in deutschen Kommunalverwaltungen. Sie wird auf der Grundlage der jeweiligen Landesregelungen in den Kommunalverwaltungen umgesetzt. Die Unterschiede zwischen den Landesregelungen sind häufig eher redaktioneller Art, in jedem Fall aber nicht so weitreichend, dass in den einzelnen Ländern jeweils unterschiedliche Anforderungen an das erforderliche Basiswissen im Umgang mit der doppelten Buchführung zu stellen wären: Die kommunale Doppik basiert länderübergreifend auf der gleichen konzeptionellen Grundlage, dessen Vermittlung sich dieses Lehrbuch zur Aufgabe gemacht hat. Um gleichwohl exemplarisch konkrete Verweise auf Gesetze und Verordnungen vornehmen zu können, wurden den Ausführungen die Landesregelungen in Nordrhein-Westfalen zugrunde gelegt.

Nordrhein-Westfalen war das erste Bundesland, das den Empfehlungen der Innenministerkonferenz zur Reform des Gemeindehaushaltsrechts gefolgt ist und im November 2004 das Gesetz zur Einführung des „Neuen Kommunalen Finanzmanagements“ (NKF) beschlossen hat. Spätestens zum Haushaltsjahr 2009 mussten die Gemeinden damit beginnen, ihre Geschäftsvorfälle nach dem System der doppelten Buchführung in ihrer Finanzbuchhaltung zu erfassen.

Die meisten anderen Bundesländer sind dem Beispiel Nordrhein-Westfalens sind gefolgt. Nur in einer kleinen Minderheit der Bundesländer sind die Kommunen bislang nicht verpflichtet, ein doppisches Haushalts- und Rechnungswesen einzuführen: Schleswig-Holstein, Thüringen und Bayern räumen den Kommunen (derzeit noch) ein Wahlrecht zwischen Doppik und (erweiterter) Kameralistik ein.

Die Einführung der Doppik in den Kommunalverwaltungen folgt der Einsicht, dass sich mit der Doppik steuerungsrelevante Informationen umfänglicher und vergleichsweise effizient gegenüber der (erweiterten) Kameralistik bereitstellen lassen. Die Doppik ist ein integriertes System: Sie bildet – ohne aufwendige und fehleranfällige Nebenrechnungen, die mit einer Erweiterung der Kameralistik einhergehen würden – über die Ein- und Auszahlungen hinaus auch periodisierte Erfolgsgrößen ab (Erträge und Aufwendungen, also das Ressourcenaufkommen und den Ressourcenverbrauch einer Periode). Die Bilanz, die zu einem Stichtag Auskunft über das Vermögen und die Schulden der Kommune gibt, wird im Buchungsverbund mitgeführt. Die Doppik kann ferner vergleichsweise einfach um eine Kosten- und Leistungsrechnung erweitert werden. Und schließlich: Nur mit der Doppik lässt sich ein konsolidierter Abschluss für den „Konzern Kommune" erstellen, der weitere wichtige Informationen für eine wirtschaftliche Gesamtsteuerung liefern kann.

Der Umstieg von der zahlungsorientierten kameralen auf eine ressourcenorientierte Rechnungslegung (mittels Doppik oder hilfsweise mittels erweiterter Kameralistik) ist aber nur ein Aspekt der Reform des Gemeindehaushaltsrechts. Mindestens ebenso wesentlich ist ein anderer Aspekt: Die Steuerung der Verwaltung soll von einer Inputsteuerung auf eine Outputsteuerung umgestellt werden. Das heißt: Die Ressourcenverbrauchsermächtigungen, die die kameralen Ausgabeermächtigungen ersetzen, sollen mit Zielvorgaben hinsichtlich Menge, Qualität und (möglichst auch) Wirkung der kommunalen Dienstleistungen/Produkte verknüpft werden.

Die Doppik allein – das soll hier betont werden – schafft zunächst nur Transparenz über das Ressourcenaufkommen und den Ressourcenverbrauch eines Haushaltsjahres sowie über die Höhe und Zusammensetzung des Vermögens und der Schulden der Kommune zu einem Stichtag. Sie ist an sich ebenso wenig outputorientiert wie die Kameralistik. Worauf es für die Verbesserung der Wirtschaftlichkeit und Effektivität des Verwaltungshandelns ankommt, ist die Verknüpfung des doppischen Ressourcenverbrauchskonzepts mit der Outputorientierung: Hierzu sind organisatorische Vorkehrungen ebenso notwendig wie der Einsatz weiterer (betriebswirtschaftlicher) Informations- und Steuerungsinstrumente. Stichworte in diesem Zusammenhang sind: Integration und Dezentralisation der Fach- und Ressourcenverantwortung, Budgetierung, Zielvereinbarungen, Kosten- und Leistungsrechnung, Controlling u.a.m. Ohne diese zusätzlichen Bausteine bleibt auch ein leistungsfähiges doppisches Rechnungswesen „in der Luft hängen". Hier liegen, dies sollte nicht verkannt werden, die eigentlichen Herausforderungen, die die Reform des Gemeindehaushaltsrechts den Kommunen aufgibt.

2 Grundbegriffe des kaufmännischen Rechnungswesens

Die Kameralistik bildet vor allem Einzahlungen und Auszahlungen ab. Im kaufmännischen Rechnungswesen ist der Rechenstoff umfassender: Dort werden neben Einzahlungen und Auszahlungen zusätzlich noch Einnahmen und Ausgaben, Erträge und Aufwendungen sowie Leistungen und Kosten unterschieden.

2.1 Einzahlungen – Einnahmen / Auszahlungen – Ausgaben

Das Begriffspaar Einzahlungen – Auszahlungen bezieht sich auf Veränderungen des **Zahlungsmittelbestandes** (= Kassenbestände + jederzeit verfügbare Bankguthaben). Eine Einzahlung erhöht den Zahlungsmittelbestand; eine Auszahlung vermindert den Zahlungsmittelbestand.

Dagegen bezeichnen Einnahmen bzw. Ausgaben Veränderungen des **Geldvermögens**. Das Geldvermögen ist die Summe aus dem Zahlungsmittelbestand und den (kurzfristigen) Forderungen abzüglich der (kurzfristigen) Verbindlichkeiten. Einnahmen erhöhen das Geldvermögen; Ausgaben vermindern das Geldvermögen.

Folgende Abbildung verdeutlicht die Abgrenzung zwischen Einzahlungen und Einnahmen.

Einzahlungen – Einnahmen

<table>
<tr><td colspan="2">Einzahlungen (Periode)
(= Erhöhungen des Zahlungsmittelbestandes)</td><td></td></tr>
<tr><td>Einzahlungen,
keine Einnahmen
(1)</td><td>Einzahlungen =
Einnahmen
(2)</td><td></td></tr>
<tr><td></td><td>Einnahmen =
Einzahlungen
(2)</td><td>Einnahmen,
keine Einzahlungen
(3)</td></tr>
<tr><td></td><td colspan="2">Einnahmen (Periode)
(= Erhöhungen des Geldvermögens)</td></tr>
</table>

Abbildung 1: Einzahlung –Auszahlung

(1) Einzahlungen, aber keine Einnahmen

Der Zahlungsmittelbestand erhöht sich, ohne dass sich das Geldvermögen verändert.

Beispiel

Aufnahme eines kurzfristigen Bankdarlehens

Im Umfang des gewährten Kredits (z.B. EUR 100.000) fließen liquide Mittel zu (Einzahlung). Gleichzeitig entsteht jedoch eine Verbindlichkeit; das Geldvermögen erhöht sich daher nicht. Somit liegt keine Einnahme vor.

Einzahlungen	+	Änderung Forderungen	±	Änderung Verb.	=	Einnahmen
100.000	+	0	-	100.000	=	0
Änderung des Zahlungsmittelbestands					=	+ 100.000
Änderung des Geldvermögens					=	± 0

(2) Einzahlungen = Einnahmen

Sowohl der Bestand an liquiden Mitteln (Zahlungsmittelbestand) als auch die Summe aus Zahlungsmittelbestand und Forderungen abzüglich Verbindlichkeiten (Geldvermögen) erhöht sich.

Beispiel

Barverkauf von ausrangierten Büromöbeln (EUR 1.000)

Einzahlungen	±	Änderung Forderungen	±	Änderung der Verb.	=	Einnahmen
1.000	±	0	±	0	=	+ 1.000
Änderung des Zahlungsmittelbestands					=	+ 1.000
Änderung des Geldvermögens					=	+ 1.000

(3) Einnahmen, aber keine Einzahlungen

Erhöhung des Geldvermögens, aber keine Veränderung des Zahlungsmittelbestandes.

Beispiel

Verkauf von ausrangierten Büromöbeln auf Ziel (zahlbar in spätestens 30 Tagen) in Höhe von EUR 600:

Einzahlungen	+	Änderung Forderungen	±	Änderung der Verb.	=	Einnahmen
0	+	600	±	0	=	+ 600
Änderung des Zahlungsmittelbestands					=	+ 0
Änderung des Geldvermögens					=	+ 600

Wie bei der oben erläuterten Abgrenzung von Einzahlungen und Einnahmen lassen sich auch im Verhältnis von Auszahlungen zu Ausgaben drei Fälle unterscheiden (siehe Abb. 2).

Auszahlungen – Ausgaben

<table>
<tr><td colspan="2">A u s z a h l u n g e n (Periode)
(= Verminderung des Zahlungsmittelbestandes)</td><td></td></tr>
<tr><td>Auszahlungen,
keine Ausgaben
(1)</td><td>Auszahlungen =
Ausgaben
(2)</td><td></td></tr>
<tr><td></td><td>Ausgaben =
Auszahlungen
(2)</td><td>Ausgaben,
keine Auszahlungen
(3)</td></tr>
<tr><td></td><td colspan="2">A u s g a b e n (Periode)
(= Verminderung des Geldvermögens)</td></tr>
</table>

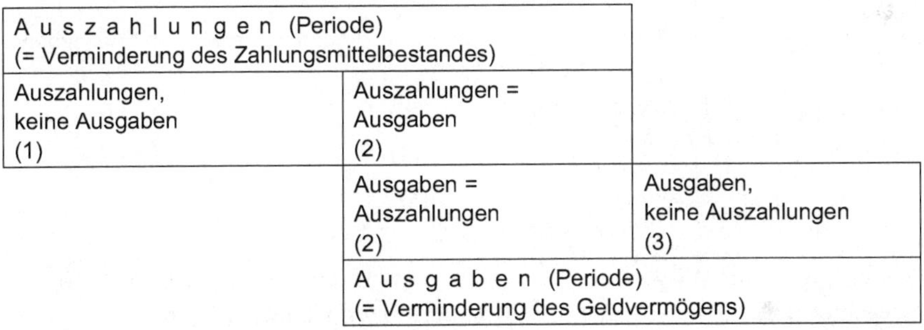

Abbildung 2: Auszahlungen – Ausgaben

(1) Auszahlungen, aber keine Ausgaben

Beispiel

Tilgung einer Lieferantenverbindlichkeit per Überweisung (EUR 20.000):

Auszahlungen	±	Änderung Forderungen	±	Änderung Verb.	=	Ausgaben
- 20.000	±	0	+	20.000	=	0
Änderung des Zahlungsmittelbestands					=	- 20.000
Änderung des Geldvermögens					=	0

(2) Auszahlungen = Ausgaben

Beispiel

Kauf einer Rechenmaschine in bar (EUR 100):

Auszahlungen	±	Änderung Forderungen	±	Änderung Verb.	=	Ausgaben
-100	±	0	±	0	=	- 100
Änderung des Zahlungsmittelbestands					=	- 100
Änderung des Geldvermögens					=	- 100

(3) Ausgaben, aber keine Auszahlungen

Beispiel

Kauf von Aktenordnern auf Ziel (EUR 500):

Auszahlungen	±	Änderung Forderungen	±	Änderung Verb.	=	Ausgaben
0	±	0	-	500	=	- 500
Änderung des Zahlungsmittelbestands					=	0
Änderung des Geldvermögens					=	- 500

2.2 Einnahmen – Erträge / Ausgaben – Aufwendungen

Als Erträge und Aufwendungen werden Veränderungen des **Reinvermögens** (Nettovermögens) bezeichnet. Das Reinvermögen ist die die Differenz aus dem gesamten Vermögen abzüglich aller Schulden (Rückstellungen und Verbindlichkeiten). Es kann somit auch als Summe aus dem Geldvermögen und dem übrigen Nettovermögen (= übriges Vermögen abzügl. übrige Schulden) definiert werden. Erträge erhöhen das Reinvermögen; Aufwendungen vermindern das Reinvermögen.

Erträge und Einnahmen sowie Aufwendungen und Ausgaben sind nur zum Teil deckungsgleich. Die möglichen Beziehungen zwischen Einnahmen und Erträgen zeigt die folgende Abbildung.

Einnahmen - Erträge

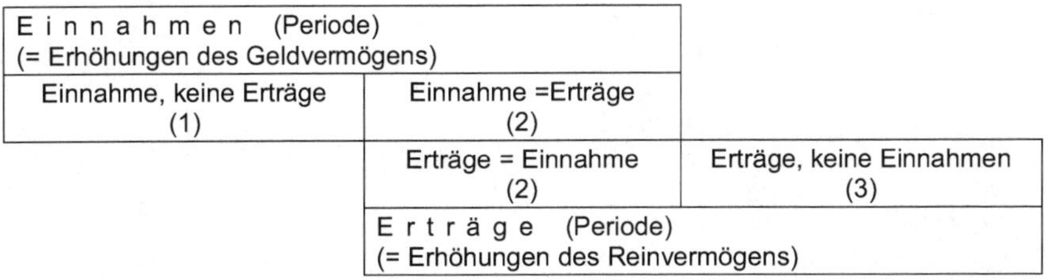

<table>
<tr><td colspan="2">E i n n a h m e n (Periode)
(= Erhöhungen des Geldvermögens)</td><td></td></tr>
<tr><td>Einnahme, keine Erträge
(1)</td><td>Einnahme =Erträge
(2)</td><td></td></tr>
<tr><td></td><td>Erträge = Einnahme
(2)</td><td>Erträge, keine Einnahmen
(3)</td></tr>
<tr><td></td><td colspan="2">E r t r ä g e (Periode)
(= Erhöhungen des Reinvermögens)</td></tr>
</table>

Abbildung 3: Einnahmen – Erträge

(1) Einnahmen, aber keine Erträge

Beispiel

Verkauf eines ausrangierten Rasenmähertraktors zum (Rest-) Buchwert von EUR 2.000 (unabhängig von Art und Zeitpunkt der Zahlung).

Geldvermögensänderung (Einnahme)	±	Veränderung übriges Nettovermögen	=	Reinvermögensänderung (Ertrag)
+ 2.000	-	2.000	=	0

(2) Einnahmen = Erträge

Beispiel

Die Gemeinde erhält eine Landeszuweisung für laufende Zwecke i. H. v. EUR 20.000.

Geldvermögensänderung (Einnahme)	±	Veränderung übriges Nettovermögen	=	Reinvermögensänderung (Ertrag)
+ 20.000	+	0	=	20.000

(3) Erträge, aber keine Einnahmen

Beispiel

Die Gemeinde nimmt bei einem Vermögensgegenstand des Anlagevermögens eine Zuschreibung i. H. v. EUR 15.000 vor.

Geldvermögensänderung	±	Veränderung übriges Nettovermögen	=	Reinvermögensänderung (Ertrag)
0	+	15.000	=	15.000

Auch in Verhältnis von Ausgaben zu Aufwendungen können grundsätzlich drei Fälle unterschieden werden. Nicht jede Ausgabe ist zugleich Aufwand, und nicht jeder Aufwand bedingt zeitgleich eine Ausgabe.

Ausgaben – Aufwendungen

<table>
<tr><td colspan="2">A u s g a b e n (Periode)
(= Verminderung des Geldvermögens)</td><td></td></tr>
<tr><td>Ausgaben, kein Aufwand
(1)</td><td>Ausgaben = Aufwand
(2)</td><td></td></tr>
<tr><td></td><td>Aufwand = Ausgaben
(2)</td><td>Aufwand, keine Ausgaben
(3)</td></tr>
<tr><td></td><td colspan="2">A u f w e n d u n g e n (Periode)
(= Verminderung des Nettovermögens)</td></tr>
</table>

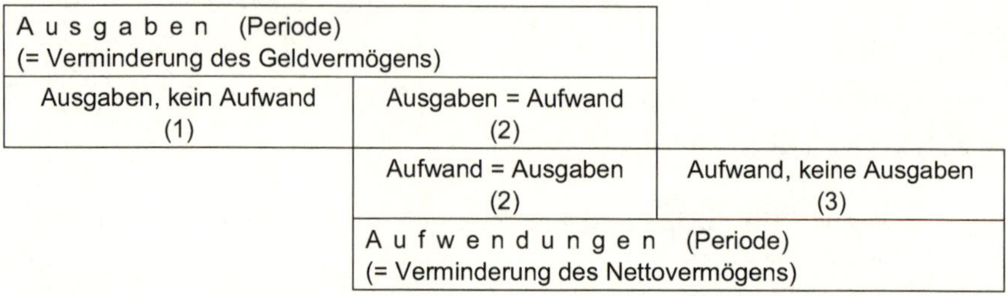

Abbildung 4: Ausgaben – Aufwendungen

(1) Ausgaben, aber keine Aufwendungen

Beispiel

Kauf einer Maschine im Wert von EUR 10.000 (unabhängig von Art und Zeitpunkt der Zahlung):

Geldvermögensänderung (Ausgabe)	±	Veränderung übriges Nettovermögen	=	Reinvermögensänderung (Aufwand)
- 10.000	+	10.000	=	0

(2) Ausgaben = Aufwendungen

Beispiel

Zinszahlung in Höhe von EUR 1.400 an einen Kreditgeber

Geldvermögensänderung (Ausgaben)	±	Veränderung übriges Nettovermögen	=	Reinvermögensänderung (Aufwand)
- 1.400	+	0	=	- 1.400

(3) Aufwendungen, aber keine Ausgaben

Beispiel

Abschreibung einer Maschine in Höhe von EUR 800:

Geldvermögensänderung	±	Veränderung übriges Nettovermögen	=	Reinvermögensänderung (Aufwand)
0	-	800	=	- 800

2.3 Aufwendungen – Kosten / Erträge – Leistungen

Kosten bezeichnen den Werteverzehr innerhalb einer Periode, der bei der Erstellung der **Betriebsleistung** angefallen ist. Die Betriebsleistung misst im Unterschied zu den Erträgen nur das Ergebnis der (eigentlichen) betrieblichen Tätigkeiten; sie setzt sich aus folgenden Komponenten zusammen:

1. Umsatzerträge, d.h. Einnahmen aus den abgesetzten Leistungen.
2. Erhöhung der Bestände an Halb- und Fertigfabrikaten.
3. Innerbetriebliche Erträge, z.B. selbst erstellte Anlagen.

Nicht zur Betriebsleistung gehören die **neutralen Erträge**: Neutrale Erträge sind **betriebsfremde Erträge** (hierzu können z.B. Kursgewinne bei Wertpapieren oder Erträge aus Beteiligungen zählen) oder **außergewöhnliche Erträge** (z.B. Gewinne aus der Veräußerung von ganzen Betriebsstätten).

Die Wertgröße „Kosten“ ist nur zum Teil deckungsgleich mit den in der Finanzbuchhaltung ermittelten Aufwendungen. Neutralen Aufwendungen entsprechen keine Kosten, kalkulatorischen Kosten hingegen entsprechen keine Aufwendungen bzw. Aufwendungen in anderer Höhe. Sofern bestimmte Aufwendungen deckungsgleich als Kosten erfasst werden, spricht man von Zweckaufwendungen bzw. Grundkosten. (vgl. Abb. 5).

Aufwendungen – Kosten

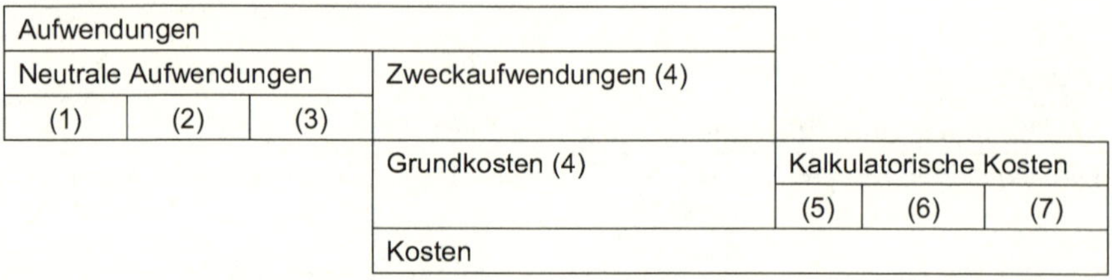

<table>
<tr><td colspan="4">Aufwendungen</td><td></td><td></td><td></td></tr>
<tr><td colspan="3">Neutrale Aufwendungen</td><td rowspan="2">Zweckaufwendungen (4)</td><td></td><td></td><td></td></tr>
<tr><td>(1)</td><td>(2)</td><td>(3)</td><td></td><td></td><td></td></tr>
<tr><td></td><td></td><td></td><td rowspan="2">Grundkosten (4)</td><td colspan="3">Kalkulatorische Kosten</td></tr>
<tr><td></td><td></td><td></td><td>(5)</td><td>(6)</td><td>(7)</td></tr>
<tr><td></td><td></td><td></td><td colspan="4">Kosten</td></tr>
</table>

Abbildung 5: Aufwand – Kosten

(1) Betriebsfremde Aufwendungen (z.B. Spende an eine gemeinnützige Einrichtung).

(2) Außerordentliche Aufwendungen (z.B. Feuerschäden, Verluste aus Bürgschaften).

(3) Bewertungsbedingte neutrale Aufwendungen (z.B. höhere, steuerlich motivierte Sonderabschreibungen).

(4) Zweckaufwendungen werden deckungsgleich in die Kostenrechnung übertragen. Dies könnte etwa bei am Markt bezogenen Sach- und Dienstleistungen der Fall sein (z.B. Stromkosten, Reinigungskosten).

(5) Kalkulatorische Kostenarten, denen keine Aufwandsarten entsprechen (z.B. kalkulatorische Miete für ein selbst genutztes eigenes Bürogebäude).

(6) Kalkulatorische Kostenarten, deren Aufgabe die Periodisierung aperiodisch eintretenden betriebsbedingten Werteverzehrs ist (z.B. Rüstkosten oder Kosten zur Herstellung eines Prototyps).

(7) Kalkulatorische Kostenarten, denen Aufwendungen, allerdings in anderer Höhe, entsprechen (sog. Anderskosten, z.B. kalkulatorische Abschreibungen auf der Basis von Wiederbeschaffungswerten).

Die Einsatzgebiete der Kosten- und Leistungsrechnung sind in Kommunalverwaltungen sehr vielfältig. Sie wird nicht nur zu internen Planungs- und Steuerungszwecken (z.B. Entscheidungen zwischen Eigenerstellung und Fremdbezug) sowie zur Gebührenkalkulation benötigt, sondern ist auch unabdingbare Voraussetzung für die Erfüllung bestimmter (externer) Berichtspflichten (Ermittlung der Herstellungskosten, interne Leistungsverrechnungen im Produkthaushalt, Leistungskennzahlen u.a.).

Wesentliche Lerninhalte:

Bestände und ihre Komponenten	Erhöhung	Verminderung
Kassenbestand + jederzeit verfügbare Bankguthaben = Zahlungsmittelbestand	Einzahlungen	Auszahlungen
Zahlungsmittelbestand + kurzf. Forderungen ./. kurzf. Verbindlichkeiten = Geldvermögen	Einnahmen	Ausgaben
Geldvermögen + übriges Nettovermögen = Reinvermögen	Erträge	Aufwendungen

Verständnisfragen:

Nennen Sie zu den folgenden Sachverhalten jeweils einen Geschäftsvorfall:

1. Einzahlung, aber keine Einnahme.
2. Einnahme, aber keine Einzahlung.
3. Einzahlung, aber kein Ertrag.
4. Auszahlung, aber keine Ausgabe.
5. Auszahlung, aber kein Aufwand.
6. Aufwand, aber keine Auszahlung.

3 Doppisches Haushalts- und Rechnungswesen: Aufgaben und Anforderungen

3.1 Allgemeine Aufgaben und Anforderungen

Buchführung und Jahresabschluss sind Bestandteile des kommunalen Rechnungswesens, das als weiteren Bestandteil insbesondere noch die Kosten- und Leistungsrechnung (inkl. Statistik und Planung) umfasst. Die Aufgaben des Rechnungswesens insgesamt sind: Dokumentation, Rechenschaft und Selbstinformation.

- **Dokumentation**: Sämtliche Zahlungsvorgänge und Realgüterströme sollen nachvollziehbar erfasst werden; alle Geschäftsvorfälle müssen zeitlich und sachlich geordnete aufgezeichnet und anhand von Belegen nachgewiesen werden. Die Dokumentation kann etwa vor Gericht als Beweismittel bei der Durchsetzung oder Abwehr von Ansprüchen herangezogen werden.
- **Rechenschaft:** Offenlegung bestimmter Informationen zum Zwecke des Nachweises gegenüber Dritten. Bürgermeister und Verwaltung müssen gegenüber dem Rat Rechenschaft über die Einhaltung des Haushaltsplans ablegen; Rat und Verwaltung sind gegenüber Bürgerinnen und Bürgern, Aufsichtsbehörden, Kreditgeber u.a. Rechenschaft über die Mittelherkunft und -verwendung sowie die finanzwirtschaftliche Lage der Kommune schuldig.
- **Selbstinformation:** Das Rechnungswesen stellt der Verwaltung und dem Rat Informationen zu Planungs-, Kontroll- und Steuerungszwecken zur Verfügung (Anstieg der Verbindlichkeiten, Entwicklung des Eigenkapitals, Plankosten, Wirtschaftlichkeitsvergleiche, Preiskalkulationen, Soll-Ist-Vergleiche etc.).

Diese Aufgaben werden von den Teilbereichen des Rechnungswesens in unterschiedlicher Intensität wahrgenommen. Die Dokumentation ist im Wesentlichen Sache der Buchführung; zugleich ist die Buchführung eine wesentliche Grundlage für die Erstellung des Jahresabschlusses, der (gemeinsam mit dem Lagebericht) Rechenschaft über das abgelaufene Haushaltsjahr und die Lage der Kommune gibt. Der Schwerpunkt der Kosten- und Leistungsrechnung liegt auf der Verbesserung der durch Buchführung und Jahresabschluss vermittelten Selbstinformation der Entscheidungsträger in der Kommune. Insbesondere ist sie in der Ausprägung als Plankostenrechnung wichtig für die Haushaltsplanung und -überwachung. Informationen der Kosten- und Leistungsrechnung werden aber auch – und in größerem Umfang als in privatwirtschaftlichen Unternehmen – für die Erstellung des Jahresabschlusses selbst benötigt (etwa bei der Kalkulation interner Leistungsverrechnungen im Produkthaushalt oder der Ermittlung von Kennzahlen).

3.2 Aufgaben und Anforderungen im Einzelnen

Im Zentrum der kommunalen Haushaltswirtschaft steht auch im doppischen Haushalts- und Rechnungswesen der Haushaltsplan. Buchführung und Jahresabschluss folgen seinem Planungsstoff und seiner Struktur, um die Ausführung des Haushaltsplans nachweisen zu können sowie Rechenschaft über die Vermögens-, Finanz- und Ertragslage der Gemeinde abzulegen und Steuerungsinformationen für die Entscheidungsträger bereitzustellen.

Nach dem NKF setzt sich der Haushaltsplan im Einzelnen aus den folgenden in Abb. 6 angeordneten Bestandteilen zusammen (vgl. § 1 KomHVO NRW – im Folgenden kurz KomHVO).

Haushaltsplan	
Ergebnisplan ▪ Erträge ▪ Aufwendungen	**Finanzplan** ▪ Einzahlungen ▪ Auszahlungen
Teilergebnispläne nach Produkt-/Verantwortungsbereichen ▪ Erträge ▪ Aufwendungen –	**Teilfinanzpläne** nach Produkt-/Verantwortungsbereichen – Für Investitionen ▪ Einzahlungen ▪ Auszahlungen
Anlagen	
▪ Vorbericht ▪ Stellenplan ▪ Haushaltsquerschnitt ▪ Übersichten über den Stand der Verbindlichkeiten ▪ Übersicht über die Entwicklung des Eigenkapitals ▪ Übersicht über die aus Verpflichtungsermächtigungen fälligen Ausgaben ▪ Ergebnisrechnung, Finanzrechnung und Bilanz des Vorvorjahres ▪ Wirtschaftspläne, neuste Jahresabschlüsse der Sondervermögen ▪ Übersicht über die Wirtschaftslage und die voraussichtliche Entwicklung der Unternehmen und Einrichtungen mit den neuesten Jahresabschlüssen der Unternehmen und Einrichtungen mit eigener Rechtspersönlichkeit, an denen die Gemeinde mit mehr als 20 v.H. beteiligt ist ▪ Übersicht mit bezirksbezogenen Haushaltsangaben (kreisfreie Städte)	

Abbildung 6: Aufbau des Haushaltsplans nach NKF

Im **Ergebnisplan** werden die ergebniswirksamen Vorgänge, das sind solche, die das Eigenkapital der Gemeinde vermindern (Aufwendungen) oder erhöhen (Erträge), geordnet nach unterschiedlichen Aufwands- und Ertragsarten veranschlagt. Die Aufwendungen und Erträge sind in einer Staffel so angeordnet, dass als Salden das ordentliche Ergebnis, das Finanzergebnis, das Ergebnis der laufenden Verwaltungstätigkeit und das außerordentliche Ergebnis sowie schließlich das Jahresergebnis ausgewiesen werden können (§ 2 (2) KomHVO). Nach den Regelungen zum **Haushaltsausgleich** (§ 75 (2) GO) sollen die geplanten Aufwendungen die geplanten Erträge grundsätzlich nicht übersteigen.

Der **Finanzplan** enthält die kassenwirksamen Vorgänge, also alle geplanten Ein- und Auszahlungen (gleichgültig, ob sie ergebniswirksam sind oder nicht). Die Ein- und Auszahlungen werden geordnet nach Mittelherkunft bzw. Mittelverwendung veranschlagt und innerhalb einer Staffel zu den Bereichen laufende Verwaltungstätigkeit, Investitionstätigkeit und Finanzierungstätigkeit gruppiert. Damit lassen sich auch hier entsprechende Salden bilden (§ 3 (2) Kom HVO).

Der Finanzplan erfüllt im Wesentlichen die Aufgabe, die nicht ergebniswirksamen (und daher im Ergebnisplan nicht enthaltenen) Ein- und Auszahlungen aus Investitions- und Finanzierungstätigkeit zu ermächtigen; der Finanzplan schließt damit die „Ermächtigungslücke“, die ein nur aus dem Ergebnisplan bestehender Haushaltsplan aufweisen müsste (Muster für den doppischen Ergebnis- und Finanzplan nach NKF enthält der Anhang; s. Anlage 4 und 5).

Der Haushalt ist zudem (auf der Basis des Produktrahmenplans) in produktorientierte **Teilhaushalte** zu gliedern. Die Zusammenfassung von Produkten zu einem Teilhaushalt kann entweder der Systematik des Produktrahmenplans folgen (z.B. jeder Produktbereich bildet einen Teilhaushalt) oder Produkte (überschneidungsfrei) nach Verantwortungsbereichen/Organisationsbereichen zu Teilhaushalten zusammenführen (§ 4 (1) KomHVO). Wie auch immer die Teilhaushalte gebildet werden, für jeden Teilhaushalt enthält der Haushaltsplan einen Teilfinanzplan und einen Teilergebnisplan.

Im **Teilfinanzplan** werden in erster Linie die investiven Ein- und Auszahlungen des jeweiligen Teilhaushalts getrennt voneinander veranschlagt. Im Bereich der laufenden Verwaltungstätigkeit kann – zumindest in NRW – eine Nettodarstellung der Ein- und Auszahlungen erfolgen, d.h. es wird dann nur der Saldo der Ein- und Auszahlungen ausgewiesen (§ 4 (4) KomHVO, vgl. auch Anlage 6).

Die **Teilergebnispläne** enthalten dagegen alle Posten, die auch in der Ergebnisrechnung für den Gesamthaushalt ausgewiesen sind; zusätzlich werden in den Teilergebnisplänen jeweils zusammengefasst zu einem Posten die Erträge und die Aufwendungen aus internen Leistungsbeziehungen ausgewiesen (§ 4 (3) KomHVO, vgl. auch Anlage 7).

Der Planungsstoff und die im Haushalt verwendeten Planungsformate bilden die Grundlage, auf der die Bestimmungen zur Buchführung und zum Jahresabschluss aufbauen. Buchführung und Jahresabschluss sollen es ermöglichen, den Haushalt während seiner Ausführung und zum Jahresende abzurechnen. So enthält der Jahresabschluss die den Planungswerken des Haushalts entsprechenden Rechenwerke: die Ergebnisrechnung, die Finanzrechnung und die Teilrechnungen. Zum Nachweis über die Einhaltung des Haushaltsplans enthalten diese konsequenterweise neben den Ist-Ergebnissen des Haushaltsjahres auch die fortgeschriebenen Ansätze des Haushaltsjahres sowie die Differenzen zwischen Ansätzen und jeweiligem Ist (vgl. Anlagen 8–11).

Zusätzlich enthält der Jahresabschluss noch die **Bilanz** (vgl. Anlage 3) und den **Anhang**. Die Bilanz wird zwar nicht zur Abrechnung des Haushaltsplans benötigt (der Haushaltsplan enthält keine Planbilanz!), sie ist aber unverzichtbar, wenn mit dem Jahresabschluss – wie es das Gemeindehaushaltsrecht vorschreibt – auch ein den tatsächlichen Verhältnissen entsprechendes Bild der Vermögens-, Finanz- und Ertragslage der Gemeinde vermittelt werden soll (§ 95 (1) GO). Zu dieser neuen Qualität der Rechenschaft und Selbstinformation trägt die Bilanz – neben den anderen Rechnungen, die insoweit eine Doppelfunktion wahrnehmen – bei.

Die Vorschrift, dass der Jahresabschluss ein den tatsächlichen Verhältnissen entsprechendes Bild der Vermögens-, Finanz- und Ertragslage der Gemeinde vermittelt werden soll, die Eingang in das doppische Gemeindehaushaltsrecht aller Länder gefunden hat, ist der Vorschrift des § 264 (2) HGB nachgebildet. Auch die dabei zu beachtenden „Abbildungsvorschriften" (bezogen auf Ansatz, Ausweis und Bewertung) orientieren sich an den kaufmännischen Grundsätzen ordnungsmäßiger Buchführung und Bilanzierung (GoB) und manchen Detailvorschriften des HGB (für große Kapitalgesellschaften). Insbesondere die allgemeinen handelsrechtlichen Bewertungsgrundsätze (§§ 252 ff. HGB) wurden weitgehend übernommen; dabei wurden Wahlrechte jedoch – auch in Übereinstimmung mit internationalen Rechnungslegungsstandards – teilweise eingeschränkt, um die Objektivität und Vergleichbarkeit der Rechnungen zu verbessern. Dies ist zwischenzeitlich auch im Handelsrecht (mit dem Bilanzrechtsmodernisierungsgesetz – BilMoG) geschehen.

Hervorzuheben sind aber zwei **Besonderheiten der kommunalen Doppik**. In der kaufmännischen Doppik werden die Geschäftsvorfälle auf den Konten der Bilanz und der Gewinn- und Verlustrechnung (Ergebnisrechnung) gebucht. Ein- und Auszahlungen spiegeln sich lediglich auf den Finanzmittelkonten der Bilanz (Kasse, Bank) wider. Sofern für den Jahresabschluss eine Kapitalflussrechnung (das Pendant zur kommunalen Finanzrechnung) erstellt wird, geschieht dies (rückwirkend) im Rahmen der Jahresabschlussarbeiten. Verpflichtet hierzu sind nach § 264 (1) HGB allerdings nur kapitalmarktorientiete Kapitalgesellschaften, die keinen Konzernabschluss aufzustellen brauchen.

Dagegen soll die kommunale Finanzrechnung zur Kontrolle und Steuerung der Haushaltsausführung (im Hinblick auf das im Finanzplan veranschlagte Finanzmittelaufkommen und dessen Verwendung) jederzeit und nicht erst mit dem Jahresabschluss verfügbar sein. Die Bestimmungen des Gemeindehaushaltsrechts der Länder sehen deshalb vor, dass auch zur Finanzrechnung – genau wie zur Ergebnisrechnung und Bilanz – Konten gebildet und diese laufend bebucht werden. Die Kommunen sind also – im Unterschied zum kaufmännischen Zwei-Komponentensystem mit Bilanz und Ergebnisrechnung – gehalten, die Konten dreier Rechenwerke zu bedienen: der Bilanz, der Ergebnisrechnung und der Finanzrechnung. Dieses **Drei-Komponentensystem** der kommunalen Doppik wir später noch näher zu erläutern sein.

Das Erfordernis, Teilrechnungen zu führen und den Jahresabschluss um diese zu erweitern, ist eine weitere wichtige Besonderheit der kommunalen Doppik; vergleichbare Pflichtanforderungen kennt das Handelsrecht nicht (eine sog. Segmentberichterstattung ist nach § 264 (1) HGB im Jahresabschluss lediglich fakultativ für kapitalmarktorientierte Kapitalgesellschaften, die nicht zur Aufstellung eines Konzernabschlusses verpflichtet sind, vorgesehen). Für die kommunale Buchhaltung heißt das: Liquiditäts- oder ergebniswirksamen Geschäftsvorfälle sind so zu kontieren, dass sie sich den entsprechenden Teilrechnungen zugeordnet werden können. Dabei ist darauf zu achten, dass dieselben Abgrenzungskriterien zugrunde gelegt werden, die bei der Aufstellung der Teilpläne verwendet wurden. Ansonsten könnten die Teilrechnungen nicht sinnvoll zur Abrechnung der Teilpläne und als Steuerungsinstrument genutzt werden. Ferner ist zu berücksichtigen, dass in den Teilergebnisplänen auch Erträge und Aufwendungen aus internen Leistungsbeziehungen veranschlagt werden können. Folglich sind in den Teilergebnisrechnungen auch diese internen Leistungsbeziehungen abzurechnen. Dies setzt voraus, dass der Leistungsaustausch zwischen den Teilhaushalten mengenmäßig erfasst und mit Verrechnungspreisen bewertet wird. Hier wird deutlich, dass die Teilpläne und -rechnungen Anforderungen an die Rechnungslegung der Kommune stellen, die sich nur unter Einbeziehung von Verfahren erfüllen lassen, die im hergebrachten System der kaufmännischen Buchhaltung nicht in der Finanzbuchhaltung, sondern in der für interne Zwecke betriebenen Betriebsbuchhaltung (Kosten- und Leistungsrechnung) verortet sind.

Auch an anderer Stelle zeigt sich, dass sich die Anforderungen des Gemeindehaushaltsrechts nicht mit einer Finanzbuchhaltung nach kaufmännischem Verständnis erfüllen lassen. Aussagefähige produktorientierte Ziele und Kennzahlen zur Messung der Zielerreichung, die auf der Ebene der Teilpläne verlangt werden, dürften sich ohne Bezüge zur Kosten- und Leistungsrechnung kaum formulieren und für den Jahresabschluss ermitteln lassen.

Wesentliche Lerninhalte:

Das Rechnungswesen der Kommune besteht aus Buchführung und Jahresabschluss sowie der Kosten- und Leistungsrechnung (inkl. Planung und Statistik). Aufgaben des Rechnungswesens sind Dokumentation, Rechenschaft und Selbstinformation. Die Buchführung dient vornehmlich der Dokumentation der Geschäftsvorfälle und der Erstellung des Jahresabschlusses, dessen Hauptzweck die Rechenschaft ist. Die Kosten- und Leistungsrechnung dient in erster Linie der Verbesserung der Selbstinformation der Entscheidungsträger.

Zentrale Bestandteile des doppischen Haushaltsplans sind der Ergebnisplan und der Finanzplan sowie die Teilpläne (Teilergebnispläne und Teilfinanzpläne) der Teilhaushalte.

Der doppische Jahresabschluss dient der Abrechnung des Haushaltsplans und der Vermittlung eines den tatsächlichen Verhältnissen entsprechenden Bildes der Vermögens-, Finanz- und Ertragslage der Gemeinde. Er umfasst die Ergebnisrechnung, die Finanzrechnung, die Teilrechnungen sowie die Bilanz und den Anhang.

Besonderheiten der kommunalen Doppik gegenüber dem kaufmännischen Standardmodell stellen insbesondere die laufend geführte Finanzrechnung sowie die Teilrechnungen dar.

Verständnisfragen:

1. Welche unterschiedlichen Aufgaben nimmt das Rechnungswesen wahr?
2. Aus welchen Bestandteilen setzt sich der Haushaltsplan zusammen?
2. Was wird im Ergebnisplan veranschlagt?
3. Woran wird der Haushaltsausgleich festgemacht?
4. Welchen Zweck erfüllt der Finanzplan?
5. Aus welchen Bestandteilen besteht der Jahresabschluss?

4 Inventur, Inventar und Bilanz

4.1 Überblick

Jede Kommune ist verpflichtet,

- vor Beginn des Haushaltsjahres, in dem erstmals die doppische Rechnungslegung angewandt wird,
- und dann jeweils zum Ende eines jeden Haushaltsjahres

eine **mengen- und wertmäßige Bestandsaufnahme** aller Vermögensgegenstände und Schulden durchzuführen (§§ 91 (1), 92 (1) GO). Diesen Vorgang nennt man Inventur.

Die Inventur dient der Erstellung des Inventars. Im Inventar sind alle Vermögensgegenstände und sämtliche Schulden der Verwaltung zu einem Stichtag jeweils einzeln nach ihrer Art (Bezeichnung), Menge (Stückzahl) und ihrem Wert (in Euro) zu erfassen.

Das Inventar ist seinerseits wieder die Grundlage für die Erstellung der Bilanz – dem zentralen Rechenwerk der Doppik. In der Bilanz werden das Vermögen und das Kapital (Eigen- und Fremdkapital) der Kommune zu einem Stichtag gegenübergestellt. Die Kommune hat zum 1.1. des Jahres, in dem sie mit der doppischen Buchführung beginnt und dann jeweils zum 31.12. eines jeden Haushaltsjahres eine Bilanz zu erstellen (§§ 92 (1), 95 (1) GO).

Schematisch lassen sich die besprochenen Zusammenhänge wie folgt darstellen:

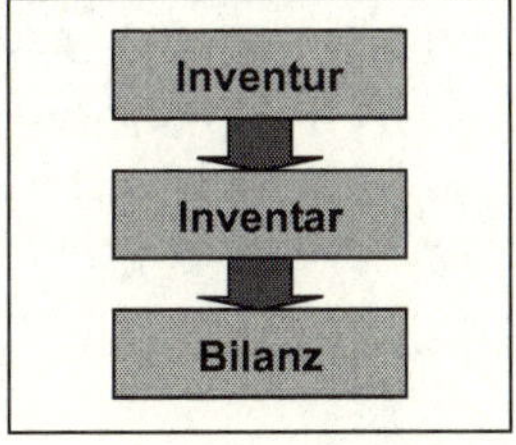

Abbildung 7: Zusammenhang Inventur, Inventar und Bilanz

Inventar und Bilanz haben gemeinsam, dass sie den Stand des Vermögens und des Kapitals der Verwaltung zu einem bestimmten Stichtag aufzeigen. Sie unterscheiden sich jedoch in der Art ihrer Darstellung:

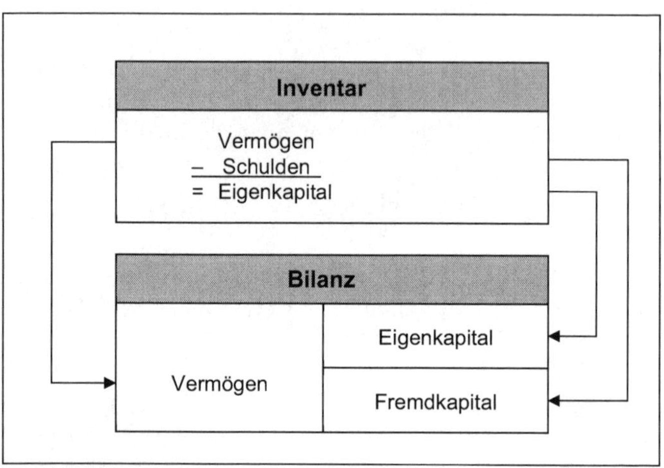

Abbildung 8: Inventar und Bilanz

Im Inventar werden die einzelnen Vermögensgegenstände und Schulden detailliert unter Angabe der Mengen, Einzel- und Gesamtwerte in Staffelform dargestellt. Dagegen bietet die Bilanz eine verdichtete Darstellung, bei der lediglich die Gesamtwerte für die einzelnen Bilanzposten ausgewiesen und Vermögen und Kapital einander in Kontenform gegenübergestellt werden.

Vom Inventar zur Bilanz gelangt man entsprechend durch folgende Schritte:

1. Die mengenmäßigen Angaben des Inventars werden weggelassen.
2. Die im Inventar sehr detailliert angegebenen Vermögensgegenstände und Schulden werden zu Bilanzposten zusammengefasst.
3. Die Vermögensposten (Anlage- und Umlaufvermögen) und das Kapital (Eigen- und Fremdkapital) werden jeweils nach ihrer Liquidität/Fristigkeit geordnet in Form eines Kontos einander gegenübergestellt.

4.2 Arten der Inventur

Es werden zwei Arten der Inventur unterschieden:

- körperliche Inventur und
- Buch- bzw. Beleginventur.

Bei der **körperlichen Inventur** erfolgt die Mengenfeststellung der einzelnen Aufnahmegegenstände durch Zählen, Messen, Wiegen und Schätzen. Sie ist nur bei körperlichen Vermögensgegenständen anwendbar (insbesondere Vorräte, aber auch Fahrzeuge, Maschinen, Betriebs- und Geschäftsausstattung etc.). Die körperliche Aufnahme schließt die Ermittlung des Zustandes und der Brauchbarkeit der Gegenstände ein. Im Anschluss hieran erfolgt die Bewertung der Vermögensgegenstände in Euro.

Bei der **Buchinventur** (Fortschreibung) werden Art, Menge und Wert der Vermögensgegenstände und Schulden anhand von Belegen und buchhalterischen Aufzeichnungen (Konten, Saldenlisten, Anlagekartei, Offene-Posten-Listen etc.) festgestellt. Eine Buchinventur erfolgt zwingend bei immateriellen Vermögensgegenständen (z.B. Lizenzen) sowie bei Forderungen, Bankguthaben und Verbindlichkeiten. Hier lassen sich die Vermögensgegenstände und Schulden nicht durch eine körperliche Inventur erfassen.

Die Buchinventur ist nach § 30 (2) KomHVO aber auch bei anderen Vermögensgegenständen (Gebäude, bauliche Anlagen, Kanäle, technische Anlagen etc.) zulässig, wenn gesichert ist, dass die Vermögensgegenstände in Verzeichnissen fortlaufend in ihrer Art, Menge und ihrem Wert den tatsächlichen Verhältnissen entsprechend dargestellt und fortgeschrieben werden.

Hierzu muss für das Sachanlagevermögen in entsprechenden Anlagenkarteien für jedes Anlagegut

- die Bezeichnung,
- der Tag der Anschaffung oder Herstellung,
- die Anschaffungs- oder Herstellungskosten,
- die Abschreibungen,
- der jeweilige Stichtagswert und
- ein eventueller Abgang

ersichtlich sein. Bei Anwendung der Buchinventur soll jedoch bei körperlichen beweglichen Vermögensgegenständen spätestens nach fünf Jahren und bei körperlichen unbeweglichen Vermögensgegenständen spätestens nach zehn Jahren eine körperliche Inventur durchgeführt werden (§ 30 (2) KomHVO).

Ohne die Möglichkeit der Buchinventur wäre eine jährliche Bestandsaufnahme der Sachanlagen in größeren Unternehmen oder Kommunen faktisch unmöglich und sicher nicht wirtschaftlich. Wenn keine zuverlässigen Bestandsnachweise vorliegen, müssen Kommunen ihr Sachanlagevermögen aber jährlich durch körperliche Inventur erfassen.

4.3 Inventursysteme

Nach der zeitlichen Lage der Bestandsaufnahme werden im Wesentlichen die nachstehenden Inventursysteme unterschieden:

Stichtagsinventur und ausgeweitete Stichtagsinventur

Eine **klassische Stichtagsinventur** liegt vor, wenn die Vermögensgegenstände und Schulden am Abschlußstichtag aufgenommen werden. Dies gilt auch, wenn die Inventur an einem davor oder danach liegenden Tag durchgeführt wird und der Bilanzstichtag auf einen arbeitsfreien Tag fällt.

Bei der **ausgeweiteten Stichtagsinventur** erfolgt die Bestandsaufnahme zeitnah zum Bilanzstichtag. Hierbei gilt grundsätzlich eine Zehntagesfrist vor und nach dem Abschlußstichtag. Da das Inventar für den Bilanzstichtag aufgestellt wird, müssen Veränderungen, die den Zeitraum zwischen dem Tag der Inventur und dem Bilanzstichtag betreffen, anhand von Belegen über Art, Menge und Wert der zu- oder abgegangenen Vermögensgegenstände fortgeschrieben oder zurückgerechnet werden.

Permanente Inventur

Bei der permanenten Inventur werden unterschiedliche Bestände verteilt über das Haushaltsjahr zu jeweils unterschiedlichen Zeitpunkten aufgenommen. Sämtliche Bestände, die von der permanenten Inventur erfasst werden, müssen in Verzeichnissen über das ganze Jahr hindurch mit allen Zu- und Abgängen nach Tag, Art, und Menge aufgezeichnet werden. Alle Eintragungen sind mit Belegen nachzuweisen. Die Bestände zum Bilanzstichtag werden dann anhand der Aufzeichnungen festgestellt und bewertet.

4.4 Inventurerleichterungen

Das NKF sieht – wie auch das HGB i.V.m. den Einkommenssteuerrichtlinien (EStR) – Inventurerleichterungen vor: Unter bestimmten Bedingungen kann im Interesse der Wirtschaftlichkeit vom Grundsatz der jährlichen Einzelerfassung und -bewertung abgewichen werden.

Festwertbewertung (§ 29 (1) Nr. 1 KomHVO)

Mit Hilfe von Festwerten können Vermögensgegenstände des Sachanlagevermögens, Roh-, Hilfs- und Betriebsstoffe über mehrere Jahre hinweg mit einer gleich bleibenden Menge und einem gleich bleibenden Wert in Inventar und Bilanz angesetzt werden. Voraussetzung hierfür ist, dass die entsprechenden Gegenstände

- regelmäßig ersetzt werden,
- ihr Bestand nach Größe, Zusammensetzung und Wert nur geringen Schwankungen unterliegt und
- der Gesamtwert für die Verwaltung nur von nachrangiger Bedeutung ist.

Es wird dabei unterstellt, dass Abgänge, Abschreibungen und Verbrauch der jeweiligen Vermögensgegenstände durch entsprechende Zugänge bis zum Bilanzstichtag ausgeglichen werden. Der Bildung eines Festwertes muss jedoch eine körperliche Bestandsaufnahme und Einzelbewertung der Vermögensgegenstände vorausgehen.

Festwerte erleichtern die Inventur somit erst in den Folgejahren, sofern die Voraussetzungen für die Festwertbewertung noch gegeben sind. Dann darf der Festwert – ohne vorherige körperliche Bestandsaufnahme – beibehalten werden. Jedoch ist der Festwert in der Regel alle fünf Jahre erneut durch körperliche Inventur zu ermitteln.

Gruppenbewertung (§ 29 (1) Nr. 3 KomHVO)

Gleichartige Vermögensgegenstände des Vorratsvermögens und andere gleichartige oder annähernd gleichwertige bewegliche Vermögensgegenstände und Schulden können jeweils zu einer Gruppe zusammengefasst und mit dem gewogenen Durchschnittswert angesetzt werden. Dies gilt auch für Rückstellungen für nicht genommenen Urlaub, Überstunden und Garantien.

Gleichartige oder annähernd gleichwertige Vermögensgegenstände und Schulden zeichnen sich durch die folgenden Eigenschaften aus:

- Zugehörigkeit zu einer Warengattung,
- gleiche Verwendbarkeit,
- Funktionsgleichheit,
- keine wesentlichen Wertunterschiede (maximal 20 %).

Der Durchschnittswert wird jedes Jahr neu ermittelt. Ebenso werden die Mengen im Rahmen der Inventur jährlich neu festgestellt.

Stichprobeninventur (§ 30 (1) KomHVO)

Nach dem Wortlaut des § 30 (1) KomHVO darf bei der Aufstellung des Inventars „der Bestand der Vermögensgegenstände nach Art, Menge und Wert auch mit Hilfe mathematisch-statistischer Methoden auf Grund von Stichproben ermittelt werden. Das Verfahren muss den Grundsätzen ordnungsmäßiger Buchführung entsprechen. " (vgl. ebenso § 241 (1) HGB). Von praktischer Bedeutung ist die Stichprobeninventur insbesondere bei größeren Vorratsbeständen. Für Kommunalverwaltungen dürfte sie keine große Rolle spielen.

4.5 Grundsätze ordnungsmäßiger Inventur

Bei der Planung, Vorbereitung, Durchführung, Überwachung und Auswertung der Inventur sowie bei der Aufstellung des Inventars sind die Grundsätze ordnungsmäßiger Buchführung (für Kommunen) zu beachten.

Darüber hinaus haben sich im Bilanzrecht und in der Betriebswirtschaftslehre spezielle Grundsätze ordnungsmäßiger Inventur (GoI) herausgebildet. Sie sind abgeleitet aus den GoB. Zu nennen sind insbesondere die folgenden Grundsätze:

- Vollständigkeit der Bestandsaufnahme,
- Richtigkeit der Bestandsaufnahme,
- Einzelerfassung und -bewertung der Bestände,
- Dokumentation und Nachprüfbarkeit der Bestandsaufnahme,
- Wirtschaftlichkeit.

Vollständigkeit der Bestandsaufnahme

Vollständigkeit der Bestandsaufnahme bedeutet, dass sämtliche Vermögensgegenstände und Schulden aufzunehmen sind, die der Kommune/Kernverwaltung wirtschaftlich zuzurechnen sind.

Bei der Erfassung des Vermögens ist darauf zu achten, dass relevante Informationen für die Bewertung der Gegenstände dokumentiert werden, z.B. der qualitative Zustand, Beschädigungen, Mängel oder eine verminderte bzw. fehlende Verwertbarkeit. Doppelerfassungen und die Aufnahme bereits veräußerter Vermögensgegenstände müssen vermieden werden. Bei den Schulden ist darauf zu achten, dass auch die Risiken in Form von Rückstellungen vollständig erfasst werden.

Richtigkeit der Bestandsaufnahme

Der Grundsatz der Richtigkeit verlangt die zutreffende Identifizierung der einzelnen Vermögensgegenstände und Schulden nach Art, Menge und Wert.

Einzelerfassung und -bewertung der Bestände

Nach dem Grundsatz der Einzelerfassung sind alle Vermögensgegenstände und Schulden einzeln nach Art, Menge und Beschaffenheit zu erfassen und zu bewerten sowie im Inventar aufzuführen. Ausnahmen stellen die weiter oben behandelten Inventurerleichterungen dar.

Dokumentation und Nachprüfbarkeit der Bestandsaufnahme

Die Dokumentation und Nachprüfbarkeit der Bestandsaufnahme (§ 29 (3) KomHVO) verlangt, dass Vorgehensweise und Ergebnisse der Inventur so dokumentiert sind, dass sich ein sachverständiger Dritter in angemessener Zeit einen Überblick über Art, Menge und Wert der Bestände verschaffen kann. Die Dokumentation besteht üblicherweise aus dem Inventurrahmenplan (mit den Bestandteilen: Sachplan, Zeitplan und Personalplan), Inventuranweisungen, anderen Organisationsunterlagen, Erfassungsbelegen und schließlich dem Inventar.

Grundsatz der Wirtschaftlichkeit

Der zur Durchführung der Inventur erforderliche Aufwand muss in einem angemessenen Verhältnis zu dem erwarteten Nutzen stehen. Aus Wirtschaftlichkeitsgründen kann es geboten sein, Inventurerleichterungen anzuwenden. Sie sollten bereits im Rahmen der Inventurplanung geprüft und ggf. berücksichtigt werden.

4.6 Inventar

Das Inventar ist ein Bestandsverzeichnis, in dem alle Vermögensgegenstände und Schulden der Kommune nach Art, Menge und Wert aufgeführt sind. Das Inventar ist das Ergebnis der Inventur. Es besteht aus drei Teilen:

A. Vermögen
B. Schulden
C. Eigenkapital = Reinvermögen

In den handelsrechtlichen Rechnungsvorschriften finden sich keine speziellen Vorschriften für die formale Gestaltung und Gliederung des Inventars. Es gelten die allgemeinen Grundsätze ordnungsmäßiger Inventur. Des Weiteren sind die Anforderungen des § 238 (1) i.V.m. § 239 HGB auch auf Inventare zu übertragen, da sich diese Vorschriften auf die Handelsbücher und sonst erforderlichen Aufzeichnungen beziehen, wozu Inventare zweifelsfrei zählen. Demnach muss das Inventar u.a. nachvollziehbar, geordnet sowie übersichtlich gegliedert sein. Enthält das Inventar formelle oder materielle Mängel (sind z.B. einzelne Vermögensgegenstände nicht ausgewiesen), gilt die Buchführung als nicht ordnungsmäßig.

In der Praxis gilt das Inventar als die Gesamtheit aller Inventurverzeichnisse für einzelne Gruppen von Vermögensgegenständen und Schulden. Im (konsolidierten) Gesamtinventar kann auf diese Bestandsverzeichnisse verwiesen werden.

A. Vermögen

Das Vermögen gliedert sich in Anlagevermögen und Umlaufvermögen. Zum **Anlagevermögen** gehören alle Gegenstände, die dazu bestimmt sind, dem Verwaltungsbetrieb auf Dauer (i.d.R. länger als ein Jahr) zu dienen. Beispiele für kommunales Anlagevermögen sind unbebaute und bebaute Grundstücke, Straßenbauten, Ingenieurbauwerke, Fahrzeuge sowie die Betriebs- und Geschäftsausstattung (BGA). Zum **Umlaufvermögen** gehören alle Gegenstände, die **nicht** dazu bestimmt sind, dem Verwaltungsbetrieb dauerhaft zu dienen. Hierzu zählen Vorräte, Forderungen und der Kassenbestand. Das Vermögen wird absteigend nach seiner Bindungsdauer angeordnet. So steht das Anlagevermögen vor dem Umlaufvermögen und der Kassenbestand innerhalb des Umlaufvermögens an unterster Stelle.

B. Schulden

Die Schulden werden im Inventar nach ihrer Laufzeit in

- langfristige Schulden und
- kurzfristige Schulden

unterteilt.

Kurzfristige Schulden sind in der Regel innerhalb von 90 Tagen fällig (z.B. Verbindlichkeiten aus Lieferungen und Leistungen). Langfristige Schulden weisen entsprechend längere Laufzeiten aus.

C. Eigenkapital

Das Eigenkapital (oder Reinvermögen) ist die Differenz zwischen dem Vermögen und den Schulden der Kommune (sofern das Vermögen die Schulden übersteigt).

	Summe des Vermögens
–	Summe der Schulden
=	Eigenkapital

Das Eigenkapital ist also eine reine Rechengröße. Es kann im Rahmen der Inventur nicht eigenständig erfasst werden.

Nachfolgende Abbildung stellt exemplarisch das Inventar von Doppik City zum 31.12.2020 dar.

Beispiel: Inventar von Doppik City

Inventar
der kreisfreien Stadt Doppik City zum 31. Dezember 2020

		EUR	EUR
A.	**Vermögen**		
1.	**Anlagevermögen**		
1.1	**Immaterielle Vermögensgegenstände** (lt. Verzeichnis 1)		1.350.000
1.2	**Sachanlagen**		
1.2.1	Unbebaute Grundstücke u. grundstücksgleiche Rechte (lt. Verzeichnis 2)		9.200.000
1.2.2	Bebaute Grundstücke u. grundstücksgleiche Rechte (lt. Verzeichnis 3)		37.700.000
1.2.3	Infrastrukturvermögen (lt. Karte u. Verzeichnis 4)		22.000.000
1.2.4	Kunstgegenstände u. Baudenkmäler (lt. Verzeichnis 5)		12.550.000
1.2.5	Fahrzeuge (lt. Verzeichnis 6)		1.450.000
1.2.6	Maschinen und technische Anlagen (lt. Verzeichnis 7)		3.750.000
1.2.7	Betriebs- u. Geschäftsausstattung (lt. Verzeichnis 8)		2.900.000
1.2.8	Geleistete Anzahlungen, Anlagen im Bau (lt. Verzeichnis 9)		2.250.000
1.3.	**Finanzanlagen**		
1.3.1	Beteiligungen an Eigen- u. Beteiligungsgesellschaften (lt. Verzeichnis 10)		11.000.000
1.3.2	Beteiligungen an Sondervermögen (lt. Verzeichnis 11)		600.000
2.	**Umlaufvermögen**		
2.1	Vorräte (lt. Verzeichnis 12)		140.000
2.2	Forderungen u. sonstige Vermögensgegenstände (lt. Verzeichnis 13)		6.900.000
2.3	Wertpapiere des Umlaufvermögens (lt. Verzeichnis 14)		1.200.000
2.4	Liquide Mittel (lt. Verzeichnis 15)		5.800.000
Summe des Vermögens			118.790.000
B.	**Schulden**		
1.	**Langfristige Schulden**		
1.1	Hypotheken bei Bank A (lt. Verzeichnis 16)		12.300.000
1.2	Darlehen über 10 Jahre		
	bei Bank B	4.250.000	
	bei Bank C	3.100.000	7.350.000
1.3	Darlehen über 5 Jahre		
	bei Bank D	1.200.000	
	bei Bank E	500.000	1.700.000
1.4	Darlehen vom Land Nordrhein-Westfalen über 3 Jahre		2.900.000
2.	**Kurzfristige Schulden**		
2.1	Verbindlichkeiten aus Lieferung u. Leistung		800.000
2.2	Sonstige Verbindlichkeiten		150.000
Summe der Schulden			25.200.000
C.	**Ermittlung des Reinvermögens bzw. Eigenkapitals**		
	Summe des Vermögens		118.790.000
	abzüglich Summe der Schulden		25.200.000
Reinvermögen/Eigenkapital			93.590.000

Abbildung 9: Inventar Doppik City

4.7 Bilanz

In der Bilanz sind die im Inventar aufgelisteten Vermögensgegenstände und Schulden jeweils zu einer überschaubaren Anzahl von Posten verdichtet. Dabei werden keine Mengenangaben, sondern nur Wertangaben in Euro gemacht. Im Gegensatz zum Inventar, das in Staffelform aufgestellt wird, ist die Bilanz ein Konto. Vereinfacht ist die Bilanz wie folgt aufgebaut.

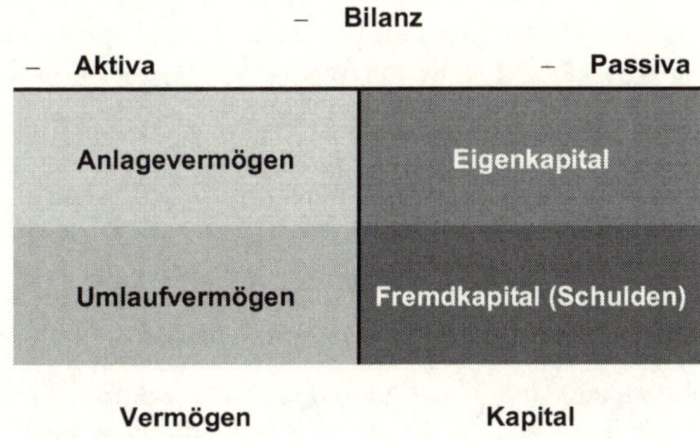

Abbildung 10: Aufbau der Bilanz

Die linke Seite der Bilanz nennt man Aktiva oder Aktivseite. Sie weist das Vermögen getrennt nach Anlagevermögen und Umlaufvermögen aus und zeigt mithin die Mittelverwendung. Zum Anlagevermögen gehören wiederum alle Gegenstände, die dazu bestimmt sind, dem Verwaltungsbetrieb auf Dauer (länger als ein Jahr) zu dienen. Die übrigen Vermögensgegenstände zählen zum Umlaufvermögen.

Aktiva = Vermögensseite = Mittelverwendung

Die rechte Seite der Bilanz bezeichnet man als Passiva oder Passivseite. Hier stehen das Eigen- und Fremdkapital. Die Passivseite gibt Auskunft darüber, woher das Kapital zur Finanzierung des Vermögens stammt.

Passiva = Kapitalseite = Mittelherkunft

Fremdkapital sind Mittel, die Fremde, wie z.B. Kreditinstitute oder andere Gläubiger zur Verfügung gestellt haben. Das Eigenkapital ist nichts weiter als der Saldo zwischen Vermögen und Fremdkapital.

Eigenkapital = Vermögen – Fremdkapital

Da das Eigenkapital der Saldo zwischen Vermögen und Fremdkapital ist, besteht zwischen Aktiva (Vermögen) und Passiva (Eigenkapital + Fremdkapital) immer ein Gleichgewicht („Bilanz als Waage"). Dieser Zusammenhang lässt sich in verschiedenen Bilanzgleichungen ausdrücken:

Vermögen	**=**	**Kapital**
Vermögen	**=**	**Eigenkapital + Fremdkapital**
Eigenkapital	**=**	**Vermögen – Fremdkapital**
Fremdkapital	**=**	**Vermögen – Eigenkapital**

Die Bilanz ist auch dann ausgeglichen, wenn die Schulden das Vermögen der Kommune übersteigen. In diesem Fall wird auf der Aktivseite ein „Nicht durch Eigenkapital gedeckter Fehlbetrag" („negatives Eigenkapital") ausgewiesen (vgl. Abb. 11).

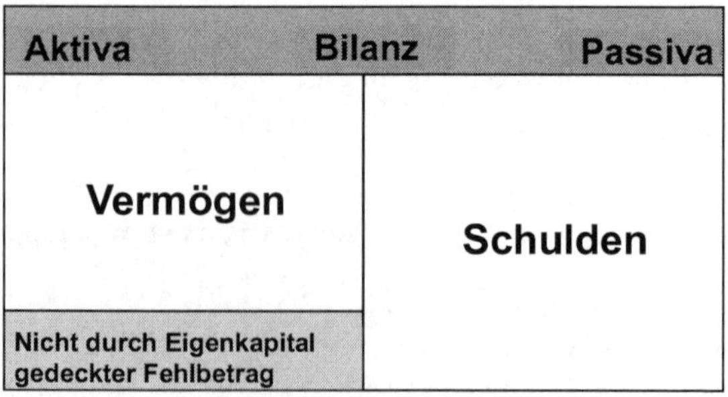

Aktiva	Bilanz	Passiva
Vermögen		**Schulden**
Nicht durch Eigenkapital gedeckter Fehlbetrag		

Abbildung 11: Bilanz bei Überschuldung

Die nachfolgende Abbildung zeigt exemplarisch die Bilanz von Doppik City zum 31.12.2010. Im Vergleich zur kaufmännischen Bilanzgliederung nach § 266 HGB fällt die detailliertere Gliederung des Anlagevermögens, die abweichende Gliederung des Eigenkapitals sowie der Posten „Sonderposten" auf der Passiva auf, der in der HGB-Gliederung nicht enthalten ist.

Bilanz der kreisfreien Stadt Doppik City zum 31. Dezember 2020

		TEUR	TEUR
1	**Anlagevermögen**		
1.1	Immaterielle Vermögensgegenstände		**1.350**
1.2	Sachanlagen		
1.2.1	Unbebaute Grundstücke u. grundstücksgleiche Rechte		
1.2.1.1	Grünflächen	8.000	
1.2.1.2	Sonstige unbebaute Grundstücke	1.200	9.200
1.2.2.	Bebaute Grundstücke u. grundstücksgleiche Rechte mit		
1.2.2.1	Kinder- u. Jugendeinrichtungen	7.350	
1.2.2.2	Schulen	13.500	
1.2.2.3	Wohnbauten	4.000	
1.2.2.4	Sonstigen Dienst-, Geschäfts- u. anderen Betriebsgebäuden	12.850	37.700
1.2.3	Infrastrukturvermögen		
1.2.3.1	Grund u. Boden des Infrastrukturvermögens	4.000	
1.2.3.2	Brücken und Tunnel	10.500	
1.2.3.3	Gleisanlagen mit Streckenausrüstung u. Sicherheitsanlagen	2.000	
1.2.3.4	Straßennetz einschließlich Wege, Plätze u. Verkehrslenkungsanlagen	5.500	22.000
1.2.4	Kunstgegenstände u. Baudenkmäler		12.550
1.2.5	Maschinen, tech. Anlagen, Fahrzeuge		5.200
1.2.6	Betriebs- u. Geschäftsausstattung		2.900
	Geleistete Anzahlungen, Anlagen im Bau		2.250
1.3	Finanzanlagen		
1.3.1	Anteile an verbundenen Unternehmen	8.000	
1.3.2	Beteiligungen	3.000	
1.3.3	Sondervermögen	600	11.600
2	**Umlaufvermögen**		
2.1	Vorräte		
2.1.1	Roh-, Hilfs- u. Betriebsstoffe, Waren	120	
2.1.2	Geleistete Anzahlungen	20	140
2.2	Forderungen u. sonstige Vermögensgegenstände		
2.2.1	Öffentlich-rechtliche Forderungen	5.000	
2.2.2	Privatrechtliche Forderungen	1.900	6.900
2.3	Wertpapiere des Umlaufvermögens		1.200
2.4	Liquide Mittel		5.800
3	**Aktive Rechnungsabgrenzung**		
			118.790

		TEUR
1	**Eigenkapital**	
1.1	Allgemeine Rücklage	25.000
1.2	Sonderrücklage	5.000
1.3	Ausgleichsrücklage	
1.4	Jahresüberschuss/ Jahresfehlbetrag	6.850
2	**Sonderposten**	
2.1	für Zuwendungen	5.000
2.2	für Beiträge	10.000
2.3	für den Gebührenausgleich	
2.4	sonstige Sonderposten	2.340
3	**Rückstellungen**	
3.1	Pensionsrückstellungen	20.000
3.2	Rückstellungen für Deponien u. Altlasten	
3.3	Instandhaltungsrückstellungen	
3.4	sonstige Rückstellungen	12.500
4	**Verbindlichkeiten**	
4.1	Anleihen	6.900
4.2	Verbindlichkeiten aus Krediten für Investitionen	
4.2.1	von verbundenen Unternehmen	
4.2.2	von Beteiligungen	
4.2.3	von Sondervermögen	
4.2.4	vom öffentlichen Bereich	2.900
4.2.5	vom privaten Kreditmarkt	21.350
4.3	Verbindlichkeiten aus Krediten zur Liquiditätssicherung	
4.4.	Verbindlichkeiten aus Vorgängen, die Kreditaufnahmen wirtschaftlich gleichkommen	
4.5	Verbindlichkeiten aus Lieferungen und Leistungen	800
4.6	Verbindlichkeiten aus Transferleistungen	
4.7	sonstige Verbindlichkeiten	150
5	**Passive Rechnungsabgrenzung**	
		118.790

Abbildung 12: Bilanz von Doppik City zum 31. Dezember 2020

Wesentliche Lerninhalte:

Jede Kommune ist verpflichtet, vor der Umstellung auf die doppische Rechnungslegung sowie am Ende eines jeden Haushaltsjahres eine Inventur durchzuführen und eine Bilanz zu erstellen. Die Inventur ist eine art-, mengen- und wertmäßige Bestandsaufnahme aller Vermögensgegenstände und Schulden einer Kommune zu einem bestimmten Zeitpunkt. Dies kann prinzipiell durch eine körperliche Inventur (Zählen, Messen, Wiegen) oder durch eine Buchinventur (Fortschreibung) anhand von Verzeichnissen, Aufzeichnungen und Belegen erfolgen. Die Inventur dient der Erstellung eines Inventars.

Das Inventar ist ein Bestandsverzeichnis, in dem zu einem bestimmten Tag (Stichtag) alle Vermögensgegenstände und Schulden einer Kommune nach Art, Menge und Wert ausgewiesen werden. Das Vermögen gliedert sich in Anlage- und Umlaufvermögen, wobei die Vermögenspositionen nach zunehmender Liquidität geordnet werden. Die Schulden bzw. Verbindlichkeiten werden nach ihrer Fälligkeit geordnet. Das Inventar ist die Grundlage für die Aufstellung der Bilanz.

Im Unterschied zum Inventar stellt die Bilanz die Vermögens- und Schuldenwerte komprimiert in Kontenform einander gegenüber. Zu den einzelnen Bilanzposten werden keine Mengenangaben, sondern nur Wertangaben in Euro gemacht.

Die linke Seite der Bilanz wird Aktiva genannt. Sie weist das kommunale Vermögen bzw. die Mittelverwendung aus. Die rechte Seite heißt Passiva. Sie zeigt das Kapital der Kommune bzw. die Mittelherkunft (Eigen- und Fremdkapital). Das Eigenkapital ist der Saldo aus Vermögen abzüglich der Schulden. Die Bilanz ist daher immer ausgeglichen, d.h. die Summe der Vermögenswerte entspricht der Summe des Kapitals (Aktiva = Passiva).

Verständnisfragen:

1. Was ist eine Inventur und welches Ziel verfolgt sie?
3. Wann muss eine Kommune eine Inventur durchführen?
4. Welche Arten der Inventur gibt es?
5. Was ist eine Anlagenkartei bzw. ein Anlageverzeichnis?
6. Nennen Sie die Grundsätze ordnungsmäßiger Inventur.
7. Welche Inventurvereinfachungen gibt es?
8. Welche Inventursysteme gibt es, und was beinhalten sie?
9. Was ist ein Inventar?
10. Aus welchen Teilen besteht ein Inventar?
11. Wann muss eine Kommune eine Bilanz aufstellen?
12. Erläutern Sie Gemeinsamkeiten und Unterschiede von Inventar und Bilanz.
13. Erläutern Sie Aufbau und Inhalt der Bilanz.
14. Warum ist die Bilanz immer ausgeglichen?

5 Systematik und Technik der doppelten Buchführung

5.1 Das Drei-Komponentensystem der kommunalen Doppik

Die kaufmännische Buchführung basiert auf einem zweigliedrigen Rechnungssystem (Bilanz und Gewinn- und Verlustrechnung); bei der kommunalen Doppik handelt es sich dagegen um ein **Drei-Komponentensystem** mit Bilanz, Ergebnisrechnung und einer ebenfalls im Rechnungsverbund geführten Finanzrechnung.

Die Zusammenhänge zwischen den Rechenwerken im Drei-Komponentensystem der kommunalen Doppik stellt die folgende Abbildung dar:

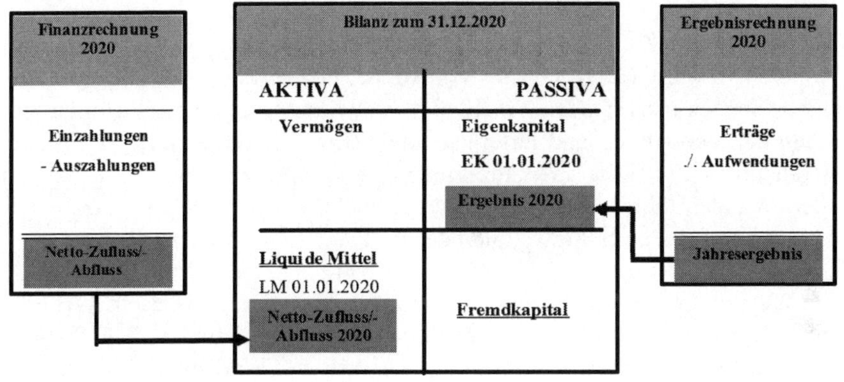

Abbildung 13: Drei-Komponenten-System

Im Mittelpunkt des Rechnungssystems steht die **Bilanz**. Sie enthält die zum Bilanzstichtag bewerteten Bestandsgrößen der Aktiva und Passiva; das sind die bewerteten Vermögensgegenstände (inkl. der liquiden Mittel) auf der einen Seite (Aktiva) und das Eigenkapital sowie die Wertansätze der Schulden (Rückstellungen und Verbindlichkeiten) auf der anderen Seite (Passiva).

Die **Finanzrechnung** enthält die Ein- und Auszahlungen der Rechnungsperiode. Die Differenz aus Ein- und Auszahlungen ist der Netto-Zufluss bzw. -Abfluss an liquiden Mitteln innerhalb der Rechnungsperiode (im Beispiel: das

Jahr 2020). Die Summe aus dem Netto-Zufluss/-Abfluss und dem Anfangsbestand an liquiden Mitteln (LM zum 01.01.20) ergibt den in der Bilanz ausgewiesenen Bestand an liquiden Mitteln zum 31.12.20.

Entsprechend verhält es sich mit der **Ergebnisrechnung**. In ihr werden die Aufwendungen und Erträge der Rechnungsperiode ausgewiesen, also alle Geschäftsvorfälle, die zu einer Veränderung des Eigenkapitals geführt haben. Das Jahresergebnis, die Differenz aus Erträgen und Aufwendungen, ergibt addiert mit dem Wert des Eigenkapitals zu Beginn der Rechnungsperiode (zum 01.01.20) das in der Bilanz zum 31.12.20 ausgewiesene Eigenkapital der Gebietskörperschaft.

Die Bilanz als **Stichtagsrechnung** enthält damit die Resultate der beiden **Stromrechnungen**, Finanz- und Ergebnisrechnung.

5.2 Geschäftsvorfälle und ihre bilanzielle Wirkung

Aufgabe der Buchführung ist es, alle Geschäftsvorfälle innerhalb eines Zeitabschnitts (Monat, Quartal, Jahr, usw.) laufend, lückenlos und sachlich geordnet aufzuzeichnen – zu buchen. Geschäftsvorfälle umfassen **Transaktionen** zwischen der Verwaltung und Externen sowie (Ein-) **Schätzungen**, die zu einer Veränderung der Höhe oder Zusammensetzung von Vermögen, Eigenkapital oder Schulden führen. Oder anders ausgedrückt: Durch Geschäftsvorfälle verändern sich Posten der Aktiva und/oder Posten der Passiva der Bilanz.

Die Wertsumme der Aktiva und Passiva verändert sich durch Geschäftsvorfälle entweder nicht oder erhöht bzw. vermindert sich in gleichem Umfang. So bleibt das Bilanzgleichgewicht (Wertsumme der Aktiva = Wertsumme der Passiva) immer bestehen. Nach ihrer bilanziellen Wirkung lassen die folgenden vier Arten von Geschäftsvorfällen unterscheiden:

- Aktiv-Tausch,
- Aktiv-Passiv-Mehrung,
- Passiv-Tausch und
- Aktiv-Passiv-Minderung.

Jeder (!) Geschäftsvorfall lässt sich einer dieser vier Kategorien zuordnen.

Zusätzlich können Geschäftsvorfälle noch hinsichtlich ihrer Erfolgswirkung betrachtet werden. Hier lassen sich **erfolgswirksame** und **erfolgsneutrale** Geschäftsvorfälle unterscheiden. Erfolgswirksame Geschäftsvorfälle verändern das Eigenkapital. Erfolgsneutrale Geschäftsvorfälle berühren das Eigenkapital nicht.

Aktiv-Tausch

Beim (reinen) Aktiv-Tausch ändern sich ausschließlich zwei Aktivposten der Bilanz. Ein Aktivposten wird vermehrt, der andere entsprechend vermindert. Die Bilanzsumme, also die Summe der Aktivseite (= die Summe der Passivseite), verändert sich nicht. Der Aktiv-Tausch ist immer erfolgsneutral: Das Eigenkapital verändert sich nicht.

Beispiel

Die Stadt Doppik City kauft für EUR 18.000 einen Dienstwagen. Der Kaufpreis wird überwiesen.

Aktiva	**Bilanz vorher**		Passiva
A. Anlagevermögen		A. Eigenkapital	10.000.000
Sachanlagen		B. Verbindlichkeiten	
1. Unbebaute Grundstücke	4.700.000	aus Krediten	1.412.000
2. Bebaute Grundstücke	6.688.000		
B. Umlaufvermögen			
Bankguthaben	24.000		
	11.412.000		11.412.000

Aktiva	**Bilanz nachher**		Passiva
A. Anlagevermögen		A. Eigenkapital	10.000.000
Sachanlagen		B. Verbindlichkeiten	
1. Unbebaute Grundstücke	4.700.000	aus Krediten	1.412.000
2. Bebaute Grundstücke	6.688.000		
3. Fahrzeuge	**18.000**		
B. Umlaufvermögen			
Bankguthaben	**6.000**		
	11.412.000		11.412.000

Abbildung 14: Aktiv-Tausch

Der Geschäftsvorfall wirkt sich nur auf die Aktivseite der Bilanz aus. Zwei Aktivposten wurden erfolgsneutral „getauscht“: Der Posten Fahrzeuge hat sich um

EUR 18.000 erhöht, gleichzeitig hat sich aber das Bankguthaben im gleichen Umfang reduziert.

Aktiv-Passiv-Mehrung (Bilanzverlängerung)

Bei der Aktiv-Passiv-Mehrung nehmen ein Aktivposten und ein Passivposten um den gleichen Betrag zu. Die Bilanzsumme erhöht sich entsprechend; man spricht auch von einer „Bilanzverlängerung". Erhöht sich dabei der Passivposten „Eigenkapital", liegt ein erfolgswirksamer Geschäftsvorfall (Ertrag) vor, erhöht sich hingegen auf der Passivseite nur ein Posten des Fremdkapitals, liegt ein erfolgsneutraler Vorgang vor.

Beispiel

Doppik City kauft neue Möbel für die Diensträume des Oberbürgermeisters. Der Kaufpreis beträgt EUR 12.500 und ist in 30 Tagen fällig.

Aktiva	**Bilanz vorher**		Passiva
A. Anlagevermögen		A. Eigenkapital	10.000.000
Sachanlagen		B. Verbindlichkeiten	
1. Unbebaute Grundstücke	4.700.000	aus Krediten	1.412.000
2. Bebaute Grundstücke	6.688.000		
3. Fahrzeuge	18.000		
B. Umlaufvermögen			
Bankguthaben	6.000		
	11.412.000		11.412.000

Aktiva	**Bilanz nachher**		Passiva
A. Anlagevermögen		A. Eigenkapital	10.000.000
Sachanlagen		B. Verbindlichkeiten	
1. Unbebaute Grundstücke	4.700.000	1. Verbindlichkeiten	
2. Bebaute Grundstücke	6.688.000	aus Krediten	1.412.000
3. Fahrzeuge	18.000	**2. Verbindlichkeiten**	
4. BGA	**12.500**	**aus LuL**	**12.500**
B. Umlaufvermögen			
Bankguthaben	6.000		
	11.424.500		**11.424.500**

Abbildung 15: Erfolgsneutrale Bilanzverlängerung

Hier liegt eine **erfolgsneutrale** Bilanzverlängerung vor: Der Posten Betriebs- und Geschäftsausstattung auf der Aktivseite erhöht sich um EUR 12.500; in gleicher Höhe werden nun aber auf der Passivseite Verbindlichkeiten aus Lieferungen und Leistungen (LuL) ausgewiesen. Die Bilanzsumme hat sich mithin um EUR 12.500 erhöht. Das Eigenkapital ist aber konstant geblieben.

Zu einer **erfolgswirksamen** Bilanzverlängerung käme es beispielsweise durch den folgenden Geschäftsvorfall: Doppik City verkauft den zuvor erworbenen Dienstwagen, der mit EUR 18.000 in den Büchern steht, wieder und erzielt dabei einen Verkaufserlös von EUR 20.000 in bar.

Aktiva	**Bilanz vorher**		Passiva
A. Anlagevermögen		A. Eigenkapital	10.000.000
Sachanlagen		B. Verbindlichkeiten	
1. Unbebaute Grundstücke	4.700.000	aus Krediten	1.412.000
2. Bebaute Grundstücke	6.688.000		
3. Fahrzeuge	18.000		
B. Umlaufvermögen			
Bankguthaben	6.000		
	11.412.000		11.412.000

Aktiva	**Bilanz nachher**		Passiva
A. Anlagevermögen		A. Eigenkapital	**10.002.000**
Sachanlagen		B. Verbindlichkeiten	
1. Unbebaute Grundstücke	4.700.000	1. Verbindlichkeiten	
2. Bebaute Grundstücke	6.688.000	aus Krediten	1.412.000
3. Fahrzeuge	**0**		
B. Umlaufvermögen			
Bankguthaben	**26.000**		
	11.414.000		**11.414.000**

Abbildung 16: Erfolgswirksame Bilanzverlängerung

Der Posten Fahrzeuge hat sich um EUR 18.000 vermindert, dafür ist aber das Bankguthaben um EUR 20.000 gestiegen. Die Aktivseite verlängert sich also um EUR 2.000. Die Verbindlichkeiten haben sich nicht verändert. Somit ist das Eigenkapital (sprich: der Saldo aus Vermögen und Schulden) um EUR 2.000 gestiegen. Damit hat sich die Passivseite entsprechend „verlängert", und die Bilanz ist ausgeglichen.

Passiv-Tausch

Beim Passiv-Tausch sind von einem Geschäftsvorfall nur Posten der Passivseite betroffen. Ein Passivposten erhöht sich, ein anderer vermindert sich entsprechend. Die Bilanzsumme ändert sich mithin nicht.

Beispiel

Die Verbindlichkeiten aus LuL i. H. v. EUR 12.500 (Möbel für die Diensträume des Bürgermeisters) werden in einen längerfristigen Lieferantenkredit umgewandelt.

Aktiva	**Bilanz vorher**		Passiva
A. Anlagevermögen		A. Eigenkapital	10.000.000
Sachanlagen		B. Verbindlichkeiten	
1. Unbebaute Grundstücke	4.700.000	1. Verbindlichkeiten	
2. Bebaute Grundstücke	6.688.000	aus Krediten	1.412.000
3. Fahrzeuge	18.000	2. Verbindlichkeiten	
4. BGA	12.500	aus LuL	12.500
B. Umlaufvermögen			
Bankguthaben	6.000		
	11.424.500		11.424.500

Aktiva	**Bilanz nachher**		Passiva
A. Anlagevermögen		A. Eigenkapital	10.000.000
Sachanlagen		B. Verbindlichkeiten	
1. Unbebaute Grundstücke	4.700.000	**1. Verbindlichkeiten**	
2. Bebaute Grundstücke	6.688.000	**aus Krediten**	**1.424.500**
3. Fahrzeuge	18.000	**2. Verbindlichkeiten**	
4. BGA	12.500	**aus LuL**	**0**
B. Umlaufvermögen			
Bankguthaben	6.000		
	11.424.500		11.424.500

Abbildung 17: Erfolgsneutraler Passiv-Tausch

Hier liegt ein **erfolgsneutraler** Passivtausch vor. Es wurden lediglich Verbindlichkeiten untereinander getauscht. Verbindlichkeiten aus Lieferungen und Leistungen bestehen nicht mehr, dafür bestehen aber jetzt Verbindlichkeiten aus Krediten in gleicher Höhe.

Anders sieht es im folgenden Fall aus: Doppik City hat für ein laufendes Gerichtsverfahren eine Prozesskostenrückstellung i. H. v. EUR 25.000 gebildet. Wider Erwarten gewinnt die Gemeinde den Prozess, und die Rückstellung wird aufgelöst.

Aktiva	**Bilanz vorher**		Passiva
A. Anlagevermögen		A. Eigenkapital	9.975.000
Sachanlagen		B. Rückstellungen	25.000
1. Unbebaute Grundstücke	4.700.000	C. Verbindlichkeiten	1.412.000
2. Bebaute Grundstücke	6.688.000		
3. Fahrzeuge	18.000		
B. Umlaufvermögen			
Bankguthaben	6.000		
	11.412.000		11.412.000

Aktiva	**Bilanz nachher**		Passiva
A. Anlagevermögen		A. Eigenkapital	**10.000.000**
Sachanlagen		B. Rückstellungen	**0**
1. Unbebaute Grundstücke	4.700.000	C. Verbindlichkeiten	
2. Bebaute Grundstücke	6.688.000	aus Krediten	1.412.000
3. Fahrzeuge	18.000		
B. Umlaufvermögen			
Bankguthaben	6.000		
	11.412.000		11.412.000

Abbildung 18: Erfolgswirksamer Passivtausch

Hier liegt ein **erfolgswirksamer** Passivtausch vor. Der Posten Rückstellungen hat um EUR 25.000 abgenommen, und die Aktivseite ist gleich lang geblieben. Damit erhöht sich das Eigenkapital um EUR 25.000.

Aktiv-Passiv-Minderung (Bilanzverkürzung)

Bei der Aktiv-Passiv-Minderung verringern sich ein Aktivposten sowie ein Passivposten um den gleichen Betrag. Die Bilanzsumme nimmt um den entsprechenden Betrag ab; man spricht auch von einer „Bilanzverkürzung".

Beispiel

Ein Bankkredit weist eine Restschuld i. H. v. EUR 2.200 auf. Diese Restschuld wird durch eine Sonderzahlung getilgt. Die Zahlung wird vom Bankkonto eingezogen.

Aktiva	**Bilanz vorher**		Passiva
A. Anlagevermögen		A. Eigenkapital	10.000.000
Sachanlagen		B. Verbindlichkeiten	
1. Unbebaute Grundstücke	4.700.000	aus Krediten	1.424.500
2. Bebaute Grundstücke	6.688.000		
3. Fahrzeuge	18.000		
4. BGA	12.500		
B. Umlaufvermögen			
Bankguthaben	6.000		
	11.424.500		11.424.500

Aktiva	**Bilanz nachher**		Passiva
A. Anlagevermögen		A. Eigenkapital	10.000.000
Sachanlagen		**B. Verbindlichkeiten**	
1. Unbebaute Grundstücke	4.700.000	**aus Krediten**	**1.422.300**
2. Bebaute Grundstücke	6.688.000		
3. Fahrzeuge	18.000		
4. BGA	12.500		
B. Umlaufvermögen			
Bankguthaben	**3.800**		
	11.422.300		**11.422.300**

Abbildung 19: Erfolgsneutrale Bilanzverkürzung

Hier liegt eine **erfolgsneutrale** Bilanzverkürzung vor. Vermögen und Schulden sind jeweils um den gleichen Betrag gesunken. Das Bankguthaben auf der Aktivseite hat um EUR 2.200 abgenommen; gleichzeitig haben sich die Verbindlichkeiten aus Krediten auf der Passivseite um eben diesen Betrag verringert. Die Bilanzsumme verkürzt sich also um EUR 2.200. Der Saldo aus Vermögen und Schulden – das Eigenkapital – bleibt aber unverändert.

Bei einer **erfolgswirksamen** Bilanzverkürzung würde die Summe der Aktiva abnehmen und das Bilanzgleichgewicht durch eine entsprechende Abnahme des Eigenkapitals wieder hergestellt. Das lässt sich an folgendem Beispiel zeigen: Doppik City veräußert seinen Dienstwagen, der mit EUR 18.000 in den Büchern steht, für EUR 15.000 in bar. Dieser Vorgang stellt sich in den Bilanzen wie folgt dar:

Aktiva	**Bilanz vorher**		Passiva
A. Anlagevermögen		A. Eigenkapital	10.000.000
Sachanlagen		B. Verbindlichkeiten	
1. Unbebaute Grundstücke	4.700.000	aus Krediten	1.412.000
2. Bebaute Grundstücke	6.688.000		
3. Fahrzeuge	18.000		
B. Umlaufvermögen			
Bankguthaben	6.000		
	11.412.000		11.412.000

Aktiva	**Bilanz nachher**		Passiva
A. Anlagevermögen		A. Eigenkapital	**9.997.000**
Sachanlagen		B. Verbindlichkeiten	
1. Unbebaute Grundstücke	4.700.000	1. Verbindlichkeiten	
2. Bebaute Grundstücke	6.688.000	aus Krediten	1.412.000
3. Fahrzeuge	**0**		
B. Umlaufvermögen			
Bankguthaben	**21.000**		
	11.409.000		**11.409.000**

Abbildung 20: Erfolgswirksame Bilanzverkürzung

Der Posten Fahrzeuge hat sich um EUR 18.000 vermindert, das Bankguthaben ist aber nur um EUR 15.000 gestiegen. Die Aktivseite verkürzt sich mithin um EUR 3.000. Die Verbindlichkeiten haben sich nicht verändert. Somit ist das Eigenkapital (also der Saldo aus Vermögen und Schulden) um EUR 3.000 gesunken. Damit ist die Bilanz ausgeglichen.

Wesentliche Lerninhalte:

Das Drei-Komponentensystem der kommunalen Doppik besteht aus Bilanz, Ergebnisrechnung und Finanzrechnung. Die Bilanz ist eine Stichtagsrechnung. Sie stellt Vermögen und Kapital (Eigenkapital und Schulden) gegenüber. In der Ergebnisrechnung werden die Aufwendungen und Erträge des Haushaltsjahres aufgezeichnet. Die Finanzrechnung dokumentiert die Zahlungsströme innerhalb des Haushaltsjahres.

Geschäftsvorfälle verändern Posten der Bilanz; das Bilanzgleichgewicht (Aktiva = Passiva) bleibt aber stets erhalten. Erfolgsneutrale Geschäftsvorfälle verändern das Eigenkapital nicht. Erfolgswirksame Geschäftsvorfälle führen zu einer Veränderung des Eigenkapitals.

Geschäftsvorfälle können eine der folgenden Bilanzwirkungen haben: Aktiv-Tausch, Aktiv-Passiv-Mehrung, Passiv-Tausch oder Aktiv-Passiv-Minderung. Beim reinen Aktiv- und Passiv-Tausch bleibt die Bilanzsumme gleich. Bei der Aktiv-Passiv-Mehrung erhöht sich die Bilanzsumme, bei der Aktiv-Passiv-Minderung verringert sich die Bilanzsumme.

Der reine Aktivtausch ist stets erfolgsneutral. In den anderen Fällen lassen sich jeweils erfolgsneutrale und erfolgswirksame Geschäftsvorfälle unterscheiden.

Verständnisfragen:

1. Wie hängen Bilanz und Ergebnisrechnung zusammen?
2. Was sind Geschäftsvorfälle?
2. Was ist ein erfolgswirksamer Geschäftsvorfall?
3. Nennen Sie einen Geschäftsvorfall, der zu einem Aktivtausch führt.
5. Nennen Sie ein Beispiel für einen Geschäftsvorfall, der zu einer erfolgswirksamen Bilanzverlängerung führt.

5.3 Buchführung in Konten

In diesem Abschnitt wird zunächst von einem zweigliedrigen Rechnungssystem mit Bilanz und Ergebnisrechnung (Gewinn- und Verlustrechnung) ausgegangen. Dies entspricht dem Standardmodell der kaufmännischen Doppik. Die Integration der Finanzrechnung wird im nächsten Abschnitt behandelt.

5.3.1 Konten der Bilanz (Bestandskonten)

Grundsätzlich wäre es möglich, jeden Geschäftsvorfall – wie weiter oben besprochen – direkt in der Bilanz zu verzeichnen („zu buchen"). Man erhielte dann nach jedem Geschäftsvorfall eine neue Bilanz. Aus Gründen der Übersichtlichkeit und Handhabbarkeit werden aber zu allen Bilanzposten Konten gebildet. Diese sogenannten **Bestandskonten** werden zu Beginn des Haushaltsjahres mit ihren Anfangsbeständen eröffnet und verzeichnen dann die Zu- und Abgänge im Laufe des Haushaltsjahres. Zum Ende des Haushaltsjahres werden dann die Endbestände der Konten ermittelt (= Anfangsbestand + Zugänge – Abgänge) und wieder zu einer Bilanz zusammengeführt. Die Bestandskonten sind mithin Verrechnungsstellen, auf denen die durch Geschäftsvorfälle verursachten Veränderungen eines Bilanzpostens verzeichnet/gebucht werden. Für jeden Bilanzposten wird (mindestens) ein Konto gebildet.

Nach den Seiten der Bilanz untergliedern sich die Bestandskonten in:

Aktivkonten und Passivkonten

Die übliche Darstellungsform eines Kontos ist das sog. „T-Konto" mit einem horizontalen Balken und einem darunter liegenden vertikalen Balken, der das Konto in zwei Seiten unterteilt. Die linke Seite des Kontos wird mit „Soll" und die rechte Seite mit „Haben" überschrieben. Es handelt sich hierbei um eine Sprachregelung, die nicht weiter hinterfragt werden sollte.

Die Bestände der Konten zu Beginn des Haushaltsjahres (Anfangsbestand, AB) werden der Eröffnungsbilanz entnommen. Die ermittelten Bestände zum Ende des Haushaltsjahres (Schlussbestand, SB) werden in die Schlussbilanz übernommen. Schematisch lassen sich die Zusammenhänge wie folgt darstellen:

Aktiva	**Eröffnungsbilanz**		Passiva
1. Unbebaute Grundstücke	4.700.000	1. Eigenkapital	7.900.000
2. Bebaute Grundstücke	3.900.000	2. Verbindlichkeiten aus	
3. Kassenbestand	70.000	Krediten	770.000
	8.670.000		8.670.000

Aktivkonten

S	Unbeb. Grundstücke		H
AB	**4.700.000**		1.200.000
	350.000	**SB**	**3.850.000**

S	Beb. Grundstücke		H
AB	**3.900.000**		500.000
	1.000.000	**SB**	**4.400.000**

S	Kassenbestand		H
AB	**70.000**		150.000
	300.000	**SB**	**20.000**

Passivkonten

S	Eigenkapital		H
	7.330.000	**AB**	**7.900.000**
SB	**1.320.000**		750.000

S	Verb. aus Krediten		H
	4.250.000	**AB**	**7.900.000**
SB	**7.150.000**		3.500.000

Schlussbestände

Aktiva	**Schlussbilanz**		Passiva
1. Unbebaute Grundstücke	3.850.000	1. Eigenkapital	1.320.000
2. Bebaute Grundstücke	4.400.000	2. Verbindlichkeiten aus	
3. Kassenbestand	220.000	Krediten	7.150.000
	8.470.000		8.470.000

Abbildung 21: Bestandskonten

Aktivkonten

Formal wird bei den aktiven Bestandskonten der Bilanz von links nach rechts gerechnet, d.h. die Anfangsbestände stehen auf der linken Seite, also im Soll (S). Die Zugänge (z.B. Kauf eines unbebauten Grundstücks) werden ebenfalls auf der Sollseite gebucht. Die Abgänge/Bestandsminderungen stehen auf der anderen Seite – der Habenseite. Werden nun die Abgänge auf der Habenseite mit dem Anfangsbestand und den Zugängen der Sollseite saldiert, erhält man als Saldo den Schlussbestand, der (normalerweise) im Haben ausgewiesen wird. Soll- und Habenseite schließen daher nach Ermittlung des Schlussbestandes mit der gleichen Summe ab.

Beispiel

Die Eröffnungsbilanz von Doppik City weist bei den unbebauten Grundstücken einen Anfangsbestand von EUR 4.700.000 aus. Im Haushaltsjahr werden Flächen für insgesamt EUR 1.200.000 verkauft. Gleichzeitig erwirbt die Stadt aber ein unbebautes Grundstück für EUR 350.000.

Der Sachverhalt spiegelt sich im Konto „Unbebaute Grundstücke" wie folgt wider:

S	Unbeb. Grundstücke		H
AB	4.700.000	1.200.000	
	350.000	3.850.000	SB
	5.050.000	5.050.000	

Passivkonten

Bei den Passivkonten der Bilanz verhält es sich genau umgekehrt: Es wird formal gesehen von rechts nach links gerechnet. Die Anfangsbestände stehen auf der rechten Seite des Kontos – der Habenseite (H). Die Zugänge (z.B. die Aufnahme eines Darlehens) werden ebenfalls im Haben geführt. Die Bestandsminderungen werden auf der Sollseite ausgewiesen. Auch bei den Passivkonten gilt: Werden die Abgänge (Sollseite) mit dem Anfangsbestand und den Zugängen (Habenseite) saldiert, erhält man als Saldo den Schlussbestand des Passivkontos. Dieser wird bei den Passivkonten (normalerweise) im Soll ausgewiesen. Nachdem das Konto abgeschlossen wurde – also der Schlussbestand ermittelt wurde – schließen Soll- und Habenseite mit der gleichen Summe ab.

Beispiel

Zu Anfang des Haushaltsjahres weist das Konto „Investitionskredite" einen Bestand von EUR 770.000 aus. Doppik City löst nun ein Darlehen mit einer Restschuld von EUR 220.000 ab und nimmt ein neues Darlehen i. H. v. EUR 250.000 auf.

Auf dem Konto Investitionskredite spiegeln sich die Vorgänge wie folgt wider:

S	Investitionskredite		H
	220.000	770.000	AB
SB	800.000	250.000	
	1.020.000	1.020.000	

Wesentliche Lerninhalte:

Zu den Posten der Bilanz werden Konten gebildet; sie heißen Bestandskonten. Bestandskonten sind Verrechnungsstellen, auf denen die durch die Geschäftsvorfälle bedingten Veränderungen eines Postens aufgezeichnet werden. Für jeden Bilanzposten wird (mindestens) ein entsprechendes Konto eröffnet. Nach den Seiten der Bilanz unterscheidet man Aktivkonten und Passivkonten.

Die linke Seite des Kontos wird mit „Soll" und die rechte Seite mit „Haben" überschrieben. Der Anfangsbestand der Bestandskonten wird der Eröffnungsbilanz entnommen. Aktiv-Konten führen den Anfangsbestand auf der linken (Soll-)Seite. Zugänge werden ebenfalls hier gebucht. Abgänge werden auf der rechten (Haben-)Seite ausgewiesen. Saldiert man zum Ende des Haushaltsjahres die Abgänge mit den Beträgen der Sollseite, erhält man im Haben als Saldo den Schlussbestand.

Bei den Passivkonten ist es umgekehrt: Der Anfangsbestand und die Zugänge werden im Haben geführt; die Abgänge werden im Soll geführt. Der Endbestand (Saldo) steht i.d.R. im Soll.

Verständnisfragen:

1. Warum werden Konten gebildet?
2. Auf welcher Seite eines Passivkontos werden Zugänge gebucht?
3. Auf welcher Seite eines Aktivkontos steht der Anfangsbestand?
4. Auf welcher Kontenseite steht der Saldo (Endbestand) eines Passivkontos?

5.3.2 Konten der Ergebnisrechnung (Erfolgskonten)

Auch zu den Posten der Ergebnisrechnung werden Konten – sogenannte Erfolgskonten – gebildet. Aufwandskonten beziehen sich auf einen Aufwandsposten der Ergebnisrechnung, Ertragskonten auf einen Ertragsposten der Ergebnisrechnung. Aus Sicht der Bilanz handelt es sich bei den Erfolgskonten um Unterkonten des Eigenkapitalkontos, die eingerichtet werden, um Aufwendungen (Verminderungen des Eigenkapitals) und Erträge (Erhöhungen des Eigenkapitals) auf separaten Konten und geordnet nach unterschiedlichen Aufwands- und Ertragsarten erfassen zu können.

Zwar könnten Aufwendungen und Erträge prinzipiell auch direkt auf dem Eigenkapitalkonto erfasst werden, darunter würde aber die Übersichtlichkeit erheblich leiden: Auf der Habenseite des Eigenkapitalkontos ständen Steuer- und Mieterträge, Verkaufsgewinne, erhaltene Zuweisungen und andere Erträge ungeordnet untereinander. Auf der Sollseite wären gleichsam unübersichtlich alle Aufwendungen des Haushaltsjahres verzeichnet: etwa Verluste aus Anlagenverkäufen, Zuführungen zu Pensionsrückstellungen, Abschreibungen und Telefonkosten.

Eine Analyse des Jahresergebnisses wäre so nur schwerlich möglich. Das Eigenkapitalkonto müsste hierzu am Jahresende erst „durchforstet" werden; dabei wären ähnliche Aufwendungen und Erträge jeweils zusammenzufassen, um einen Überblick darüber zu erhalten, wie das Jahresergebnis durch bestimmte Ertrags- und Aufwandsarten beeinflusst wurde.

Es erleichtert daher wesentlich die Analyse des Jahresergebnisses, wenn unterschiedliche erfolgswirksame Vorgänge direkt auf separaten Erfolgskonten der Ergebnisrechnung erfasst werden. Außerdem lassen sich Aufwendungen und Erträge so auch unterjährig besser überwachen und steuern.

Aufwendungen werden in den Aufwandskonten auf der Sollseite gebucht (bei direkter Bebuchung des Eigenkapitalkontos müssten sie auch dort im Soll gebucht werden); Erträge werden auf den Ertragskonten im Haben gebucht.

Die nachstehende Abbildung verdeutlicht diese Systematik:

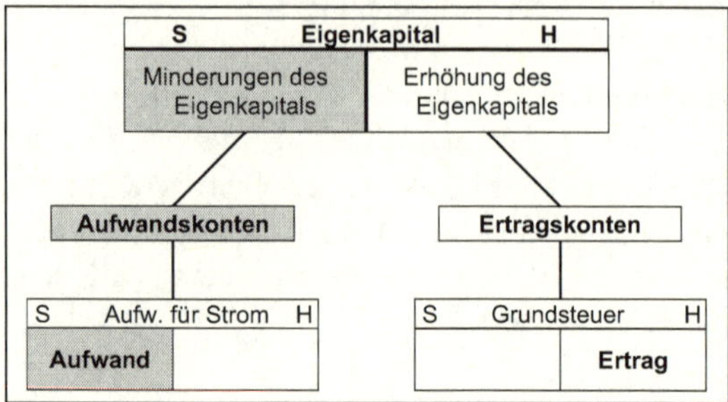

Abbildung 22: Eigenkapital und Erfolgskonten

Am Ende des Jahres werden die Salden aller Erfolgskonten im sog. **Ergebnisrechnungskonto** zusammengefasst. Das dort ermittelte **Jahresergebnis** – der Saldo aus allen Aufwendungen und Erträgen des Haushaltsjahres – wird dann auf das Eigenkapitalkonto übertragen (siehe Abschnitt 71.2). Zusätzlich wird aus dem Ergebnisrechnungskonto die **Ergebnisrechnung** entwickelt, die Bestandteil des Jahresabschlusses ist. In der Ergebnisrechnung sind die Erträge und Aufwendungen jeweils zu einer überschaubaren Anzahl von Posten weiter verdichtet und übersichtlich untereinander angeordnet.

Wesentliche Lerninhalte:

Aufwendungen und Erträge werden nicht direkt auf dem passiven Bestandskonto „Eigenkapital“ verzeichnet; sie werden auf Unterkonten des Eigenkapitalskontos gebucht. Die entsprechenden Aufwands- und Ertragskonten werden zusammengefasst als „Erfolgskonten“ bezeichnet.

Die Erfolgskonten dienen einer strukturierten und übersichtlichen Darstellung aller Aufwendungen und Erträge; sie erleichtern die Analyse des Jahresergebnisses und ermöglichen eine laufende Überwachung und Steuerung einzelner Ertrags- und Aufwandsarten.

Verständnisfragen:

1. Warum werden Erfolgskonten eingerichtet?
2. Auf welcher Seite eines Aufwandskontos werden Aufwendungen gebucht?
3. Aus welcher Seite des Ergebnisrechnungskontos steht der Saldo im Falle eines Jahresverlustes?

5.3.3 Kontenrahmen und Kontenplan

Ein **Kontenrahmen** ist eine Organisationsanweisung für die Buchführung. Er dient der überbetrieblichen Vergleichbarkeit, systematischen Gliederung und eindeutigen Bezeichnung aller Konten. In der Regel sind Kontenrahmen branchenspezifisch; bekanntestes Beispiel ist der Industriekontenrahmen (IKR).

Die Kommunen haben ihrer Buchführung den vom für Kommunales zuständigen Ministerium bekannt gegebenen Kontenrahmen zugrunde zu legen (§ 28 (7) KomHVO).

Die Entwicklung des NKF-Kontenrahmens erfolgte auf der Grundlage des Industriekontenrahmens. Der wesentliche Unterschied zum Industriekontenrahmen liegt darin, dass der NKF-Kontenrahmen Konten der Finanzrechnung berücksichtigt (Kontenklassen 6 und 7). Hierdurch können bei der Buchung von Einzahlungen und Auszahlungen die Konten der Finanzrechnung direkt mit angesprochen werden. Auf diese Besonderheit wird später noch ausführlich eingegangen.

Die nachstehende Abbildung zeigt in verdichteter Form den Aufbau und Inhalt des NKF-Kontenrahmens:[1]

– **Kontenklasse**	– **Bezeichnung**
0	Immaterielle Vermögensgegenstände und Sachanlagen
1	Finanzanlagen, Umlaufvermögen und aktive Rechnungsabgrenzung
2	Eigenkapital, Sonderposten und Rückstellungen
3	Verbindlichkeiten und passive Rechnungsabgrenzung
4	Erträge
5	Aufwendungen
6	Einzahlungen
7	Auszahlungen
8	Abschlusskonten
9	Kosten- und Leistungsrechnung

Abbildung 23: NKF-Kontenrahmen

[1] Für den vollständigen NKF-Kontenrahmen s. Anlage 16 „Kontenrahmen"

Die Reihenfolge der Kontenklassen im NKF-Kontenrahmen orientiert sich an der Gliederung des Jahresabschlusses (Abschlussgliederungsprinzip: Bilanz, Ergebnis- und Finanzrechnung).

Konten-klasse 0-1	Konten-klasse 2-3	Konten-klasse 4	Konten-klasse 5	Konten-klasse 6	Konten-klasse 7	Konten-klasse 8	Konten-klasse 9
Aktivkonten	Passiv-konten	Ertrags-konten	Aufwands-konten	Einzah-lungs-konten	Auszahlungs-konten	Abschluss-konten	KLR
Bestandskonten (Bilanz)		Erfolgskonten (Ergebnisrechnung)		Finanzrechnungskonten			

Abbildung 24: Kontenklassen und Konten

Die Kontenklassen 0 bis 8 sind jeweils noch in Kontengruppen unterteilt. Die Kontenklasse 9 ist der Kosten- und Leistungsrechnung (KLR) vorbehalten und enthält keine weiteren Vorgaben, da sich die KLR in hohem Maße an innerbetrieblichen Erfordernissen orientiert.

Ausgehend von der **verbindlichen** Mindestgliederung des Kontenrahmens kann (muss) jede Kommune ihren eigenen individuellen **Kontenplan** entwickeln. Hierzu ist der Kontenrahmen in den tiefer liegenden Gliederungsebenen um die individuell benötigten Kontenarten, Konten und Unterkonten zu ergänzen.

Im weiteren Verlauf wird den Buchungen der exemplarische Kontenplan zugrunde gelegt, der als Anlage zum Regierungsentwurf des NKF-Gesetzes verwendet wurde (siehe Anlage 18). Er berücksichtigt die verbindlichen Vorgaben des NKF-Kontenrahmens hinsichtlich Kontenklasse und Kontengruppe und enthält auch Gliederungsziffern für Kontenarten und Konten.

Wesentliche Lerninhalte:

Der NKF-Kontenrahmen ist eine verbindliche Organisationsanweisung für die Buchführung der Kommunen (in Nordrhein-Westfalen). Er enthält Vorgaben zur Gliederung der Konten in Kontenklassen und Kontengruppen sowie für deren Bezeichnung. Er weist zehn Kontenklassen aus. Dem Abschlussgliederungsprinzip folgend sind die Bestandskonten der Bilanz den Klassen 0-3 zugeordnet; die Erfolgskonten finden sich in den Klassen 4 und 5 und die Konten der Finanzrechnung in den Klassen 6 und 7. Auf der Basis des Kontenrahmens haben die Kommunen individuelle und tiefer gegliederte Kontenpläne zu entwickeln.

Verständnisfragen:

1. Welche Funktion erfüllt der Kontenrahmen?
2. Beschreiben Sie den Aufbau des NKF-Kontenrahmens.
3. Unterscheiden Sie Kontenrahmen und Kontenplan.
4. In welchen Kontenklassen finden sich die Erfolgskonten?

5.3.4 Buchungssatz

Das charakteristische Merkmal der doppelten Buchführung ist, dass

jeder Geschäftsvorgang sowohl auf der Sollseite (mindestens) eines Kontos als auch auf der Habenseite (mindestens) eines anderen Kontos erfasst wird. Soll- und Habenbuchungen sind dabei (jeweils in der Summe) betragsmäßig gleich.

Ein Buchungssatz beschreibt kurz und eindeutig, welche Konten von einem Geschäftsvorfall betroffen sind. Im Buchungssatz wird zuerst das Konto genannt, bei dem im Soll gebucht wird, und dann das Konto, auf dem im Haben zu buchen ist. Die Sollbuchung und die Habenbuchung werden durch das Wort „an“ miteinander verbunden. Um einen Buchungssatz bilden zu können, muss man also wissen, welche Konten von dem Geschäftsvorfall betroffen sind und auf welchen Seiten Zugänge und Abgänge zu buchen sind.

Beispiel

Doppik City kauft für das Grünflächenamt einen Rasenmähertraktor. Die Anschaffungskosten betragen EUR 16.500. Der Rechnungsbetrag ist in 30 Tagen fällig.

Der Buchungssatz bei Rechnungseingang lautet:

Soll		**an**			**Haben**
0750	Fahrzeuge	an	3550	Verbindlichkeiten aus LuL	16.500

Auf den Konten spiegelt sich der Vorgang wie folgt wider:

S	0750 Fahrzeuge		H
AB	115.500		
3550	**16.500**		

S	3550 Verb. aus LuL		H
		42.750	AB
		16.500	0750

Werden – wie bei diesem Buchungssatz – lediglich zwei Konten angesprochen, spricht man von einem **einfachen Buchungssatz**.

Neben den einfachen Buchungssätzen gibt es auch **zusammengesetzte Buchungssätze**, bei denen durch einen Geschäftsvorfall mehr als zwei Konten angesprochen werden. Es dürfen aber auch hier zusammengenommen keine höheren Beträge im Soll gebucht werden als im Haben und umgekehrt.

Beispiel

Doppik City begleicht den Rechnungsbetrag i. H. v. EUR 16.500 für den Rasenmähertraktor, indem EUR 12.000 vom Bankkonto A und EUR 4.500 vom Bankkonto B überwiesen werden.

Soll			**an**			**Haben**
3550	Verbindlichkeiten aus LuL	16.500	an	1811	Bankkonto A	12.000
			an	1812	Bankkonto B	4.500

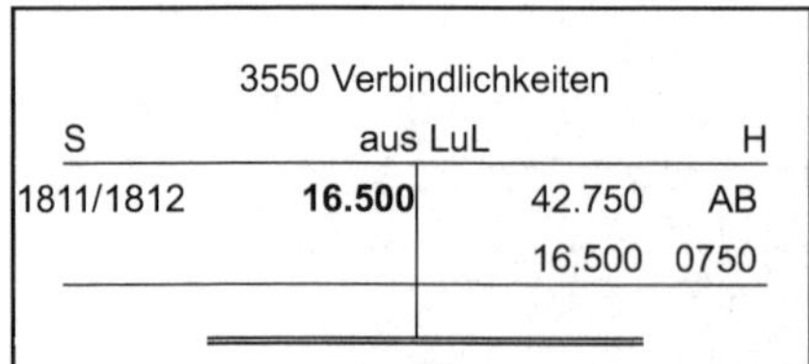

S	3550 Verbindlichkeiten aus LuL		H
1811/1812	**16.500**	42.750	AB
		16.500	0750

S	1811 Bankkonto A		H
AB	30.000	**12.000**	3550

S	1812 Bankkonto B		H
AB	8.000	**4.500**	3550

Wesentliche Lerninhalte:

Der Buchungssatz sagt kurz und eindeutig aus, welche Konten von einem Geschäftsvorfall betroffen sind und welche Seiten der Konten bebucht werden. Zunächst wird das Konto genannt, bei dem im Soll gebucht wird, dann das Konto, das im Haben bebucht wird („Sollkonto an Habenkonto“).

Der einfache Buchungssatz spricht jeweils nur ein Konto für die Sollbuchung und ein Konto für die Habenbuchung an. Beim zusammengesetzten Buchungssatz werden durch einen Geschäftsvorfall mehr als zwei Konten berührt. Stets gilt: Für jeden Geschäftsvorfall muss die Summe der Beträge der Sollbuchungen der Summe der Beträge der Habenbuchungen entsprechen.

Verständnisfragen:

1. Formulieren Sie einen einfachen Buchungssatz und stellen Sie die Bewegung auf den Konten dar.
2. Formulieren Sie einen zusammengesetzten Buchungssatz und stellen Sie die Bewegung auf den Konten dar.

5.3.5 Konteneröffnung

Am Anfang des Haushaltsjahres müssen die Bestandskonten eröffnet werden. Die Anfangsbestände werden der Eröffnungsbilanz des jeweiligen Haushaltsjahres entnommen. Zur Übertragung der Anfangsbestände auf die Aktiv- und Passivkonten werden Buchungssätze gebildet. Damit der Grundgedanke der Doppik kontinuierlich berücksichtigt wird, besteht im Hauptbuch ein Hilfskonto, das die Gegenbuchungen zu den Aktiv- und Passivkonten ermöglicht. Dieses Hilfskonto wird als Eröffnungsbilanzkonto (EBK) bezeichnet.

Die Buchungssätze zur Eröffnung der Aktiv- und Passivkonten lauten:

Aktivkonten	**an**	**EBK**
EBK	**an**	**Passivkonten**

Das Eröffnungsbilanzkonto weist somit die Aktivposten im Haben und die Passivposten im Soll aus. Es ist ein Spiegelbild der Eröffnungsbilanz.

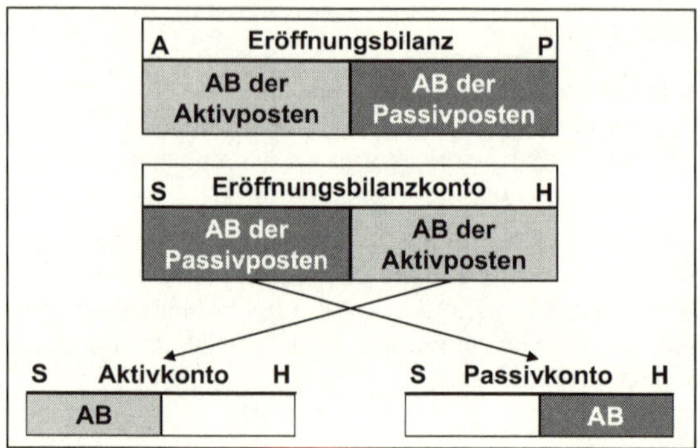

Abbildung 25: Eröffnungsbilanz, Eröffnungsbilanzkonto und Bestandskonten

Die **Erfolgskonten** hingegen erfassen nur Aufwendungen und Erträge als Stromgrößen des laufenden Jahres. Zu Anfang des Jahres sind die Erfolgskonten daher „leer"; sie werden nicht eröffnet. Die Finanzbuchhaltung muss die Konten lediglich vorhalten. Gleiches gilt im Übrigen für die Konten der Finanzrechnung (siehe Abschnitt 5.4).

Wesentliche Lerninhalte:

Zu Anfang der Rechnungsperiode werden die Bestandskonten eröffnet. Die in der Eröffnungsbilanz ausgewiesenen Bestände werden als Anfangsbestände auf die einzelnen Konten übertragen. Als Gegenkonto für die Buchung der Anfangsbestände fungiert das Eröffnungsbilanzkonto.

Verständnisfragen:

1. Wie unterscheiden sich Eröffnungsbilanz und Eröffnungsbilanzkonto?
2. Wie lautet der Buchungssatz für die Eröffnung der Aktivkonten?
3. Wie lautet der Buchungssatz für die Eröffnung der Passivkonten?
4. Warum sind die Erfolgskonten zu Anfang des Rechnungsjahres „leer"?

5.3.6 Buchungsbeispiele

5.3.6.1 Erfolgsneutrale Buchungen

Erfolgsneutrale Buchungen berühren nicht das Eigenkapital. Es werden also nur die bilanziellen Bestandskonten der Klassen 0-3 des NKF-Kontenrahmens (mit Ausnahme des Eigenkapitalkontos) angesprochen. Wichtige erfolgsneutrale Geschäftsvorfälle betreffen insbesondere Vorgänge, die traditionell im Vermögenshaushalt der Kommune abgewickelt wurden: die Aufnahme und Tilgung von Krediten sowie die Anschaffung und Veräußerung von Gegenständen des Anlagevermögens (Investitionen).

Beispiele

1. Kreditaufnahme: Doppik City möchte den Erwerb eines unbebauten Grundstücks (Grünfläche) mit einem Bankdarlehen finanzieren. In Höhe der Anschaffungskosten von EUR 500.000 wird daher ein Darlehen bei einem privaten Kreditinstitut aufgenommen.

1811	Bank A	500.000				
			an	3251	Investitionskredite von Banken und KI	500.000

S	1811 Bank A		H
AB	4.810.000		
3251	**500.000**		

S	3251 Investitionskredite		H
		10.000.000	AB
		500.000	1811

Ein Aktivkonto und ein Passivkonto sind betragsmäßig erhöht worden (Zugänge). Es liegt eine erfolgsneutrale Bilanzverlängerung um EUR 500.000 vor; das Eigenkapital wurde nicht berührt.

2. Investition: Doppik City überweist den Kaufpreis für das Grundstück an den Verkäufer.

0211 Grund und Boden von Grünflächen
an 1811 Bank A 500.000

S	0211 Grund und Boden		H
AB	20.500.000		
1811	**500.000**		

S	1811 Bank A		H
AB	4.810.000		
3251	500.000	**500.000**	0211

Durch den Geschäftsvorfall hat sich der Bestand des Aktivkontos 0211 „Grund und Boden von Grünflächen" um EUR 500.000 erhöht, gleichzeitig hat sich der Bestand an Finanzmitteln um EUR 500.000 vermindert, so dass ein Aktivtausch vorliegt. Das Eigenkapital hat sich wiederum nicht verändert.

3. Tilgung: Die jährliche Tilgung des Darlehens (ohne Zinsen) i. H. v. EUR 9.250 wird durch das Kreditinstitut vom Bankkonto eingezogen.

3251 Investitionskredite von Banken und KI
an 1811 Bank A 9.250

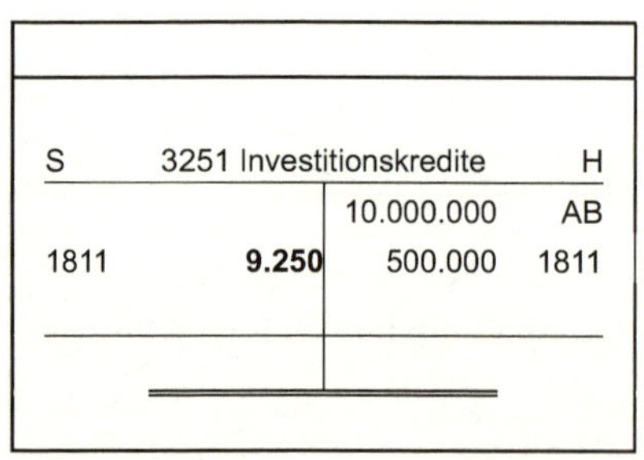

S	3251 Investitionskredite		H
		10.000.000	AB
1811	**9.250**	500.000	1811

S	1811 Bank A		H
AB	4.810.000		
3251	500.000	500.000	0211
		9.250	3251

Durch die Tilgung ist der Bestand des Passivkontos „3251 Investitionskredite von Banken und Kreditinstituten" um EUR 9.250 verringert worden. Gleichzeitig hat sich das Aktivkonto 1811 „Bankkonto A" entsprechend vermindert. Es liegt also eine Bilanzkürzung vor. Das Eigenkapital hat sich wiederum nicht verändert. Die Bilanzverkürzung ist also erfolgsneutral.

5.3.6.2 Aufwandsbuchungen

Aufwandsbuchungen werden vorgenommen, wenn sich durch einen Geschäftsvorfall das Eigenkapital der Kommune reduziert. Bei Aufwandsbuchungen sind stets Konten der Kontenklasse 5 des NKF-Kontenrahmens mit angesprochen.

Beispiele

1. Zahlung der Angestelltenvergütungen (brutto) i. H. v. EUR 2.350.000 für den Monat August (enthaltene Steuern und Abgaben sowie Sozialversicherungsbeiträge sind hier nicht berücksichtigt).

5012 Vergütungen der Angestellten

an 1811 Bank A 2.350.000

S	5012 Vergütungen		H
1811	**2.350.000**		

S	1811 Bank A		H
AB	4.800.750	**2.350.000**	5012

2. Der Stromverbrauch für das Rathaus wird monatlich per Lastschriftverfahren an den Energieversorger gezahlt. Für den Monat Juli werden am 12. August EUR 8.600 durch den Energieversorger vom Bankkonto A abgebucht.

5221 Aufwendungen für Strom

an 1811 Bank A 8.600

S	5221 Aufw. für Strom		H
1811	**8.600**		

S	1811 Bank A		H
AB	4.800.750	2.350.000	5012
		8.600	5221

3. Ein Busunternehmer, der im Auftrag von Doppik City Schüler in einem Kleinbus zu einer weiter entfernten Schule fährt und nachmittags wieder abholt, stellt seine Rechnung für den Monat Juli. Der Rechnungsbetrag beläuft sich auf EUR 2.800. Der Betrag wird sofort überwiesen.

5241	Schülerbeförderungskosten				
		an	1811	Bank A	2.800

S	5241 Schülerbef.-kosten		H
1811	**2.800**		

S	1811 Bank A		H
AB	4.800.750	2.350.000	5012
		8.600	5221
		2.800	5241

4. Doppik City überweist im Rahmen der Sozialhilfe die laufende Hilfe zum Lebensunterhalt an die Anspruchsberechtigten. Die Aufwendungen belaufen sich für diesen Monat auf EUR 275.000. Leistungen i. H. v. EUR 260.000 werden per Banküberweisung (Bank B) ausgezahlt. Die restlichen EUR 15.000 werden den Empfängern in bar ausgezahlt.

5331	Leistungen der Sozialhilfe (natürliche Personen außerhalb von Einrichtungen)	275.000				
			an	1812	Bank B	260.000
			an	1870	Kasse	15.000

S	5331 Leistungen SH		H
1812/ 1870	**275.000**		

S	1812 Bank B		H
AB	570.400	**260.000**	5331

S	1870 Kasse		H
AB	65.000	**15.000**	5331

5.3.6.3 Ertragsbuchungen

Ertragsbuchungen werden vorgenommen, wenn sich durch einen Geschäftsvorfall das Eigenkapital der Kommune erhöht. Bei Ertragsbuchungen sind stets Konten der Kontenklasse 4 des NKF-Kontenrahmens mit angesprochen.

Beispiele

1. Doppik City erhält vom Land eine Zuweisung für laufende Zwecke über EUR 120.000 für die städtische Feuerwehr. Das Geld wurde auf das Konto bei der Bank A überwiesen.

1811	Bank A				
		an	4141	Zuweisungen vom Land	120.000

1811 Bank A

S			H
AB	4.800.750	2.350.000	5012
4141	**120.000**	8.600	5221
		2.800	5241

4141 Zuw. v. Land

S			H
		120.000	1811

2. Bei der Berechnung der Schlüsselzuweisungen des Landes ist ein Fehler unterlaufen. Doppik City erhält vom Land eine Nachzahlung in Höhe von EUR 1.400.000. Das Geld wurde ebenfalls auf das Konto bei der Bank A überwiesen.

1811	Bank A				
		an	4111	Schlüsselzuw. v. Land	1.400.000

1811 Bank A

S			H
AB	4.800.750	2.350.000	5012
4141	120.000	8.600	5221
4111	**1.400.000**	2.800	5241

4111 Schlüsselzuw./Land

S			H
		1.400.000	1811

3. Doppik City verkauft ein unbebautes Grundstück an einen mittelständischen Unternehmer, dessen Betriebsfläche an das Grundstück angrenzt. Der Verkaufspreis beträgt EUR 50.000 und wird auf das Konto bei der Bank B überwiesen. Im Anlageverzeichnis der Stadt ist das Grundstück mit einem Buchwert von EUR 30.000 aufgeführt.

1812	Bank B			50.000
	an	0241	Grund und Boden (Sonstige unbebaute Grundstücke)	30.000
	an	4511	Erträge aus der Veräußerung v. Grundstücken u. Gebäuden	20.000

S	1812 Bank B		H
AB	570.400	260.000	5331
0241/ 4511	**50.000**		

S	0241 Grund u. Boden		H
AB	1.200.000	**30.000**	1812

S	4511 Erträge Veräußer.		H
		20.000	1812

5.4 Finanzrechnung und Finanzrechnungskonten

5.4.1 Finanzrechnung als dritte Rechnungskomponente des NKF

Die Finanzrechnung stellt neben Bilanz und Ergebnisrechnung die dritte Rechnungskomponente des NKF dar. Die kommunale Finanzrechnung kann als das Pendant zur handelsrechtlichen Kapitalflussrechnung betrachtet werden, die jedoch kein Pflichtbestandteil des handelsrechtlichen Jahresabschlusses darstellt. Sofern sie dennoch in den Jahresabschluss aufgenommen wird, wird sie in aller Regel erst im Rahmen der Jahresabschlussarbeiten rückwirkend aus dem Zahlenmaterial der Buchführung, Bilanz und der Gewinn- und Verlustrechnung ermittelt.

Das NKF sieht hingegen vor, dass die Finanzrechnung laufend geführt wird (§ 28 (4) KomHVO). So lässt sich die Finanzrechnung unabhängig von Bilanz und Ergebnisrechnung entwickeln und ist für Berichterstattungs-, Überwachungs- und Steuerungszwecke laufend verfügbar.

Rechentechnisch ist die Finanzrechnung mit der Ergebnisrechnung vergleichbar. Während die Erfolgskonten der Ergebnisrechnung als Unterkonten des Eigenkapitalkontos aufgefasst werden können, handelt es sich bei den Finanzrechnungskonten um Unterkonten des Bilanzpostens Liquide Mittel. Die Finanzrechnungskonten übernehmen bei der Darstellung von Veränderungen des Finanzmittelbestandes somit die gleiche Aufgabe, welche die Erfolgskonten bei der Darstellung von Veränderungen des Eigenkapitals übernehmen.

Auf den Konten der Finanzrechnung werden die kassenwirksamen Vorgänge innerhalb eines Haushaltsjahres geordnet nach unterschiedlichen Ein- und Auszahlungsarten laufend dokumentiert. Einzahlungen werden auf den entsprechenden Einzahlungskonten im Soll geführt; Auszahlungen werden im Haben der Auszahlungskonten gebucht. Die Finanzrechnungskonten finden sich im NKF-Kontenrahmen in den Klassen 6 (Einzahlungen) und 7 (Auszahlungen).

Die Salden aller Ein- und Auszahlungskonten werden am Jahresende auf das **Finanzrechnungskonto** übertragen, aus dem dann die verdichtete und zu einer Staffel angeordnete Finanzrechnung des Jahresabschlusses ermittelt wird. Der Saldo des Finanzrechnungskontos (der ermittelte Nettozufluss oder Nettoabfluss von Zahlungsmitteln im Haushaltsjahr) ergibt verrechnet mit dem Anfangsbestand der liquiden Mittel den Endbestand der liquiden Mittel zum Bilanzstichtag.

5.4.2 Buchungsvarianten zur Mitführung der Finanzrechnungskonten

Für die laufende Mitführung der Finanzrechnung kommen zwei Verfahren in Frage:

- die direkte Bebuchung der Finanz**rechnungs**konten und das statistische Mitführen der Finanz**mittel**konten oder
- die direkte Bebuchung der Finanz**mittel**konten und das das statistische Mitführen der Finanz**rechnungs**konten.

Den Kommunen steht es grundsätzlich frei, für welches Verfahren sie sich entscheiden wollen. Die Entscheidung wird wohl auch davon abhängen, welches Verfahren von der eingesetzten Buchhaltungssoftware bestmöglich unterstützt wird. Das NKF gibt jedoch der direkten Bebuchung der Finanzrechnungskonten den Vorzug.

Direkte Bebuchung der Finanzrechnungskonten

Bei der direkten Bebuchung der Finanzrechnungskonten werden die Finanzmittelkonten der Bilanz (Kasse, Bank) aus dem doppischen Verbund herausgelöst und lediglich statistisch mitgeführt. Anstatt auf den Finanzmittelkonten der Bilanz werden Einzahlungen und Auszahlungen auf den entsprechenden Konten der Finanzrechnung gebucht: Einzahlungen auf den Konten der Kontenklasse 6 und Auszahlungen auf den Konten der Kontenklasse 7. Einzahlungen werden auf der Sollseite eines Einzahlungskontos und Auszahlungen auf der Habenseite eines Auszahlungskontos gebucht.

Beispiele

1. Doppik City begehrt von einem großen Unternehmen mit Sitz in Doppik City eine Gewerbesteuernachzahlung i. H. v. EUR 1.100.000. Sie versendet den entsprechenden Bescheid.

1631	Steuerforderungen gegenüber dem privaten Bereich				
		an	4013	Gewerbesteuer (Ertrag)	1.100.000

1631 Steuerforderungen geg. privaten Bereich

S			H
4013	**1.100.000**		

4013 Gewerbesteuer

S			H
		1.100.000	1631

Der Unternehmer bezahlt die Steuerschuld. Das Geld ist bei der Bank A eingegangen.

6013	Einz. Gewerbesteuer (statistische Kontierung Finanzmittelkonto 1811 „Bank A“)				
		an	1631	Steuerforderungen gegenüber dem privaten Bereich	1.100.000

6013 Einz. Gewerbesteuer

S			H
1631	**1.100.000**		

1631 Steuerforderungen gegenüber priv. Bereich

S			H
4013	1.100.000	**1.100.000**	6013

1811 Bank A (Statistik)

S			H
1631	**1.100.000**		

2. Der Stromverbrauch für das Rathaus wird am 12. jeden Monats per Lastschriftverfahren an den Energieversorger gezahlt. Abrechnungszeitraum ist jeweils der Vormonat. Für den Monat Juli werden lt. Rechnung vom 5. August am 12. August EUR 8.600 durch den Energieversorger vom Bankkonto A abgebucht.

Buchung bei Eingang der Rechnung:

5221 Aufwendungen für Strom

an 3550 Verb. aus LuL 8.600

S	5221 Aufw. für Strom		H
3550	**8.600**		

S	3550 Verb. aus LuL		H
		8.600	5221

Buchung bei Zahlung:

3550 Verb. aus LuL

an 7221 Auszahlungen für Strom
(statistische Kontierung Finanzmittelkonto 1811 „Bank A") 8.600

S	3550 Verb. aus LuL		H
7221	**8.600**	8.600	6221

S	7221 Ausz. für Strom		H
		8.600	3550

S	1811 Bank A (Statistik)		H
1631	1.100.000	**8.600**	3550

Direkte Bebuchung der Finanzmittelkonten

Werden die Finanzmittelkonten der Bilanz (Kasse, Bank) – wie in der kaufmännischen Praxis üblich – direkt bebucht, dann sind die Finanzrechnungskonten statistisch mitzuführen.

Die obigen Geschäftsvorfälle werden dann folgendermaßen gebucht:

Beispiele

1. Doppik City begehrt von einem großen Unternehmen mit Sitz in Doppik City eine Gewerbesteuernachzahlung i. H. v. EUR 1.100.000. Sie versendet den entsprechenden Bescheid.

1631	Steuerforderungen gegenüber dem privaten Bereich			
		an 4013	Gewerbesteuer (Ertrag)	1.100.000

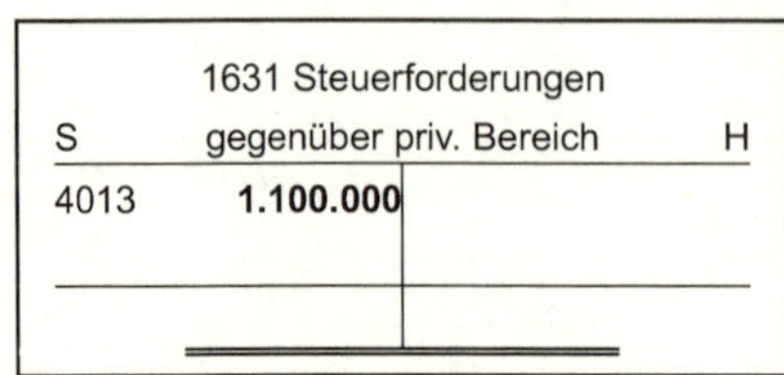

S	1631 Steuerforderungen gegenüber priv. Bereich		H
4013	**1.100.000**		

S	4013 Gewerbesteuer		H
		1.100.000	1631

Der Unternehmer bezahlt die Steuerschuld. Das Geld ist bei der Bank A eingegangen.

1811	Bank A (statistische Kontierung des Finanzrechnungskontos 6013 „Gewerbesteuer")			
		an 1631	Steuerforderungen gegenüber dem privaten Bereich	1.100.000

S	1811 Bank A		H
1631	**1.100.000**		

S	1631 Steuerforderungen gegenüber priv. Bereich		H
5013	1.100.000	**1.100.000**	1811

S	6013 Einz. Gewerbesteuer (Statistik)		H
2201	**1.100.000**		

2. Der Stromverbrauch für das Rathaus wird am 12. jeden Monats per Lastschriftverfahren an den Energieversorger gezahlt. Abrechnungszeitraum ist jeweils der Vormonat. Fü2.r den Monat Juli werden lt. Rechnung vom 5. August am 12. August EUR 8.600 durch den Energieversorger von unserem Bankkonto A abgebucht.

Buchung bei Rechnungseingang:

5221 Aufwendungen für Strom
an 3550 Verb. aus LuL 8.600

S	5221 Aufw. für Strom		H
3550	**8.600**		

S	3550 Verb. aus LuL		H
		8.600	5221

Buchung bei Zahlung:

3550 Verb. aus LuL
an 1811 Bank A
(statistische Kontierung des Finanzrechnungskontos 7221 „Auszahlungen für Strom“) 8.600

S	3550 Verb. aus LuL		H
1811	**8.600**	8.600	6221

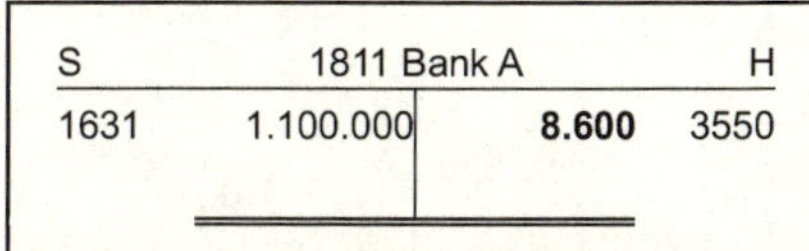

S	1811 Bank A		H
1631	1.100.000	**8.600**	3550

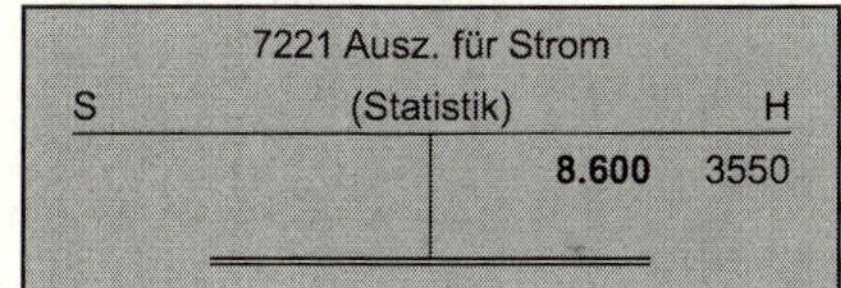

S	7221 Ausz. für Strom (Statistik)		H
		8.600	3550

Wesentliche Lerninhalte:

Die Finanzrechnung ist neben der Bilanz und der Ergebnisrechnung die dritte Komponente des NKF. In der Finanzrechnung werden die Ein- und Auszahlungen des Haushaltsjahres geordnet nach Ein- und Auszahlungsarten ausgewiesen. Damit schafft die Finanzrechnung Transparenz über die Finanzmittelherkunft und -verwendung.

Die Finanzrechnung ist im NKF laufend mitzuführen. Sie wird nicht – wie die Kapitalflussrechnung in der Privatwirtschaft – derivativ im Rahmen des Jahresabschlusses aus den Zahlen der Bilanz und Ergebnisrechnung erstellt.

Für die laufende Mitführung der Finanzrechnung gibt es grundsätzlich zwei Möglichkeiten:

1. Direkte Bebuchung der Finanzrechnungskonten und statistische Mitführung der Finanzmittelkonten.
2. Direkte Bebuchung der Finanzmittelkonten und statistisches Mitführen der Finanzrechnungskonten.

Im NKF wird die direkte Bebuchung der Finanzrechnungskonten favorisiert.

Verständnisfragen:

1. Welche Funktion erfüllt die Finanzrechnung?
2. In welchen Kontenklassen des NKF-Kontenrahmens finden sich die Finanzrechnungskonten?
3. Auf welcher Seite eines Einzahlungskontos werden Einzahlungen gebucht?
4. Erläutern Sie die beiden Verfahren für die laufende Mitführung der Finanzrechnung.
5. Was besagt ein negativer (Gesamt-)Saldo der Finanzrechnung?

5.5 Ordnungsmäßigkeit der Buchführung

Nach § 28 (1) KomHVO sind alle Geschäftsvorfälle sowie die Vermögens- und Schuldenlage „nach dem System der doppelten Buchführung und unter Beachtung der Grundsätze ordnungsmäßiger Buchführung in den Büchern klar ersichtlich und nachprüfbar aufzuzeichnen. Die Bücher müssen Auswertungen nach der Haushaltsgliederung, nach der sachlichen Ordnung sowie in zeitlicher Ordnung zulassen".

Das Gemeindehaushaltsrecht unterlässt es zwar, die angesprochenen Grundsätze ordnungsmäßiger Buchführung (GoB) explizit zu nennen und folgt damit dem Handelsrecht, das den Begriff „Grundsätze ordnungsmäßiger Buchführung" ebenfalls als unbestimmten Rechtsbegriff verwendet. Allerdings werden nachfolgend in § 28 (2) bis (7) KomHVO bestimmte Grundanforderungen an die Buchführung gestellt, die – wie die vergleichbaren handelsrechtlichen Vorschriften auch – als Konkretisierungen der Grundsätze ordnungsmäßiger Buchführung angesehen werden können.

Eine ordnungsmäßige Buchführung darf demnach den folgenden Grundsätzen nicht widersprechen:

- Die Eintragungen in den Büchern müssen **vollständig, richtig, zeitgerecht und geordnet** vorgenommen werden, so dass sich die Geschäftsvorfälle in ihrer Entstehung und Abwicklung nachvollziehen lassen (§ 28 (2) KomHVO NW; §§ 239 (2), 238 (1) S. 3 HGB). Die Geschäftsvorfälle sind also lückenlos aufzuzeichnen; es dürfen einerseits keine Geschäftsvorfälle ausgelassen, andererseits dürfen auch keine fingierten Vorfälle hinzugefügt werden (Vollständigkeit). Die Auszeichnungen und Buchungen müssen dem Grund und der Höhe nach richtig und mit entsprechenden Grundaufzeichnungen belegbar sein (materielle Richtigkeit, siehe unten). Ferner müssen die Buchungen übersichtlich und klar sein, so dass sich ein Sachverständiger ohne große Schwierigkeiten zurechtfinden kann (formelle Richtigkeit oder Klarheit). Dies setzt u.a. einen hinreichend tief und systematisch gegliederten Kontenplan voraus (siehe § 28 (7) KomHVO). Die Grundsätze der zeitgerechten und geordneten Buchung besagen, dass die Geschäftsvorfälle grundsätzlich unverzüglich und ihrer zeitlichen Reihenfolge entsprechend zu buchen sind. Dabei kommt es auf die Umstände des Einzelfalls an – vor allem auf die Art der Geschäftsvorfälle, auf den Buchungsumfang, auf die internen Kontrollen und auf die Sicherung der Unterlagen vor Verlust –, wann eine zeitgerechte Buchung noch vorliegt. Kasseneinnahmen und -ausgaben sind grundsätzlich noch am gleichen Tag zu buchen, wenn nicht zwingende geschäftliche Gründe dem entgegenstehen und sich der sollmäßige Kassenbestand sicher aus den Buchungsunterlagen entnehmen lässt.
- **„Keine Buchung ohne Beleg!“** Den Buchungen sind begründende Unterlagen (Belege) zu Grunde zu legen. Die Belege müssen Hinweise enthalten, die eine Verbindung mit den Eintragungen in den Büchern herstellen (§ 28 (3) KomHVO; der kaufmännische Grundsatz der Richtigkeit beinhaltet das Belegprinzip bereits, s.o.).
- Eine Eintragung in den Büchern oder eine Aufzeichnung darf nicht in einer Weise verändert werden, dass der ursprüngliche Inhalt nicht mehr feststellbar ist (**„Es darf nicht radiert werden!“**). Auch solche Veränderungen dürfen nicht vorgenommen werden, deren Beschaffenheit es ungewiss lässt, ob sie ursprünglich oder erst später gemacht worden sind (§ 28 (2) KomHVO;

§ 239 (3) HGB). Alle Berichtigungen dürfen daher nur durch Umbuchungen und Stornierungsbuchungen vorgenommen werde. Die EDV-Organisation muss so ausgestaltet sein, dass Änderungen automatisch erfasst und dokumentiert werden (siehe § 28 (5) Nr. 7 KomHVO).

- Die Buchführung muss in einer lebenden Sprache gehalten werden. Bei der Verwendung von Abkürzungen, Ziffern, Buchstaben und Symbolen muss deren Bedeutung eindeutig festliegen (§ 239 (1) HGB).

Zur weiteren Konkretisierung der GoB im Kontext mit DV-gestützten Buchführungssystemen siehe § 28 (5) KomHVO.

Die oben erläuterten GoB beziehen sich als Dokumentationsgrundsätze auf die Buchführung in engerem Sinne. Wenn im Handelsrecht und im Gemeindehaushaltsrecht im Zusammenhang mit dem Jahresabschluss auf die Grundsätze ordnungsmäßiger Buchführung verwiesen wird (§§ 238 (1), 264 (2) HGB; §§ 93 (1), 95 (1) GO), so sind damit auch weitere Grundsätze gemeint, die hier nachfolgend nur kurz erwähnt seien:

- Die Wertansätze der Eröffnungsbilanz müssen mit denen der Schlussbilanz des vorhergehenden Geschäftsjahres/Haushaltsjahres übereinstimmen (§ 33 (1) Nr. 1 KomHVO sowie § 91 (4) Nr. 1 GO; § 252 (1) Nr. 1 HGB; sog. **formelle Bilanzkontinuität**/Bilanzidentität).
- Die auf den vorhergehenden Jahresabschluss angewandten Bewertungsvorschriften sollen beibehalten werden (§33 (1) Nr. 5 KomHVO sowie § 91 (4) Nr. 5 GO; § 252 (1) Nr. 6 HGB; sog. **materielle Bilanzkontinuität**).
- Die Vermögensgegenstände sind zum **Abschlussstichtag einzeln** zu bewerten (§ 33 (1) Nr. 2 KomHVO sowie § 91 (4) Nr. 2 GO; § 252 (1) Nr. 3, Stichtagsprinzip und Grundsatz der Einzelbewertung).
- **Alle vorhersehbaren Risiken und Verluste**, die bis zum Abschlussstichtag entstanden sind, **zu berücksichtigen**, selbst wenn diese erst zwischen dem Abschlussstichtag und dem Tag der Aufstellung des Jahresabschlusses bekannt geworden sind; **Gewinne jedoch nur, wenn sie am Abschlussstichtag realisiert sind** (§ 33 (1) Nr. 3 KomHVO NW sowie § 91 (4) Nr. 3 GO; § 252 (1) Nr. 4 HGB, Wertaufhellungsprinzip, Realisationsprinzip und Imparitätsprinzip).
- Im Haushaltsjahr entstandene Aufwendungen und erzielte Erträge sind unabhängig von den Zeitpunkten der entsprechenden Zahlungen im Jahresabschluss zu berücksichtigen (§ 33 (1) Nr. 4 KomHVO sowie §91 (4) Nr. 4 GO; § 252 (1) Nr. 5 HGB; sog. **Periodisierungsprinzip**).

- Vermögensgegenstände sind **höchstens** mit den **Anschaffungs- oder Herstellungskosten, vermindert um Abschreibungen** anzusetzen (§ 253 (1) S. 1 HGB; Anschaffungswertprinzip, Pagatorik). Dieser Grundsatz wird im Gemeindehaushaltsrecht nicht mehr explizit genannt, ergibt sich aber aus §§ 33, 34 KomHVO.
- Bei Vermögensgegenständen des **Anlagevermögens** sind bei einer **voraussichtlich dauernden** Wertminderung außerplanmäßige Abschreibungen auf die (um planmäßige Abschreibungen) fortgeführten Anschaffungs- oder Herstellungskosten vorzunehmen. Bei **Finanzanlagen können** außerplanmäßige Abschreibungen auch bei einer voraussichtlich **nicht dauernden Wertminderung** vorgenommen werden (§ 36 (6) KomHVO; § 253 (3) HGB, sog. **Niederstwertprinzip**).
- Bei Vermögensgegenständen des **Umlaufvermögens** sind Abschreibungen vorzunehmen, um diese mit einem niedrigeren Wert anzusetzen, der sich aus einem beizulegenden Wert am Abschlussstichtag ergibt (§ 36 (8) KomHVO; § 253 (4) HGB; sog. **strenges** Niederstwertprinzip).

Das **Vorsichtsprinzip** (§ 252 (1) Nr. 4 HGB) als ein wesentlicher handelsrechtlicher Grundsatz ordnungsmäßiger Buchführung werden in der GO und KomHVO nicht mehr explizit genannt. Stattdessen bestimmen §91 (4) Nr. 3 GO sowie § 33 (3) KomHVO dass „wirklichkeitsgetreu“ zu bewerten ist. Damit soll die Geltung des Vorsichtsprinzips offenbar (zumindest) gegenüber dem Handelsrecht eingeschränkt werden.

Wesentliche Lerninhalte:

Die Buchführung sollte alle Geschäftsvorfälle sowie die Vermögens- und Schuldenlage nach dem System der doppelten Buchführung und unter Beachtung der Grundsätze ordnungsmäßiger Buchführung in den Büchern klar ersichtlich und nachprüfbar aufzuzeichnen. Die Eintragungen in den Büchern müssen **vollständig, richtig, zeitgerecht und geordnet** vorgenommen werden, so dass sich die Geschäftsvorfälle in ihrer Entstehung und Abwicklung nachvollziehen lassen. Den Buchungen sind begründende Unterlagen (Belege) zu Grunde zu legen. Eine Eintragung in den Büchern oder eine Aufzeichnung darf nicht in einer Weise verändert werden, dass der ursprüngliche Inhalt nicht mehr feststellbar ist.

Verständnisfragen:

1. Nennen und erläutern Sie zwei Grundsätze ordnungsmäßiger Buchführung.
2. Was besagt der Grundsatz der materiellen Richtigkeit?
3. Wie sind Vermögensgegenstände nach dem Grundsatz der Pagatorik höchstens zu bewerten?

6 Wichtige laufende Geschäftsvorfälle

Im Folgenden werden typische Geschäftsvorfälle einer Kommunalverwaltung besprochen. Die Ausführungen konzentrieren sich auf Ertrags- und Aufwandsbuchungen. Wichtige erfolgsneutrale Geschäftsvorfälle (Kreditaufnahme, Tilgung, Investitionen) wurden bereits in Abschnitt 5.3.6.1 behandelt.

6.1 Erträge

6.1.1 Steuern

In § 3 (1) S. 1 Abgabenordnung (AO) werden Steuern definiert als „Geldleistungen, die nicht eine Gegenleistung für eine besondere Leistung darstellen und von einem öffentlich-rechtlichen Gemeinwesen zur Erzielung von Einnahmen allen auferlegt werden, bei denen der Tatbestand zutrifft, an den das Gesetz die Leistungspflicht knüpft".

Im NKF werden Steuern dem Produktbereich 16 „Allgemeine Finanzwirtschaft" zugeordnet und auf den Konten der Kontengruppe 40 und 60 gebucht.

Für die Steuer**erträge** enthält der NKF-Kontenrahmen innerhalb der Kontengruppe 40 „Steuern und ähnliche Abgaben" folgende Kontenarten:

- Realsteuern (Grundsteuer A und B, Gewerbesteuer),
- Gemeindeanteile an Gemeinschaftsteuern (Einkommen- u. Umsatzsteuer),
- Sonstige Gemeindesteuern (Hundesteuer, Vergnügungssteuer u.a.),
- Steuerähnliche Erträge (Fremdenverkehrsabgaben, Abgaben von Spielbanken u.a.).

Die Steuer**einzahlungen** werden auf den entsprechenden Konten der Finanzrechnung (Kontengruppe 60 „Steuern und ähnliche Abgaben") gebucht.

Steuer**einzahlungen** werden stets nach dem Kassenwirksamkeitsprinzip gebucht. Sie gehen also in die Finanzrechnung desjenigen Jahres ein, in dem die Kommune die Zahlung empfängt. Dabei ist es gleichgültig, ob sich der Steuerbescheid auf ein anderes als das laufende Rechnungsjahr bezieht.

Differenzierter sind die Regelungen für die ertragswirksame Buchung einer Steuerforderung (in der Ergebnisrechnung). Grundsätzlich gilt: Steuerträge sollten periodengerecht im Jahr ihrer Verursachung erfasst werden. Bei Steuerbescheiden, die sich auf das laufende Haushaltsjahr beziehen, erfolgt die ertragswirksame Buchung der Steuerforderung also mit dem Versand des Bescheides (Buchungssatz: Forderungen an Steuererträge).

Bezieht sich der Steuerbescheid aber auf vorangegangene Jahre, sind zwei Fälle zu unterscheiden:

- Sofern der Abschluss für das vorangegangene Jahr bereits erstellt wurde, werden Steuerbescheide, die sich auf frühere Haushaltsjahre beziehen, mit dem Versand des Steuerbescheides im laufenden Jahr ertragswirksam gebucht.
- Erfolgt die endgültige Steuerfestsetzung für zurückliegende Jahre nach Ende des vorangegangenen Haushaltsjahres, aber noch vor der Erstellung des Jahresabschlusses für das vorangegangene Jahr, so sind die Steuererträge noch in das vorangegangene Haushaltsjahr zu buchen.

Durch die rückwirkende Buchung in das noch abzuschließende Haushaltsjahr soll der Ertrag so zeitnah wie möglich an der Verursachung berücksichtigt werden. Diese Regelung ist abgeleitet aus dem Wertaufhellungsprinzip/-gebot des § 33 (1) Nr. 3 KomHVO/§ 252 (1) Nr. 4 HGB, wonach realisierte Gewinne sowie alle vorhersehbaren Risiken und Verluste, die bis zum Abschlussstichtag entstanden sind, zu berücksichtigen sind, selbst wenn die Informationen erst zwischen dem Abschlussstichtag und dem Tag der Aufstellung des Jahresabschlusses bekannt werden. Entsprechend sind also auch Verbindlichkeiten aus Steuerrückzahlungsansprüchen, die sich auf Vorjahre beziehen, ertragsmindernd im Vorjahr zu berücksichtigen, wenn der Abschluss noch nicht erstellt wurde.

Beispiel

Doppik City verschickt am 20. März 2010 einen Gewerbesteuerbescheid mit der endgültigen Festsetzung der Gewerbesteuer für das Unternehmen „Maschinen Müller GmbH" für das Jahr 2009. Das Unternehmen muss EUR 3.500 nachzahlen. Der Betrag ist am 20. April 2010 fällig. Der Jahresabschluss 2009 von Doppik City wurde bereits im Februar aufgestellt.

Somit kann der zusätzliche Gewerbesteuerertrag i. H. v. EUR 3.500 nicht mehr periodengerecht als Ertrag des Haushaltsjahres 2009 gebucht werden. Er ist als Ertrag des Jahres 2010 zu buchen.

Buchung bei Versand des Bescheides am 20. März 2010:

1631 Steuerforderung gegenüber dem privaten Bereich				
	an	4013	Gewerbesteuer	3.500

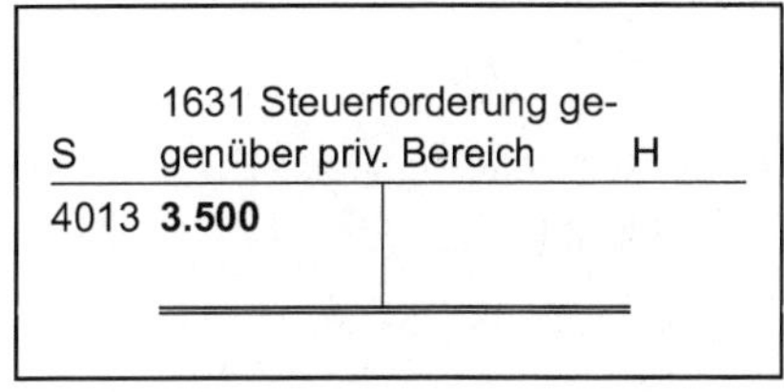

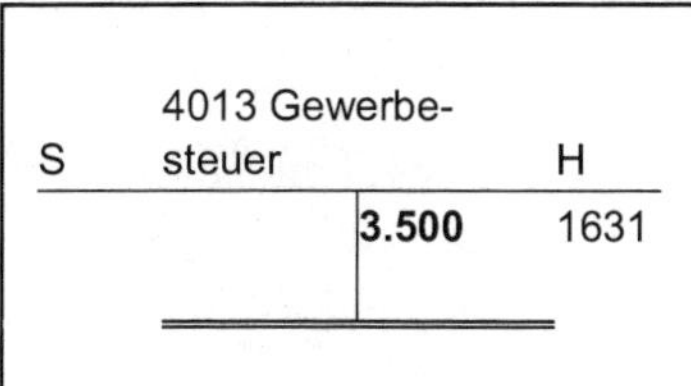

Buchung bei Eingang der Gewerbesteuer:

6013 Gewerbesteuer (statistische Kontierung Finanzmittelkonto 1811 „Bank A")				
	an	1631	Steuerforderungen gegenüber dem privaten Bereich	3.500

S	1631 Steuerforderungen gegenüber priv. Bereich		H
4013	3.500	3.500	6013

S	1811 Bank A (Statistik)		H
1631	3.500		

Ist der Jahresabschluss für das Jahr 2009 zum Zeitpunkt der Bescheiderstellung und -versendung noch nicht aufgestellt, müsste der Gewerbesteuer**ertrag** (nicht die Zahlung!) i. H. v. EUR 3.500 nach dem Wertaufhellungsgebot als Ertrag in das Haushaltsjahr 2009 eingehen.

Dies würde auch dann gelten, wenn die Steuerzahlung i. H. v. EUR 3.500 das Jahr 2008 beträfe. Der Ertrag würde auch in diesem Fall in das Haushaltsjahr 2009 eingehen, da er sich so zeitlich näher zur Verursachung berücksichtigen ließe, als bei einer ertragswirksamen Buchung im Haushaltsjahr 2010.

6.1.2 Erhaltene Zuwendungen

6.1.2.1 Überblick

Die Kommune kann Zuwendungen, also Finanzhilfen, entweder von anderen Gebietskörperschaften (Zuweisungen) oder von Unternehmen und anderen Bereichen (Zuschüsse) erhalten.

Zuwendungserträge werden auf den Konten der Kontengruppe 41 „Zuwendungen und allgemeine Umlagen" gebucht. Der Kontenrahmen sieht folgende Kontenarten für Zuwendungserträge vor:

- Schlüsselzuweisungen,
- Bedarfszuweisungen,
- Allgemeine Zuweisungen,
- Zuweisungen und Zuschüsse für laufende Zwecke,
- Erträge aus der Auflösung von Sonderposten aus Zuwendungen,
- Allgemeine Umlagen.

Die Einzahlungen aus Zuweisungen und Zuschüssen werden in der Finanzrechnung auf den Konten der Kontengruppe 61 „Zuwendungen und allgemeine Umlagen" bzw. unter der Kontenart 681 „Investitionszuwendungen" gebucht.

Die Buchung von erhaltenen Investitionszuwendungen unterscheidet sich grundlegend von der Buchung der übrigen Zuwendungen (allgemeine Zuwendungen und Zuwendungen für laufende Zwecke). Deshalb werden die Investitionszuwendungen gesondert, im Anschluss an den nachfolgenden Abschnitt, behandelt.

6.1.2.2 Allgemeine Zuwendungen bzw. Zuwendungen für laufende Zwecke

Diese Zuwendungen sind verteilt auf die einzelnen Perioden des Zuwendungszeitraums, für den sie bestimmt sind, ertragswirksam zu vereinnahmen.

Beispiel

Das Land Nordrhein-Westfalen überweist Doppik City am 4. März 2010 eine Zuweisung für laufende Zwecke i. H. v. EUR 350.000. Die Zuweisung wird auf das Konto bei der Bank A überwiesen. Zuwendungszeitraum ist das Haushaltsjahr 2010.

Buchung bei Eingang der Zuweisung:

6141 Zuweisungen für laufende Zwecke vom Land
(statistische Kontierung Finanzmittelkonto 1811 „Bank A")
an 4141 Zuweisungen vom Land 350.000

S	6141 Zuw. vom Land		H
4141	**350.000**		

S	4141 Zuw. vom Land		H
		350.000	6141

S	1811 Bank A		H
4141	**350.000**		

Wurde die Zuweisung hingegen beispielsweise jeweils zur Hälfte für die Haushaltsjahre 2010 und 2011 gewährt, werden die erhaltenen Finanzmittel zwar in einer Summe kassenwirksam vereinnahmt, die Erfolgswirkung der Einzahlung wird dann aber mittels eines passiven Rechnungsabgrenzungspostens zur einen Hälfte auf das Haushaltsjahr 2010 und zur anderen Hälfte auf das folgende Haushaltsjahr 2011 verteilt. Dies soll aus didaktischen Gründen erst später behandelt werden. Vergleiche hierzu Abschnitt 7.2.4.3.

6.1.2.3 Investitionszuwendungen

Erhaltene Zuweisungen und Zuschüsse, die für Investitionsmaßnahmen gewährt werden (Investitionszuwendungen), sind – soweit der Zuwendungsgeber dies nicht ausdrücklich ausgeschlossen hat – in einen Sonderposten für Zuwendungen einzustellen. Der Sonderposten wird auf der Passivseite der Bilanz (zwischen dem Eigen- und dem Fremdkapital) ausgewiesen. Die kassenwirksame Vereinnahmung der Mittel bewirkt so zunächst eine erfolgsneutrale Bilanzverlängerung. Der Sonderposten wird dann über die Nutzungsdauer des zuwendungsfinanzierten Vermögensgegenstandes ertragswirksam aufgelöst. Die jährlichen Erträge werden auf den Konten der Kontenart 416 „Erträge aus der Auflösung von Sonderposten aus Zuwendungen" gebucht. In der Finanzrechnung werden die Zahlungsbewegungen wiederum nach dem Kassenwirksamkeitsprinzip gebucht.

Beispiel

Doppik City erhält für den Erwerb eines Löschfahrzeuges für die städtische Feuerwehr eine Zuweisung vom Land i. H. v. EUR 40.000. Die verwaltungsübliche Nutzungsdauer beträgt 10 Jahre, der lineare Abschreibungssatz mithin

10 %. Die Zuweisung wird vor dem Kauf des Fahrzeuges auf das Konto bei der Bank A überwiesen. Die Einzahlung für diese zweckgebundene Zuweisung wird in der Kontenart 681 „Investitionszuwendungen" auf das Konto 6811 „Investitionszuweisungen vom Land" gebucht. Die AHK des Löschfahrzeugs sollen EUR 120.000 betragen.

Buchung bei Eingang der Zuweisung:

6811 Investitionszuweisungen vom Land
(statistisch Kontierung Finanzmittelkonto 1811 „Bank A")
an 2311 Sonderposten aus Zuweisungen vom Land 40.000

S	6811 Inv.-zuw. v. Land		H
2311	**40.000**		

S	2311 SoPo aus Zuw./Land		H
		40.000	6811

S	1811 Bank A		H
2311	**40.000**		

Buchung bei Erwerb des Löschfahrzeugs:

0750 Fahrzeuge
an 7826 Auszahlungen aus dem Erwerb von beweglichen Sachen des AV oberhalb der Wertgrenze von 410 Euro (statistische Kontierung Finanzmittelkonto 1811 „Bank A") 120.000

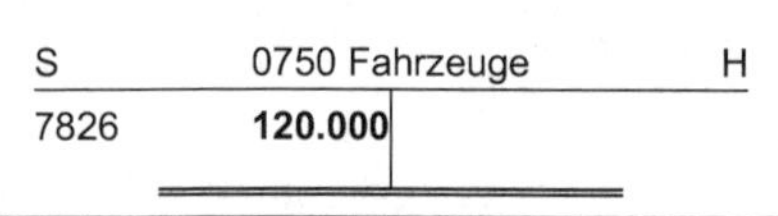

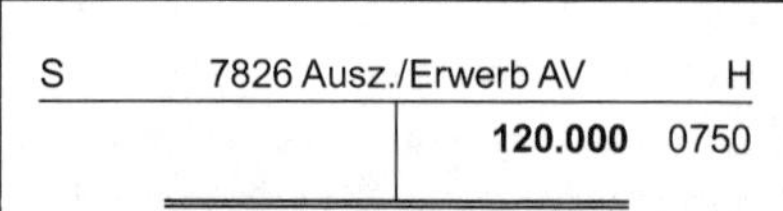

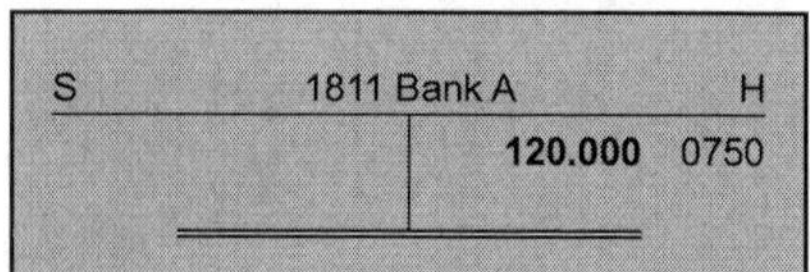

Jährliche Buchungen zur ertragswirksamen Auflösung des Sonderpostens:

Der Sonderposten wird entsprechend der Nutzungsdauer des zuwendungsfinanzierten Anlagegutes über 10 Jahre aufgelöst. Damit ist ein jährlicher Auflösungsbetrag von EUR 4.000 (EUR 40.000/10) zu Grunde zu legen. Dieser wird auf das Konto 4161 „Erträge aus der Auflösung von Sonderposten aus Zuweisungen vom Land“ gebucht.

2311	Sonderposten aus Zuweisungen vom Land			
		an 4161	Erträge aus der Auflösung von Sonderposten aus Zuweisungen vom Land	4.000

S	2311 SoPo aus Zuw./Land		H
4161	**4.000**	40.000	6811

S	4161 Erträge Auflös. SoPo		H
		4.000	2311

Die Auflösung des Sonderpostens berührt – wie die gegenläufige Abschreibung – nicht die Finanzrechnung. Der Kontenrahmen weist daher zu den Konten der Kontenart 416 „Erträge aus der Auflösung von Sonderposten aus Zuwendungen“ keine entsprechenden Einzahlungskonten der Finanzrechnung aus.

6.1.3 Sonstige Transfererträge

Sonstige Transfererträge resultieren vorwiegend aus Erstattungen von Dritten, die auf Grund von geleisteten Transferaufwendungen der Kommune (im Wesentlichen Leistungen der Sozialhilfe) anfallen. Darüber hinaus stellen Schuldendiensthilfen vom Bund, Land etc. Transfererträge der Kommune dar.

Die Kontengruppe 42 „Sonstige Transfererträge“ weist zur Erfassung der Erträge die folgenden Kontenarten aus:

- Ersatz von sozialen Leistungen außerhalb von Einrichtungen,
- Ersatz von sozialen Leistungen in Einrichtungen,
- Schuldendiensthilfen,
- andere sonstige Transfererträge.

Die entsprechenden Einzahlungen werden in den Konten der Kontengruppe 62 „Sonstige Transfereinzahlungen“ gebucht.

Beispiel

Doppik City erhält für von ihr geleistete Sozialleistungen außerhalb von Einrichtungen im ersten Quartal 2010 eine Erstattung i. H. v. EUR 2.250.000 von einem Sozialleistungsträger. Die Erstattung wird am 15. April 2010 auf das Konto bei der Bank A überwiesen.

Buchung bei Eingang des Geldes:

621 Leistungen von Sozialleistungsträgern (ohne PV)
3 (statistische Kontierung Finanzmittelkonto 1811 „Bank A")
an 4213 Leistungen von Sozialleistungsträgern (ohne PV) 2.250.000

S	6213 Leistungen v. Soz.-leistungsträgern		H
4213	**2.250.000**		

S	4213 Leistungen v. Soz.-leistungsträgern		H
		2.250.000	6213

S	1811 Bank A		H
4213	**2.250.000**		

Beispiel

Doppik City erhält am 4. April 2010 vom Bund eine Schuldendiensthilfe i. H. v. EUR 500.000 für das Jahr 2010. Der Betrag wurde auf das Konto bei der Bank A überwiesen.

Buchung bei Eingang der Schuldendiensthilfe:

6230 Schuldendiensthilfen vom Bund
(statistische Kontierung Finanzmittelkonto 1811 „Bank A")
an 4230 Schuldendiensthilfen vom Bund 500.000

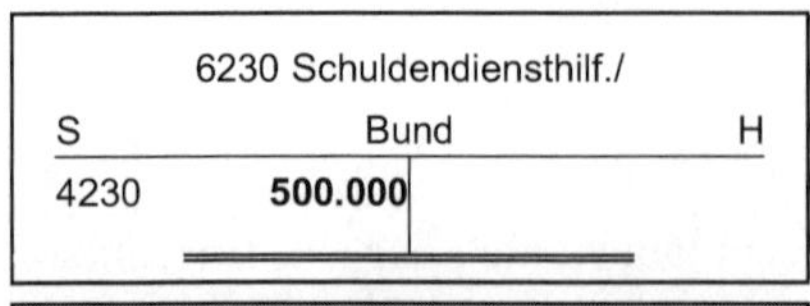

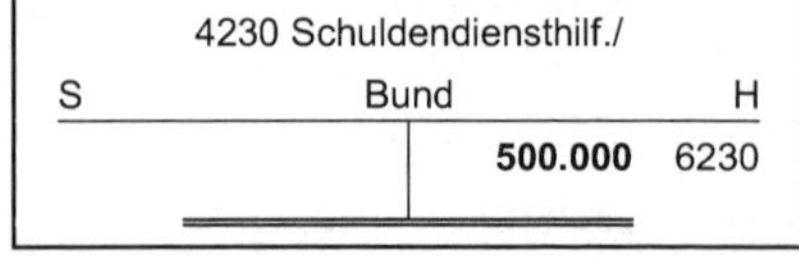

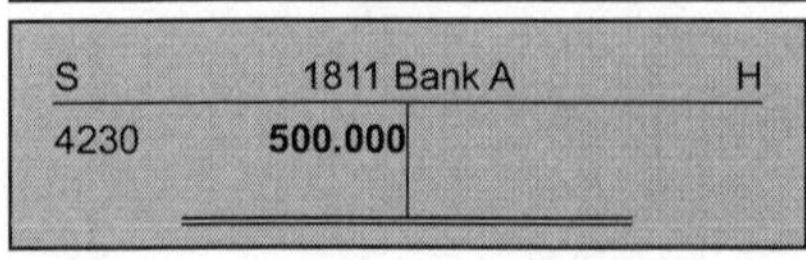

6.1.4 Öffentlich-rechtliche Leistungsentgelte

Unter „öffentlich-rechtliche Leistungsentgelte" fallen im Wesentlichen Gebühren und Beiträge:

- **Gebühren** sind Geldleistungen, die als Gegenleistung für eine besondere Leistung – Amtshandlung oder sonstige Tätigkeit – der Verwaltung (Verwaltungsgebühren) oder für die Inanspruchnahme öffentlicher Einrichtungen und Anlagen (Benutzungsgebühren) erhoben werden (§ 4 (2) KAG NW).
- **Beiträge** sind nach § 8 (2) KAG Geldleistungen, die dem Ersatz des Aufwandes für die Herstellung, Anschaffung und Erweiterung öffentlicher Einrichtungen und Anlagen dienen (Straßen, Wege, Plätzen u.a.), nicht jedoch der laufenden Unterhaltung und Instandsetzung.

Beiträge werden i.d.R. von den Grundstückseigentümern als Gegenleistung dafür erhoben, dass ihnen durch die Inanspruchnahme der Einrichtungen und Anlagen wirtschaftliche Vorteile entstehen **könnten**. Es kommt dabei nicht darauf an, ob die Anlagen tatsächlich genutzt werden. Es wird unterstellt, dass schon die Möglichkeit zur Nutzung einen wirtschaftlichen Vorteil begründet.

Im NKF werden Beiträge in einem Sonderposten auf der Passivseite der Bilanz erfasst und ertragswirksam über die Nutzungsdauer der beitragsfinanzierten Anlagen oder Einrichtungen aufgelöst.

Gebühren werden hingegen laufend ertragswirksam vereinnahmt.

Für die Erträge aus öffentlich-rechtlichen Leistungsentgelten sieht der NKF-Kontenrahmen in der Kontengruppe 43 die folgenden Kontenarten vor.

- Verwaltungsgebühren,
- Benutzungsgebühren und ähnliche Entgelte,
- Entgelte der Verkehrsunternehmen,
- Zweckgebundene Abgaben,
- Erträge aus der Auflösung von Sonderposten für Beiträge,
- Erträge aus der Auflösung von Sonderposten für Gebührenausgleich
- Sonstige Entgelte (z.B. Parkgebühren).

Die Einzahlungen aus öffentlich-rechtlichen Leistungsentgelten werden auf den entsprechenden Konten der Kontengruppe 63 „Öffentlich-rechtliche Leistungsentgelte“ gebucht.

Beispiel (Verwaltungsgebühr)

Das Bürgerbüro von Doppik City nimmt am 7. September 2010 eine Verwaltungsgebühr i. H. v. EUR 60 von Herrn Mustermann ein, der einen neuen Reisepass beantragt hatte.

Buchung bei Einzahlung der Verwaltungsgebühr:

6311 Verwaltungsgebühren
(statistische Kontierung des Kassenkontos 1870)
an 4311 Verwaltungsgebühren 60

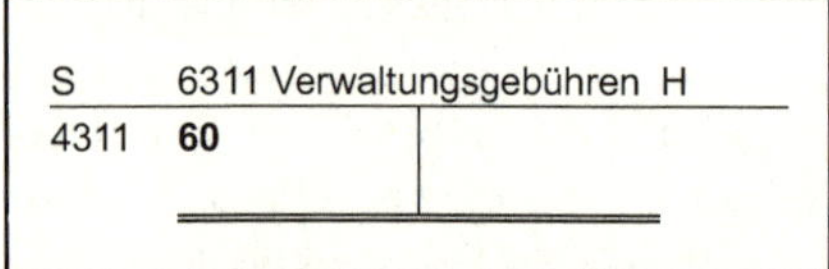

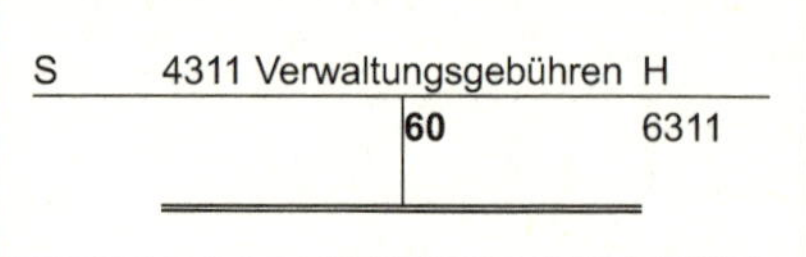

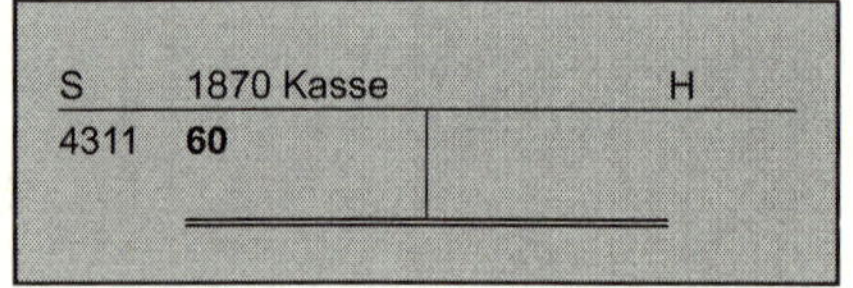

Die Verwaltungsgebühr von EUR 60 kann sofort ertragswirksam gebucht werden, da die wirtschaftliche Verursachung eindeutig im Haushaltsjahr 2010 liegt. Die Buchung in dem Finanzrechnungskonto erfolgt ohnehin immer nach dem Kassenwirksamkeitsprinzip.

Beispiel (Kanalanschlussbeiträge)

Doppik City hat ein neues Baugebiet erschlossen. Die Stadt erhebt Kanalanschlussbeiträge von den Grundstückseigentümern. Die Bescheide werden Anfang Januar verschickt und sind einen Monat nach Zugang fällig. In der Summe belaufen sich die Bescheide auf EUR 250.000. Die entsprechenden Erschließungsanlagen werden linear über 50 Jahre abgeschrieben.

Buchung bei Versand der Bescheide:

1621	Beitragsforderungen gegenüber dem privatem Bereich				
		an	2321	Sonderposten Kanalanschlussbeiträge	250.000

S	1621Beitragsforderungen		H
2311	**250.000**		

S	2321 SoPo Kanal		H
		250.000	1621

Die Beitragsforderungen werden also erfolgsneutral erfasst. Es liegt eine erfolgsneutrale Bilanzverlängerung vor.

Jährliche Buchungen zur ertragswirksamen Auflösung des Sonderpostens:

Der Sonderposten wird entsprechend der Nutzungsdauer der beitragsfinanzierten Anlage über 50 Jahre aufgelöst. Somit ist ein jährlicher Auflösungsbetrag von EUR 5.000 (= EUR 250.000/50) zu Grunde zu legen. Dieser wird auf das Konto 4371 „Erträge aus der Auflösung von Sonderposten für Beiträge“ gebucht.

2321	Sonderposten Kanal				
		an	4371	Erträge aus der Auflösung von Sonderposten für Beiträge	5.000

S	2321 SoPo Kanal		H
4371	**5.000**	250.000	1621

S	4371 Erträge Auflös. SoPo		H
		5.000	2321

Die Auflösung des Sonderpostens berührt – wie die gegenläufige Abschreibung – nicht die Finanzrechnung. Der Kontenrahmen weist daher zu den Konten der Kontenart 4371 „Erträge aus der Auflösung von Sonderposten für Beiträge“ keine entsprechenden Einzahlungskonten der Finanzrechnung aus.

Der Buchungssatz für Zahlungseingänge, beispielsweise EUR 10.000 auf Bank A, lautet:

6321	Einzahlungen aus Beiträgen (statistische Kontierung Finanzmittelkonto 1811 „Bank A“)				
		an	162 1	Beitragsforderungen	10.000

6.1.5 Privatrechtliche Leistungsentgelte sowie Kostenerstattungen und Kostenumlagen

Privatrechtlichen Leistungsentgelte, Kostenerstattungen und Kostenumlagen werden auf den Ertragskonten der Kontengruppe 44 gebucht. Die entsprechenden Einzahlungskonten der Finanzrechnung finden sich in der Kontengruppe 64.
Privatrechtliche Leistungsentgelte umfassen vor allem Verkaufserträge sowie Mieten und Pachten. Bei Verkaufserträgen kann es sich beispielsweise um Erlöse aus der Veräußerung von Vorräten (etwa Brennholz aus kommunalen Forsten), Drucksachen (Familienstammbücher, Stadtchroniken u.a.) oder anderer Waren handeln. Erträge aus der Veräußerung von Anlagevermögen gehören hingegen nicht zu den privatrechtlichen Leistungsentgelten. Sie stellen sonstige ordentliche Erträge dar (siehe Abschnitt 6.1.6).

Beispiel (Verkaufserträge)

Doppik City verfügt über 40 Hektar Mischwald, der von der staatlichen Forstverwaltung bewirtschaftet wird. Die Forstverwaltung verkauft im Auftrag der Stadt am 15. Januar 2010 50 Bäume „zum Selbstfällen" an Herrn Friedrich, der hieraus Kaminholz machen möchte. Den Kaufpreis von EUR 800 zahlt Herr Friedrich am 22. Januar 2010 bei der Stadtkasse ein.

Buchung nach Zahlungseingang:

6411 Einzahlungen aus Verkauf
(statistische Kontierung des Kassenkontos 1870)

an 4411 Erträge aus Verkauf 800

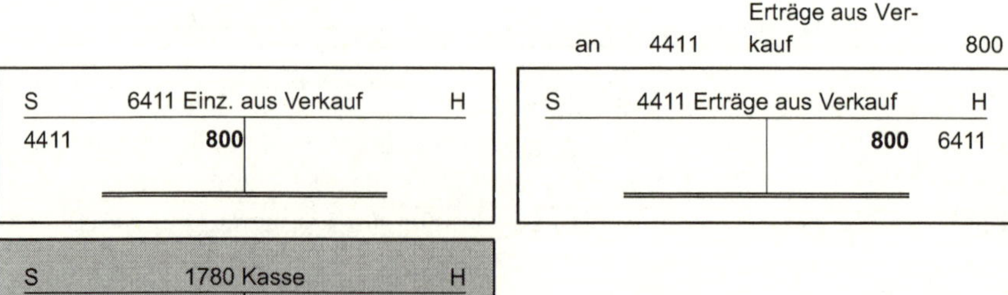

Beispiel (Kostenerstattung)

Doppik City betreibt die Wasserversorgung als Eigenbetrieb. Die Mitarbeiter des Eigenbetriebes sind bei der Stadt angestellt. Die laufenden Personalkosten werden durch den Eigenbetrieb erstattet. Die Erstattung erfolgt monatlich jeweils für den Vormonat. Für den Januar 2010 werden dem Eigenbetrieb am 17. xxFebruar 2010 Personalkosten i. H. v. EUR 63.500 in Rechnung gestellt. Das Geld ist am 24. Februar 2010 auf dem Konto bei der Bank A eingegangen.

Buchung bei Rechnungsstellung am 17. Februar 2010:

1750 Privatrechtliche Forderungen gegen Sondervermögen
an 4425 Erstattungen von verbundenen Unternehmen, Beteiligungen und Sondervermögen 63.500

1750 Privatrechtliche Forderungen gegen Sondervermögen

S		H
4425	**63.500**	

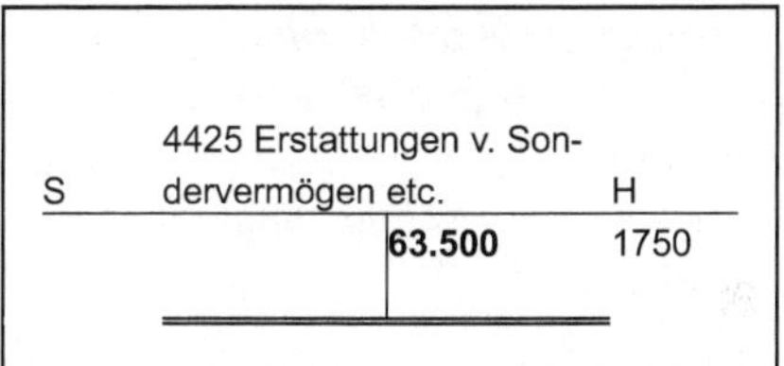

Buchung bei Eingang der Erstattung am 24. Februar 2010:

6425 Erstattungen von verbundenen Unternehmen, Beteiligungen und Sondervermögen (statistische Kontierung des Finanzmittelkontos „Bank A")
an 1750 Privatrechtliche Forderungen gegen Sondervermögen 63.500

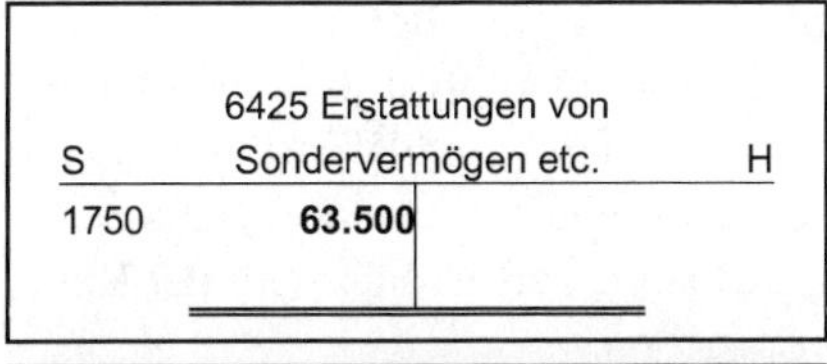

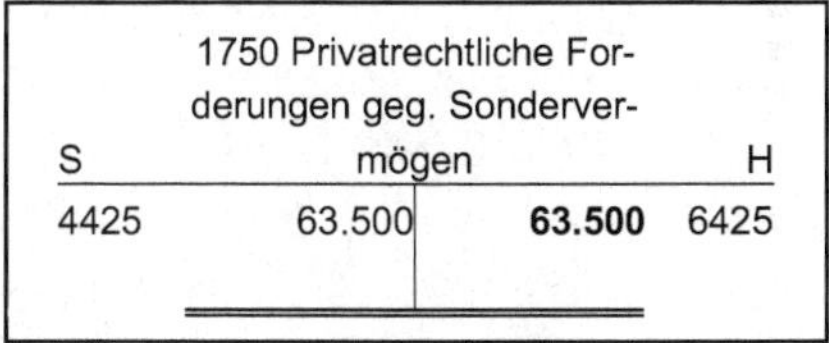

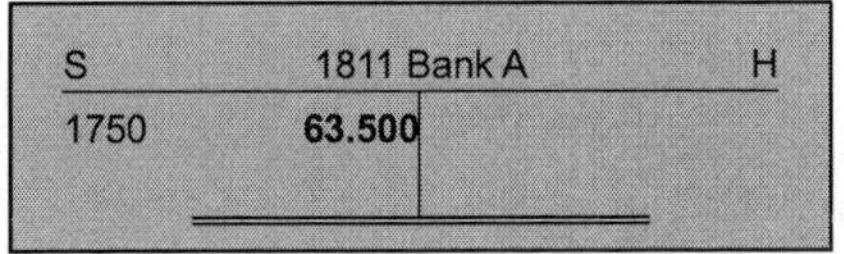

6.1.6 Sonstige ordentliche Erträge

Unter „Sonstige ordentliche Erträge" (Kontengruppe 45) fallen alle ordentlichen Erträge, die nicht einem anderen Posten zugeordnet werden können. Der NKF-Kontenrahmen sieht hier u.a. die folgenden Kontenarten vor:

- Erträge aus der Veräußerung von Vermögensgegenständen des Anlagevermögens,
- Konzessionsabgaben,
- Erträge aus der Auflösung von sonstigen Sonderposten der Passivseite,
- Erstattung von Steuern vom Einkommen und Ertrag für Vorjahre,
- nicht zahlungswirksame ordentliche Erträge (z.B. Zuschreibungen, Auflösung oder Herabsetzung von Rückstellungen),

Einzahlungen, die aus der Veräußerung von Vermögensgegenständen des Anlagevermögens resultieren, werden in der Finanzrechnung in der Kontengruppe 68 „Einzahlungen aus Investitionstätigkeit" gebucht. Im Übrigen werden die Zahlungen auf den Konten der Kontengruppe 65 „Sonstige Einzahlungen aus laufender Verwaltungstätigkeit" gebucht.

Dem Konto „Erträge aus der Auflösung von sonstigen Sonderposten der Passivseite" steht naturgemäß kein Finanzrechnungskonto gegenüber, da diese Erträge nicht zahlungswirksam sind. Dies gilt auch für Erträge aus Zuschreibungen und der Auflösung oder Herabsetzung von Forderungswertberichtigungen oder Rückstellungen, die ebenfalls zu den sonstigen ordentlichen Erträgen zählen.

Beispiel

Doppik City veräußert ein unbebautes Grundstück. Käufer des Grundstücks ist ein ortsansässiger Unternehmer. Im Anlageverzeichnis der Stadt wird das Grundstück mit einem Buchwert von EUR 200.000 geführt. Der Verkaufspreis beträgt EUR 250.000. Der Betrag muss in voller Höhe gemäß der notariellen Vereinbarung vom 13. November 2010 bis zum 27. November 2010 auf das städtische Konto bei der Bank A eingegangen sein. Tatsächlich wird der Kaufpreis am 26. November dem Konto gutgeschrieben.

Buchung nach Abschluss des notariellen Kaufvertrages:

1710 Privatrechtliche Forderungen gegenüber dem privaten Bereich 250.000
an 0241 Grund und Boden (sonstige unbebaute Grundstücke) 200.000
an 4511 Erträge aus der Veräußerung von Grundstücken u. Gebäuden 50.000

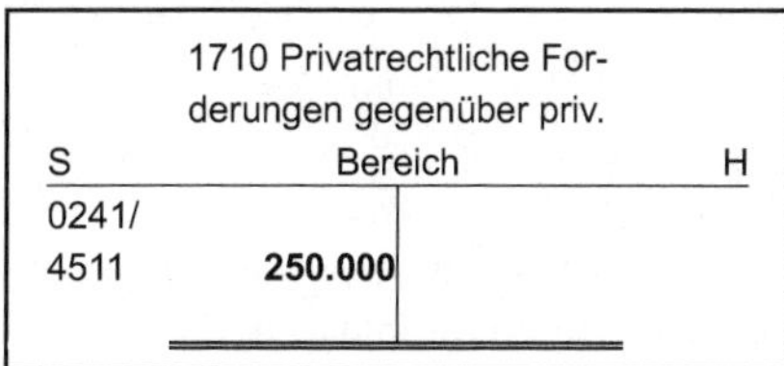

S	0241 Grund und Boden		H
AB	3.200.000	**200.000**	1710

S	4511 Erträge aus Veräußerung		H
		50.000	1710

Buchung bei Zahlungseingang des Kaufpreises:

6821 Einz. aus der Veräußerung von Grundstücken und Gebäuden
(statistische Kontierung des Finanzmittelkontos „Bank A")
an 1710 Privatrechtliche Forderungen gegenüber dem privaten Bereich 250.000

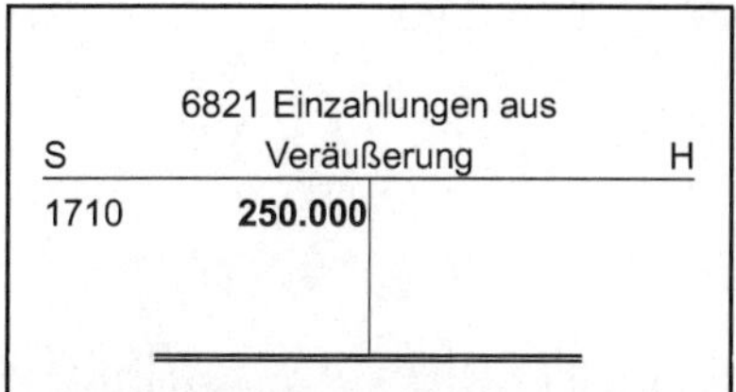

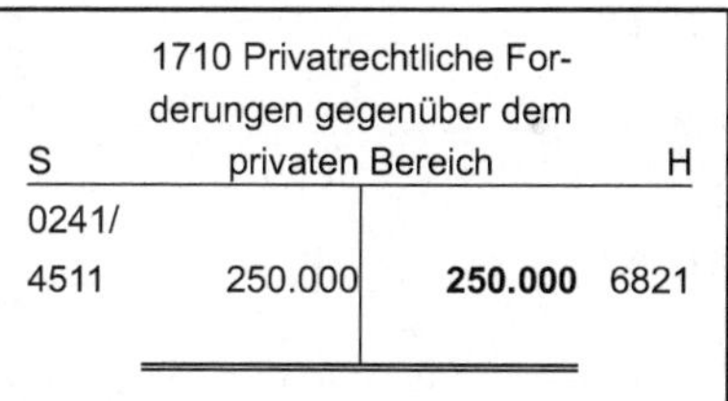

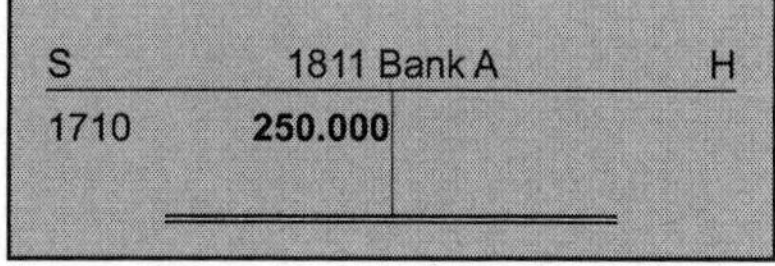

Folgen des Geschäftsvorfalls:

- Minderung des Bestands an sonstigen unbebauten Grundstücken um EUR 200.000,
- Erträge aus der Veräußerung von Grundstücken und Gebäuden i. H. v. EUR 50.000,
- Erhöhung des Zahlungsmittelbestandes um EUR 250.000.

Wesentliche Lerninhalte:

Erträge einer Kommune setzen sich im Wesentlichen zusammen aus:

1. Steuern,
2. Zuwendungen,
3. öffentlich-rechtlichen Leistungsentgelten sowie
4. privat-rechtlichen Leistungsentgelten.

Erträge sind nach Maßgabe der wirtschaftlichen Verursachung periodengerecht abzugrenzen. Dabei ist ggf. das Wertaufhellungsgebot zu beachten.

Für empfangene Investitionszuwendungen und Beiträge sind Sonderposten zu bilden. Diese werden dann über die Nutzungsdauer des zuwendungs-/beitragsfinanzierten Vermögensgegenstandes ertragswirksam aufgelöst.

Verständnisfragen:

1. Erläutern Sie das Wertaufhellungsgebot im Zusammenhang mit Steuererträgen.
2. Wonach bemisst sich der Zeitraum für die ertragswirksame Auflösung eines Sonderpostens für Investitionszuwendungen?
3. Nennen Sie Beispiele für privat-rechtliche Leistungsentgelte.
4. Werden empfangene Beiträge sofort ertragswirksam vereinnahmt?

6.2 Aufwendungen

6.2.1 Personalaufwendungen

Personalaufwendungen umfassen sämtliche Aufwendungen des Arbeitgebers bzw. der Kommune, die im direkten Zusammenhang mit den derzeit aktiv beschäftigten Mitarbeiterinnen und Mitarbeitern stehen. Die Kontengruppe 50 „Personalaufwendungen“ weist die nachstehenden Kontenarten aus:

- Aufwendungen für
  - Bezüge der Beamten,
  - Vergütungen der Angestellten,
  - Löhne der Arbeiter,
  - Aufwendungen für sonstige Beschäftigte,
- Beiträge zu Versorgungskassen,
- Beiträge zur gesetzlichen Sozialversicherung,

- Beihilfen und Unterstützungsleistungen und dgl. für Beschäftigte,
- Zuführungen zu Pensionsrückstellungen für Beschäftigte und Altersteilzeit,
- Aufwendungen für Rückstellungen für nicht genommenen Urlaub, Überstunden,
- pauschalierte Lohnsteuer.

Die korrespondierenden Konten der Finanzrechnung finden sich in der Kontengruppe 70 „Personalauszahlungen". Zu den Aufwendungen für Rückstellungen (Pensionsrückstellungen, Urlaubsrückstellungen u.a.) existieren naturgemäß keine Finanzrechnungskonten. Zuführungen zu Rückstellungen sind nicht zahlungswirksam.

Beispiel

Die Angestelltenvergütungen (brutto) für den Produktbereich 02 „Sicherheit und Ordnung" belaufen sich im Monat Oktober auf EUR 125.000:

– Angestelltenvergütungen für den PB 02 „Sicherheit und Ordnung"	
Bruttogehälter	**EUR 125.000**
Lohnsteuer	EUR 22.500
Solidaritätszuschlag	EUR 1.250
Kirchensteuer	EUR 2.000
Zwischensumme Steuern	**EUR 25.750**
Krankenversicherung	EUR 9.000
Pflegeversicherung	EUR 1.000
Rentenversicherung	EUR 12.000
Arbeitslosenversicherung	EUR 4.000
Zwischensumme Sozialversicherung	**EUR 26.000**
Nettogehälter (Auszahlung)	**EUR 73.250**

Buchung bei Überweisung der Gehälter am 11. Oktober:

5012	Vergütung Angestellte			125.000
	an	3712	Abzuführende Lohn- und Kirchensteuer der Beschäftigten	25.750
	an	3720	Verbindlichkeiten gegenüber Sozialversicherungsträgern	26.000
	an	7012	Auszahlungen für Vergütung Angestellte (Statistische Kontierung Finanzmittelkontos „Bank A")	73.250

S	5012 Vergütung Angestellte	H
3712/3720/ 7012	**125.000**	

S	3712 Abzuführende Steuern d. Beschäftigten	H
	25.750	50121

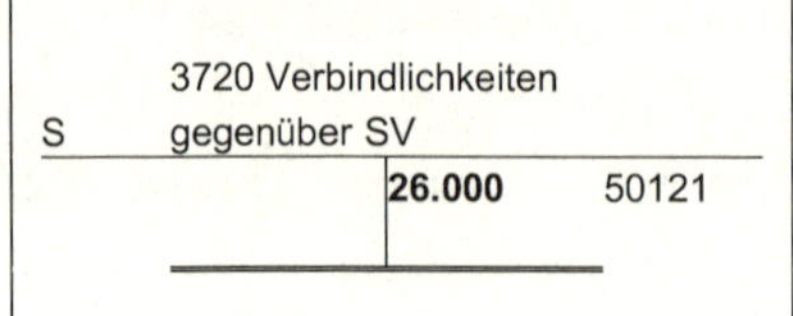

S	3720 Verbindlichkeiten gegenüber SV	
	26.000	50121

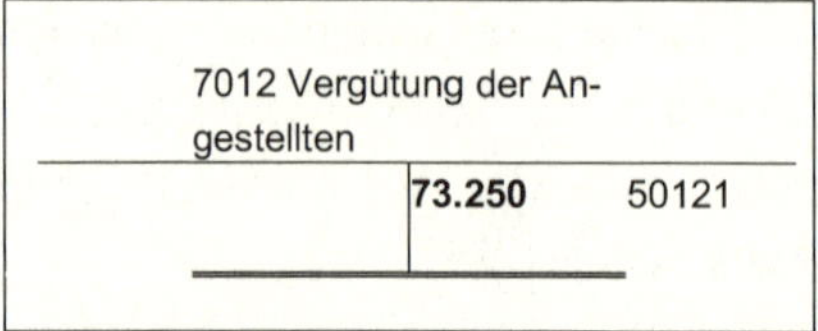

7012 Vergütung der Angestellten		
	73.250	50121

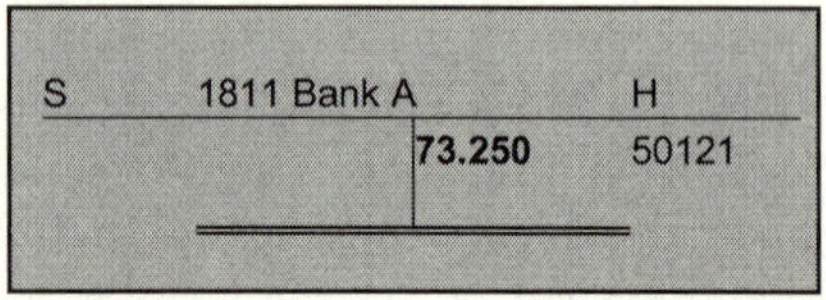

S	1811 Bank A	H
	73.250	50121

Die Abzüge der Angestellten – Steuern und Arbeitnehmeranteile der Sozialversicherungen – werden von dem Arbeitgeber einbehalten und bis zum 10. des Folgemonats an das Finanzamt bzw. bis zum 15. des Folgemonats an die Krankenkasse überwiesen. Die einbehaltenen Steuern und Arbeitnehmeranteile werden bis zur Überweisung als Verbindlichkeiten gegenüber diesen Institutionen ausgewiesen.

Zusätzlich zu den Bruttogehältern (50121 „Regelzahlung Angestellte") ist der **Arbeitgeber**anteil zur gesetzlichen Sozialversicherung als Personalaufwand zu berücksichtigen. Die Arbeitgeberanteile werden bis zur Überweisung auf dem Konto 3720 „Verbindlichkeiten gegenüber Sozialversicherungsträgern" ausgewiesen.

5032 Beiträge zur gesetzlichen Sozialversicherung für Angestellte

an 3720 Verbindlichkeiten gegenüber Sozialversicherungsträgern 26.000

S	5032 Beiträge zur SV für Angestellte		H
3720	**26.000**		

S	3720 Verbindlichkeiten gegenüber SV		H
		26.000	50121
		26.000	5032

Buchung der Überweisung von Steuern und Sozialversicherungsbeiträgen:

3712 Abzuführende Lohn- und Kirchensteuer der Beschäftigten

an 7092 Lohnsteuer/Angestellte (Statistische Kontierung des Finanzmittelkontos „Bank A") 25.750

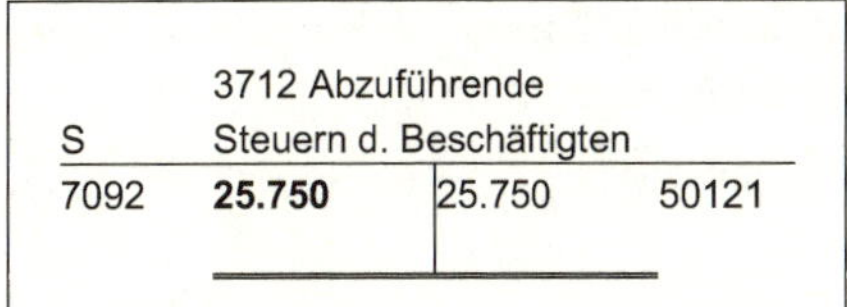

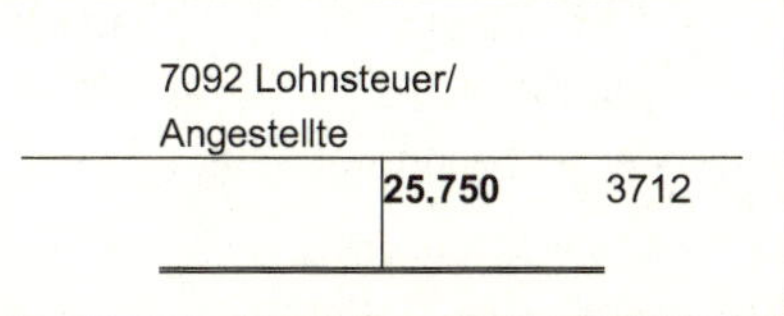

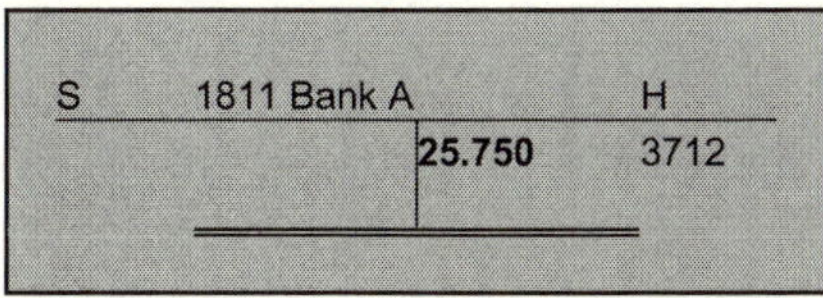

3720 Verbindlichkeiten gegenüber Sozialversicherungsträgern
an 7032 Beiträge zur gesetzlichen Sozialversicherung für Angestellte (Statistische Kontierung des Finanzmittelkontos „Bank A“) 52.000

S	3720 Verbindlichkeiten gegenüber SV		
7032	**52.000**	26.000	50121
		26.000	5032

7032 Beiträge zur gesetzlichen SV/Ang.		
	52.000	3720

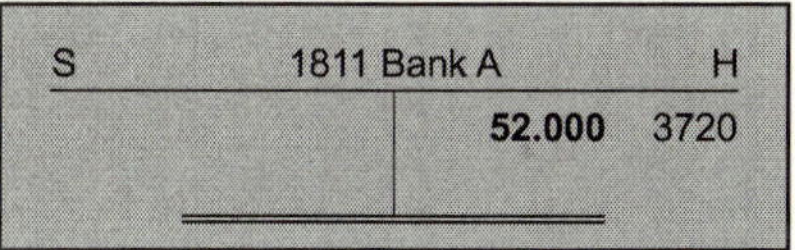

Die Auszahlung von Kindergeld an die Beschäftigten ist hier nicht berücksichtigt. Die Zahlung des Kindergelds für die Beschäftigten stellt keinen Aufwand für die Kommune dar. Es handelt sich hierbei um einen **durchlaufenden Posten**: Die Kommune zahlt zwar das Kindergeld an ihre Beschäftigten aus, aber in gleicher Höhe erhält sie eine Erstattung von der Bundesagentur für Arbeit.

6.2.2 Aufwendungen für Sach- und Dienstleistungen

Aufwendungen für Sach- und Dienstleistungen werden in der Kontengruppe 52 erfasst. Darunter fallen insbesondere die folgenden Kontenarten:

- Aufwendungen für Fertigung, Vertrieb und Waren,
- Aufwendungen für Energie, Wasser und Abwasser,

- Aufwendungen für Unterhaltung und Bewirtschaftung (Grundstücke, Gebäude, Infrastrukturvermögen, technische Anlagen usw.),
- weitere Verwaltungs- und Betriebsaufwendungen,
- Kostenerstattungen
- Aufwand für den Erwerb von Vorräten

Die entsprechenden Auszahlungskonten der Finanzrechnung weist der Kontenrahmen in Kontengruppe 72 „Auszahlungen für Sach- und Dienstleistungen" aus.

Beispiel (Aufwendungen für Treibstoff)

Doppik City hat einen Abnahmevertrag mit einem ortsansässigen Tankstellenunternehmen geschlossen. Für den Monat Oktober 2010 werden der Stadt am 5. November 2010 EUR 7.895 in Rechnung gestellt. Der Betrag wird am 10. November 2010 von dem Konto der Bank A überwiesen.

Buchung bei Rechnungseingang:

5225 Aufwendungen für Treibstoffe für Fahrzeuge
an 3550 Verbindlichkeiten aus LuL 7.895

S	5225 Aufw./Treibstoffe Kfz		H
3550	**7.895**		

S	3550 Verb. aus LuL		H
		7.895	5225

Buchung bei Zahlung:

3550 Verbindlichkeiten aus LuL
an 7225 Auszahlungen für Treibstoffe für Fahrzeuge
(Statistische Kontierung des Finanzmittelkontos
„Bank A") 7.895

S	3550 Verb. aus LuL		H
7225	**7.895**	7.895	5225

S	7225 Ausz. Treibstoffe Kfz		H
		7.895	3550

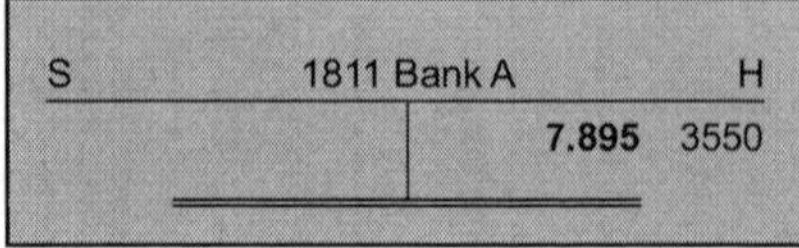

S	1811 Bank A		H
		7.895	3550

Erwerb von Vorräten

Vorräte gehören zwar zum aktivierungspflichtigen Umlaufvermögen, gleichwohl ist es nicht unüblich, dass der Einkauf von Vorräten direkt als Aufwand gebucht wird (sog. aufwandsorientiertes Verfahren). Es wird also unterstellt, dass die bezogenen Vorräte unmittelbar oder zumindest noch im gleichen Rechnungsjahr verbraucht werden. Dies erleichtert das laufende Buchungsgeschäft, bedingt aber unterjährige Ungenauigkeiten. Denn – genau genommen – entsteht der Aufwand erst dann, wenn die Vorräte vom Lager entnommen und verbraucht werden.

Wird der Bezug von Vorräten direkt als Aufwand gebucht, weist das entsprechende Bestandskonto lediglich den Anfangsbestand und den Schlussbestand lt. Inventur aus. Der Saldo hieraus ergibt die Bestandsveränderung (Bestandsmehrung oder Bestandsminderung). Die ermittelte Bestandsveränderung wird dann auf das entsprechende Aufwandskonto übertragen, um den unterjährig zu hoch oder zu niedrig ermittelten Aufwand zu korrigieren.

Nimmt der Lagerbestand im Laufe des Jahres zu, weist das aufwandsorientierte Verfahren in laufender Rechnung einen zu hohen Aufwand aus. Sinkt der Lagerbestand im Laufe des Jahres wird der Aufwand hingegen in laufender Rechnung unterschätzt.

Buchung bei Bestandsmehrung:

15 Vorräte

an 521 Aufwendungen für Fertigung, Vertrieb, Waren

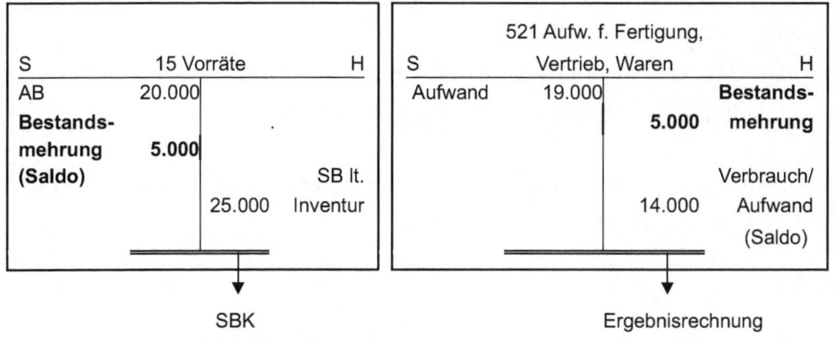

Buchung bei Bestandsminderung:

521 Aufwendungen für Fertigung, Vertrieb, Waren
an 15 Vorräte

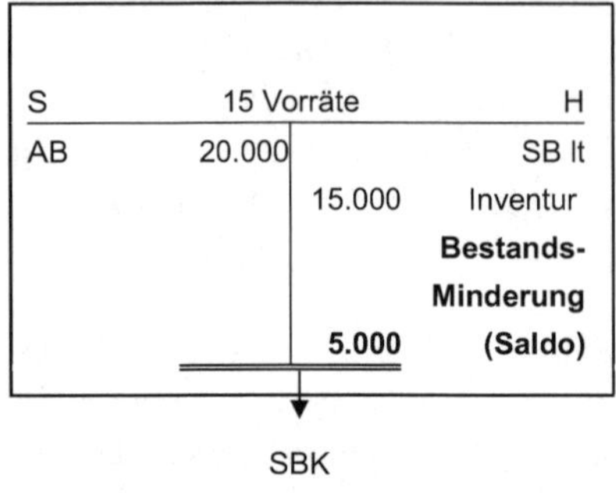

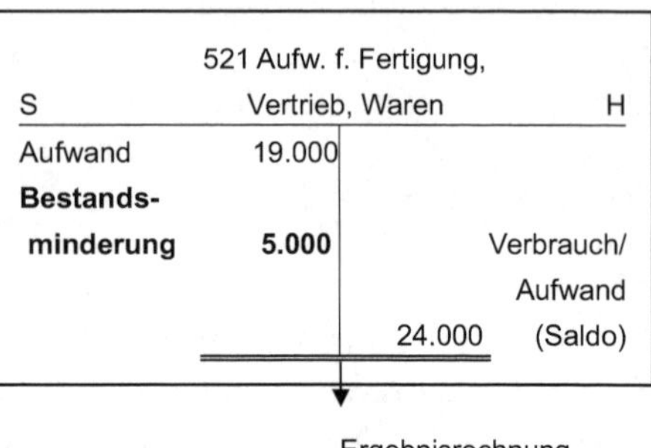

6.2.3 Transferaufwendungen

Transferaufwendungen leistet die Kommune an Dritte, ohne hierfür eine Gegenleistung empfangen zu haben bzw. einen Gegenleistungsanspruch zu erwerben. Beispiele für Transferaufwendungen sind geleistete Zuweisungen und Zuschüsse, Schuldendiensthilfen sowie Leistungen der Sozialhilfe.

Der Kontenrahmen weist Transferaufwendungen innerhalb der Kontengruppe 53 aus. Kontenarten sind u.a.:

- Aufwendungen für Zuweisungen und Zuschüsse für laufende Zwecke,
- Schuldendiensthilfen,
- Sozialtransferaufwendungen,
- Aufwendungen wegen Steuerbeteiligungen und dgl.,
- allgemeine Umlagen an das Land oder Gemeinden.

Die entsprechenden Auszahlungskonten der Finanzrechnung finden sich in der Kontengruppe 73 „Transferauszahlungen.“

Beispiel

Doppik City bewilligt einem Sportverein einen Zuschuss i. H. v. EUR 1.000 für die Ausrichtung der 100-Jahr-Feier.

Buchung bei Bewilligung:

5318 Zuschüsse an übrige Bereiche

an 3650 Verbindlichkeiten aus Transferleistungen 5.000

S	5318 Zuschüsse an übrige Bereiche		H
3650	**1.000**		

S	3650 Verb. aus Transfer-leistungen		H
		1.000	5318

Buchung bei Zahlung:

3650 Verbindlichkeiten aus Transferleistungen

an 7318 Zuschüsse an übrige Bereiche
(Statistische Kontierung des Finanzmittelkontos „Bank A") 5.000

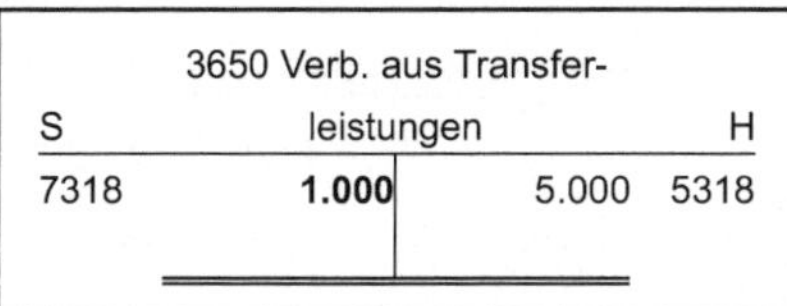

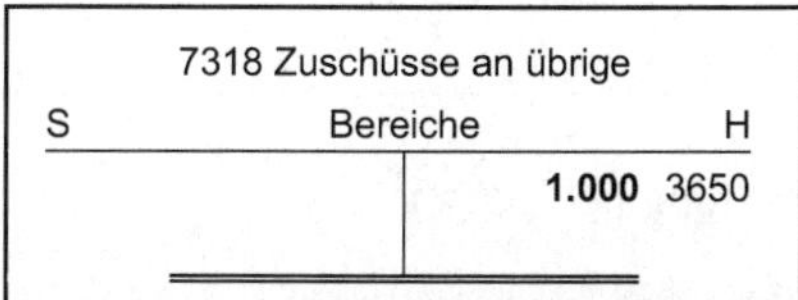

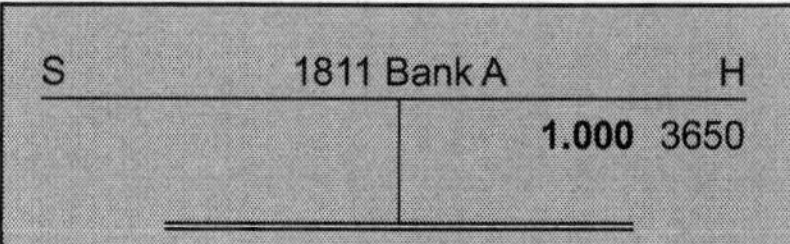

6.2.4 Sonstige ordentliche Aufwendungen

„Sonstige ordentliche Aufwendungen" (Kontengruppe 54) gehören zur laufenden Verwaltungstätigkeit, lassen sich aber den Kontengruppen 50-53 und 57 nicht zuordnen. In der Kontengruppe 54 werden die nachstehenden Kontenarten berücksichtigt:

- Sonstige Personal- und Versorgungsaufwendungen,
- Aufwendungen für die Inanspruchnahme von Rechten und Diensten,
- Geschäftsaufwendungen,
- Aufwendungen für Beiträge und Sonstiges sowie Wertberichtigungen,
- Verluste aus Finanzanlagen und Wertpapieren,
- Betriebliche Steueraufwendungen,
- Aufwendungen für Steuern vom Einkommen und Ertrag.

Die entsprechenden Auszahlungskonten finden sich in der Kontengruppe 74 „Sonstige Auszahlungen aus laufender Verwaltungstätigkeit."

Beispiel

Für den Monat Oktober werden Doppik City von der Telefongesellschaft Gebühren i. H. v. EUR 18.000 in Rechnung gestellt.

Buchung bei Rechnungserhalt:

5435 Telefon

an 3550 Verbindlichkeiten aus LuL 18.000

S	5435 Telefon		H
3550	**18.000**		

S	3550 Verb. aus LuL		H
		18.000	5435

Buchung bei Zahlung:

3550 Verbindlichkeiten aus LuL

an 7435 Auszahlungen/Telefon
(Statistische Kontierung des Finanzmittelkontos „Bank A") 18.000

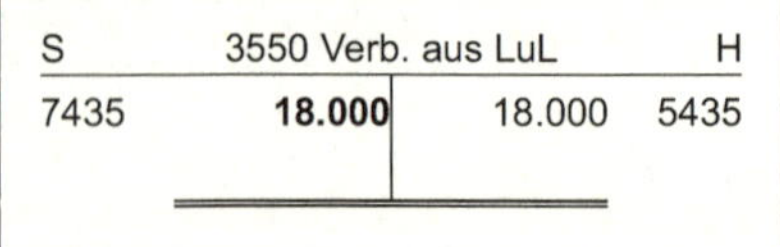

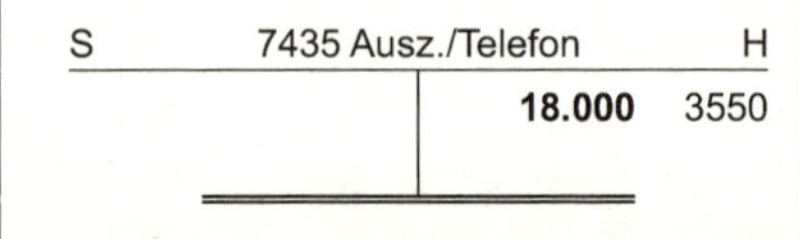

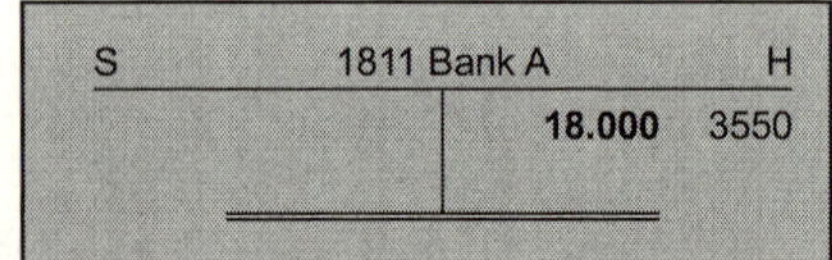

Beispiel

Einige Mitarbeiter von Doppik City besuchen eine Fortbildungsveranstaltung. Es fallen Reisekosten i. H. v. EUR 250 an, die von der Stadtverwaltung übernommen werden.

Buchung bei Rechnungserhalt:

5413 Aufwendungen für übernommene Reisekosten

an 3550 Verbindlichkeiten aus LuL 250

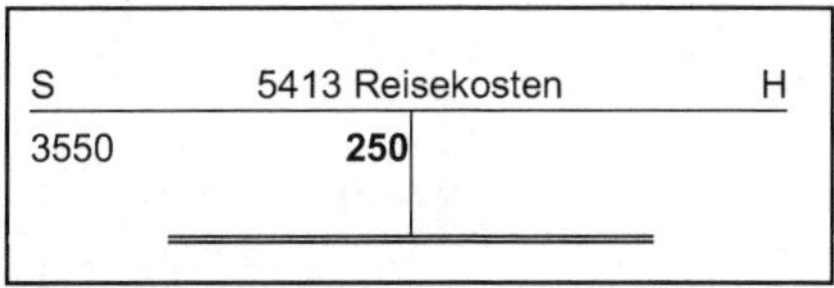

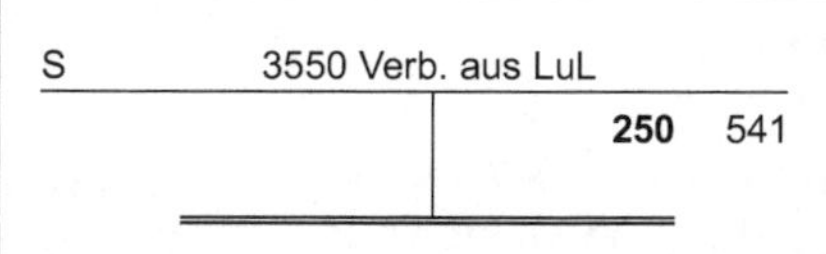

Buchung bei Zahlung:

3550 Verbindlichkeiten aus LuL

an 7413 Ausz. für übernommene Reisekosten
(Statistische Kontierung des Finanzmittelkontos „Bank A") 250

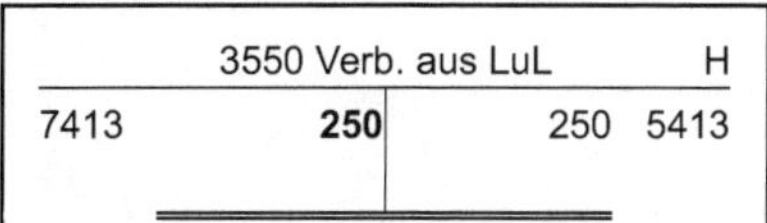

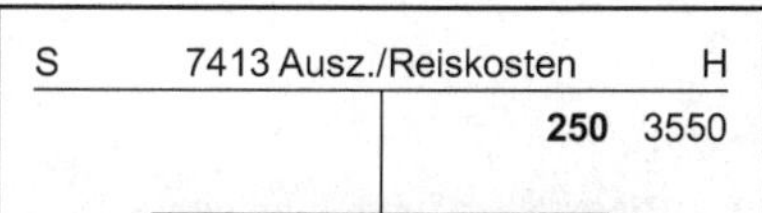

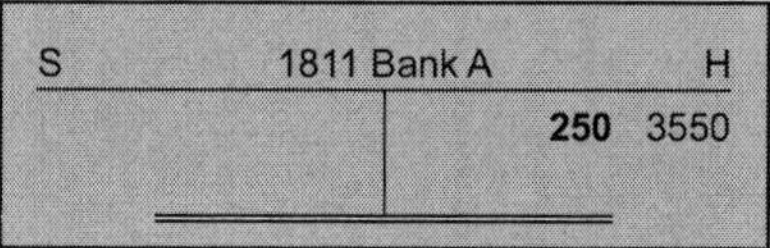

Falls die Zahlung unmittelbar nach Erhalt der Rechnung erfolgt, kann sofort erfolgs- und kassenwirksam gebucht werden. Der Buchungssatz lautet:

5413 Aufwendungen für übernommene Reisekosten

an 7413 Ausz. für übernommene Reisekosten
(Statistische Kontierung des Finanzmittelkontos „Bank A") 250

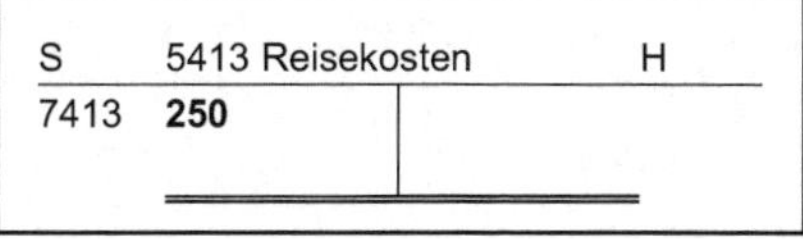

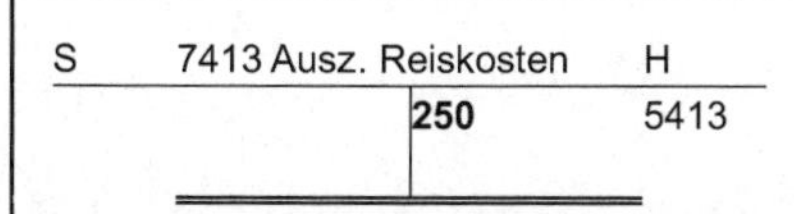

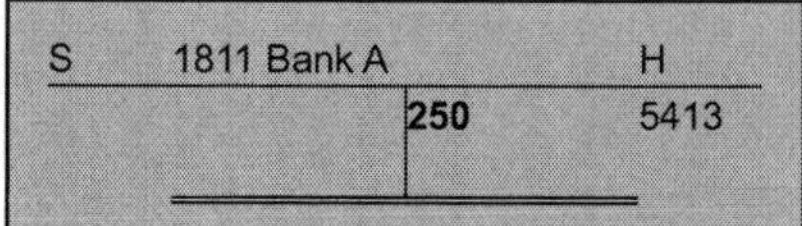

6.2.5 Zinsen und sonstige Finanzaufwendungen

„Zinsen und sonstige Finanzaufwendungen“ werden auf den Konten der Kontengruppe 55 gebucht.
Die entsprechenden Konten der Finanzrechnung sind der Kontengruppe 75 zugeordnet.

Zinsen sind Aufwendungen, die als Entgelt für die Überlassung von Fremdkapital zu zahlen sind. Hierzu gehören vor allem die Zinsaufwendungen für aufgenommene Kredite, Darlehen, Hypotheken sowie Kontokorrentzinsen.

Beispiel

Doppik City muss für einen Bankkredit jährlich Zinsen i. H. v. EUR 15.000 entrichten. Sie werden jeweils am 30. Juni eines Jahres von dem Kreditinstitut per Lastschrift eingezogen.

Buchung zum 30. Juni:

5518	Zinsaufwendungen an übrige Bereiche			
	an	7518	Zinsauszahlungen an übrige Bereiche (Statistische Kontierung des Finanzmittelkontos „Bank A“)	15.000

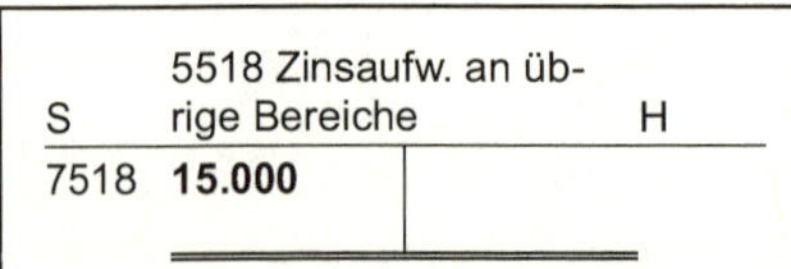

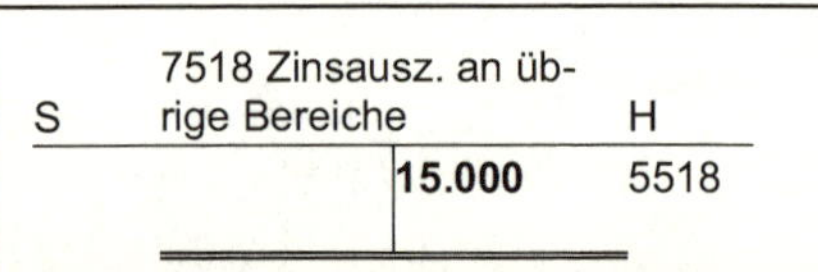

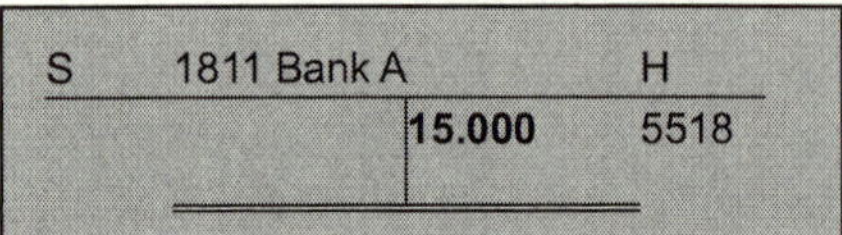

Wesentliche Lerninhalte:

Aufwendungen werden auf den Konten der Kontenklasse 5 gebucht. Der Einkauf von Vorräten wird üblicherweise direkt als Aufwand gebucht. Am Jahresende wird dann der Endbestand der Vorräte im Rahmen der Inventur festgestellt und der unterjährig erfasste Aufwand ggf. entsprechend korrigiert. Der Endbestand der Vorräte wird dann unter dem Umlaufvermögen in der Bilanz ausgewiesen.

Wichtige Aufwandsarten einer Kommune sind u.a.:

1. Personalaufwendungen,
2. Aufwendungen für Sach- und Dienstleistungen,
3. Transferaufwendungen
4. Zinsen.

Verständnisfragen:

1. Welche Beträge sind über die ausgezahlten Nettogehälter hinaus als Aufwand zu berücksichtigen?
2. Wann entsteht Aufwand für bezogene Sachleistungen – bei Lieferung und Rechnungserhalt oder erst bei der späteren Bezahlung der Rechnung?
3. Erläutern Sie das aufwandsorientierte Verfahren bei der Beschaffung von Vorräten.
3. Nennen Sie Beispiele für Transferaufwendungen.
4. Nennen Sie Beispiele für sonstige ordentliche Aufwendungen.

6.3 Sofortrabatte, Bezugskosten, Rücksendungen, Nachlässe und Skonti

Sofortrabatte

Sofortrabatte stellen einen im Voraus gewährten Preisnachlass dar. Sie werden sofort bei Rechnungsstellung eingeräumt. Buchhalterisch werden sie nicht gesondert erfasst; Sofortrabatte vermindern vielmehr direkt den Anschaffungspreis.

Bezugskosten

Beim Erwerb von Roh-, Hilfs- und Betriebsstoffen sowie Waren fallen neben dem reinen Kauf- bzw. Anschaffungspreis oftmals Bezugskosten an, die als Anschaffungsnebenkosten den Anschaffungspreis der Güter erhöhen. Zu den Bezugskosten gehören alle Aufwendungen, die bis zur Einlagerung der Güter entstehen, etwa:

- Transportkosten,
- Verpackungskosten,
- Versicherungskosten,
- Einfuhrzölle.

Bezugskosten können entweder direkt auf dem jeweiligen Bestandskonto oder auf einem Unterkonto „Bezugskosten" gebucht werden. Die Erfassung auf einem gesonderten Konto hat den Vorteil, dass sich die Kosten leichter überwachen lassen.

Beispiel

Einkauf von Waren auf Ziel. Der Anschaffungspreis beträgt EUR 1.000; außerdem fallen Bezugskosten i. H. v. EUR 75 an.

1540	Waren	1.000				
15401	Bezugskosten	75				
			an	3550	Verbindlichkeiten aus LuL	1.075

Die Umbuchung der Bezugskosten auf das entsprechende Bestandskonto erfolgt i.d.R. monatlich oder vierteljährlich. Bezogen auf das Beispiel ergibt sich der folgende Buchungssatz:

1540	Waren				
		an	15401	Bezugskosten	75

Nach der Umbuchung weist das Bestandskonto „Waren" die Anschaffungskosten (im Beispiel EUR 1.075) vollständig aus.

S	1540 Waren		H
AB	5.000		
3550	1.000		
15401	75		

S	15401 Bezugskosten		H
3550	75	75	1540

S	3550 Verb. aus LuL		H
		1.075	1540/ 15401

Rücksendungen

Sofern bezogene Güter auf Grund von Mängeln, einer falschen Lieferung etc. an den Lieferanten zurückgesendet werden, sind Rück- bzw. Stornobuchungen vorzunehmen.

Beispiel

Wareneinkauf i. H. v. EUR 1.000 auf Ziel. Rücksendung der gesamten Lieferung nach Eingang.

Buchung der Eingangsrechnung:

1540	Waren				
		an	3550	Verb. aus LuL	1.000

Buchung der Rücksendung nach Gutschriftanzeige:

3550	Verb. aus LuL				
		an	1540	Waren	1.000

Nachlässe und Skonti

Nachlässe werden nachträglich vom Lieferanten gewährt. Ursachen für die nachträgliche Einräumung eines Rabatts sind z.B.:

- Preisnachlässe auf Grund von Mängeln,
- Boni (Treue- oder Umsatzrabatte).

Nachlässe mindern den Anschaffungspreis der bezogenen Güter. Sie können direkt auf der Habenseite des betreffenden Bestandskontos gebucht werden. Üblich ist es aber, sie zunächst auf einem Unterkonto (z.B. Nachlässe für Waren) zu buchen, welches dann zum Jahresende über das entsprechende Bestandskonto abgeschlossen wird. Am Jahresende ist dann unmittelbar ersichtlich, inwieweit die Bezugskosten durch Nachlässe gemindert wurden. Diese Information kann für Kalkulationszwecke hilfreich sein.

Beispiel

Einkauf von Waren im Wert von EUR 1.000 auf Ziel. Nachträglicher Treuerabatt von 5 % oder EUR 50.

Buchung der Eingangsrechnung:

1540 Waren				
	an	3550	Verb. aus LuL	1.000

Buchung des Preisnachlasses auf Grund der Gutschriftanzeige:

3550 Verb. aus LuL				
	an	15402	Nachlässe für Waren	50

Umbuchung zum Bilanzstichtag:

15402 Nachlässe für Waren				
	an	1540	Waren	50

Im Warenverkehr sind Käufe und Verkäufe auf Ziel (z.B. „zahlbar in 30 Tagen“) die Regel. Zielumsätze führen beim Kunden zur Inanspruchnahme und beim Lieferanten zur Gewährung von Kredit. Um dem Kunden einen Anreiz zu geben, diesen Kredit **nicht** zu beanspruchen, wird dem Käufer bei Zahlung innerhalb einer angegebenen kurzen Frist ein Preisabzug gewährt, der als **Skonto** bezeichnet wird. Der Skonto ist letztlich eine vom Verkäufer gewährte Zinsvergütung für die vorzeitige Zahlung.

Auch der Skonto vermindert nachträglich den Anschaffungspreis der beschafften Güter; er wird ebenfalls auf einem Unterkonto des jeweiligen Bestandskontos gebucht.

Beispiel

Einkauf von Waren im Wert von EUR 1.000 auf Ziel („Zahlung des vollen Preises innerhalb von 30 Tagen oder unter Abzug von 2 % Skonto innerhalb von 10 Tagen“). Die Zahlung erfolgt per Banküberweisung innerhalb des Skontozeitraums.

Buchung der Eingangsrechnung:

1540	Waren				
		an	3550	Verb. aus LuL	1.000

Buchung des Skontonachlasses:

3550	Verb. aus LuL				
		an	15403	Skonti auf Waren	20

Buchung der Zahlung:

3550	Verb. aus LuL				
		an	7218	Auszahlung für Waren (stat. Kontierung des Finanzmittelkontos „Bank A“)	980

Umbuchung zum Bilanzstichtag:

15403	Skonti auf Waren				
		an	1540	Waren	20

Wesentliche Lerninhalte:

Bezugskosten erhöhen als Anschaffungsnebenkosten den Anschaffungspreis.

Rücksendungen werden durch Rück- bzw. Stornobuchungen erfasst.

Sofortrabatte, Nachlässe und Skonti vermindern den Anschaffungspreis von bezogenen Gütern. Sofortrabatte werden buchhalterisch nicht gesondert erfasst; sie stellen einen im Voraus gewährten Preisnachlass dar, der direkt vom Anschaffungspreis abgezogen wird. Nachlässe und Skonti sind nachträglich gewährte Preisnachlässe; sie werden i.d.R. zunächst auf Unterkonten der jeweiligen Bestandskonten gebucht. Zum Jahresende werden die Unterkonten über die entsprechenden Bestandskonten abgeschlossen.

Verständnisfragen:

1. Wie werden Sofortrabatte behandelt?
2. Geben Sie Beispiele für Bezugskosten.
3. Erhöhen Bezugskosten die Anschaffungskosten?
4. Gehen Skonto-Erträge in die Ergebnisrechnung ein?

6.4 Aktivierungsfähige geleistete Zuwendungen

Geleistete Zuwendungen sind nicht immer unmittelbar aufwandswirksam. Nach § 44 (2) KomHVO sind geleistete Zuwendungen für die Anschaffung oder Herstellung von Vermögensgegenständen, an denen die Kommune das wirtschaftliche Eigentum hat, in Höhe der geleisteten Zuwendung als Vermögensgegenstände zu aktivieren. Ferner gilt: Sind geleistete Zuwendungen mit einer mehrjährigen, **zeitbezogenen** Gegenleistungsverpflichtung des Zuwendungsempfängers verbunden, sind diese als Rechnungsabgrenzungsposten zu aktivieren und entsprechend der Erfüllung der Gegenleistungsverpflichtung aufzulösen. Besteht eine **mengenbezogene** Gegenleistungsverpflichtung, ist diese als immaterieller Vermögensgegenstand des Anlagevermögens zu bilanzieren.

Unterstützt die Kommune mit ihrer Zuwendung die Anschaffung oder Herstellung eines Vermögensgegenstandes durch den Zuwendungsempfänger und fällt der Vermögensgegenstand dann in das wirtschaftliche Eigentum der Kommune, so liegt ein indirekter Anschaffungsvorgang vor. Mit der Zuwendung erwirbt die Kommune letztlich den Vermögensgegenstand; die geleistete Zuwendung entsprich daher den Anschaffungskosten der Kommune für den Vermögensgegenstand. Hierzu nachfolgendes Beispiel.

Beispiel

Doppik City bezuschusst die Herstellung einer Straße durch einen privaten Unternehmer, der so die Anbindung seiner Betriebsstätte an das Straßennetz der Gemeinde verbessern möchte. Der Zuschuss beläuft sich auf EUR 350.000. Nach dem Bau der Straße fällt diese in das wirtschaftliche Eigentum von Doppik City.

Buchung der Auszahlung des Zuschusses

091	Anzahlungen auf Sachanlagen				
		an	7817	Investitionszuschüsse an private Unternehmen (stat. Kontierung des Finanzmittelkontos)	350.000

Nach Fertigstellung der Straße und dem Übergang in das wirtschaftliche Eigentum von Doppik City erfolgt dann die Umbuchung:

045	Straßennetz				
		an	091	Anzahlungen auf Sachanlagen	350.000

Doppik City hat die erworbene Straße nun in den Folgejahren über die betriebsgewöhnliche Nutzungsdauer (aufwandswirksam) abzuschreiben.
Das nun folgende Beispiel behandelt eine **mengenbezogene** Gegenleistungsverpflichtung des Zuwendungsempfängers. Ein Buchungsbeispiel für eine **zeitraumbezogene** Gegenleistungsverpflichtung folgt im Abschnitt 7.2.4.2 (Aktive Rechnungsabgrenzung).

Beispiel

Doppik City leistet einen Zuschuss an den örtlichen Fußballverein zur Sanierung der Umkleideräume i. H. v. EUR 20.000. Als Gegenleistung erwirbt Doppik City 1.000 Coupons zum kostenlosen Erwerb von Eintrittskarten für Heimspiele der 1. Mannschaft. Die Coupons sind für drei Jahre gültig. Im ersten Jahr verlost Doppik City 500 Coupons auf bei der 500-Jahr-Feier der Stadt.

Buchung der Auszahlung des Zuschusses

01	Immaterielle Vermögensgegenstände				
		an	7818	Investitionszuschüsse an übrige Bereiche (statistische Kontierung des Finanzmittelkontos)	
					20.000

Zum Ende des Haushaltsjahres ist der Immaterielle Vermögensgegenstand zur Hälfte abzuschreiben, da die Hälfte der Coupons ausgegeben wurde.

Buchung zum Ende des Haushaltsjahres

5721	Abschreibungen auf immaterielle Vermögensgegenstände				
		an	01	Immaterielle Vermögensgegenstände	10.000

6.5 Aufwendungen und Erträge aus internen Leistungsbeziehungen

Interne Leistungsbeziehungen zwischen Teilhaushalten (etwa der Produktbereiche) werden als Aufwendungen und Erträge in den entsprechenden **Teilergebnisrechnungen** verrechnet. Auf Ebene der (Gesamt-)Ergebnisrechnung heben sich die Aufwendungen und Erträge aus internen Leistungsbeziehungen gegenseitig auf. Zahlungen finden nicht statt; die Teil**finanz**rechnungen sind also von internen Leistungsverrechnungen nicht betroffen.

Beispiel

Der Bauhof (PB 01 „Innere Verwaltung“) erbringt für die Hauptschule (PB 03 „Schulträgeraufgaben“) Reparaturleistungen i. H. v. EUR 1.100. In der Teilergebnisrechnung des Produktbereiches 03 sind also Aufwendungen i. H. v. EUR 1.100 zu berücksichtigt, während in der Teilergebnisrechnung des Produktbereiches 01 entsprechende Erträge auszuweisen sind.

Es wird wie folgt gebucht:

5811	Aufwendungen aus internen Leistungsbeziehungen			
		an 4811	Erträge aus internen Leistungsbeziehungen	1.100

S	5811 Aufw. ILV (PB 03)		H
4811	**1.100**		

S	4811 Erträge ILV (PB 01)		H
		1.100	5811

Über die konkrete Ausgestaltung der internen Leistungsverrechnung entscheidet jede Kommune eigenverantwortlich. Es besteht nach dem NKF zwar keine Verpflichtung, interne Leistungsbeziehungen zu verrechnen. Ohne die Berücksichtigung interner Leistungsbeziehungen ist die Aussagekraft der Teilergebnisrechnungen aber erheblich herabgesetzt. Es sollte daher im Eigeninteresse der Kommune liegen, interne Leistungsbeziehungen sachgerecht abzubilden. Dies gilt insbesondere für Leistungen, die von internen Dienstleistern erstellt werden, deren „Kunden“ die Bestellmenge beeinflussen können. Die Verrechnung kann dann Leistungsanreize setzen und zu einem sparsamen Verbrauch anregen.

6.6 Buchungen mit Vor- und Umsatzsteuer

Steuerbare Umsätze nach § 1 des Umsatzsteuergesetzes (UStG) liegen bei den durch die Kommunalverwaltung erbrachten hoheitlichen Leistungen (Erfüllung spezifischer öffentlich-rechtlicher Aufgaben) nicht vor, so dass entsprechende entgeltliche Leistungen ohne Umsatzsteuer berechnet und an die Bürger/innen abgegeben werden. Auch bei freiwilligen Leistungen im Rahmen der Daseinsvorsorge liegt regelmäßig keine Umsatzsteuerpflicht vor.

Allerdings bestehen im kommunalen Kernhaushalt oftmals sog. Betriebe gewerblicher Art (BgA). Betriebe gewerblicher Art sind nach § 4 (1) Körperschaftsteuergesetz (KStG) rechtlich-unselbständige Geschäftsbetriebe von juristischen Personen des öffentlichen Rechts, die

- einer nachhaltigen wirtschaftlichen Tätigkeit
- zur Erzielung von Einnahmen
- außerhalb der Land- und Forstwirtschaft

dienen und sich aus der Gesamtbetätigung der Kommune (Kernhaushalt) wirtschaftlich herausheben.

Die Absicht, Gewinn zu erzielen ist nicht erforderlich. In der kommunalen Praxis sind BgA oftmals (dauerhaft) defizitär. Beispiele für BgA von Kommunen sind Musik- und Volkshochschulen, Parkhäuser und Kantinen. BgA werden zwar im Kernhaushalt der Kommune geführt, da sie aber steuerrechtlichen Anforderungen unterliegen, sind für sie Sonderrechnungen zu erstellen (z.B. Steuerbilanzen).

Sofern von einem BgA Leistungen und Produkte abgegeben werden, die nach dem UStG umsatzsteuerpflichtig sind, werden diese zzgl. der jeweiligen Umsatzsteuer (Nettopreis + 7 % oder 19 % des Nettopreises) an Dritte abgegeben.

Die von der Kommunalverwaltung (über den BgA) vereinnahmte Umsatzsteuer ist an das Finanzamt abzuführen. Letztlich vereinnahmt die Kommunalverwaltung die Umsatzsteuer also „im Auftrag" des Finanzamtes. Die Vereinnahmung von Umsatzsteuern (bei Ausgangsrechnungen) führt deshalb zu einer Verbindlichkeit gegenüber dem Finanzamt. Die Umsatzsteuer wird deshalb als „**durchlaufender Posten**" bezeichnet.

Beispiel

Der BgA „Parkhäuser und Parkplätze" veräußert eine Jahresparkkarte zum Preis von EUR 357,00 einschließlich 19 % Umsatzsteuer. Der Käufer zahlt den Rechnungsbetrag bei Abholung der Parkkarte in bar. Der Nettopreis der Parkkarte beträgt somit EUR 300,00. Die vereinnahmte Umsatzsteuer von EUR 57,00 ist an das Finanzamt abzuführen.

Im Gegenzug ist die Kommunalverwaltung – bezogen auf das Betätigungsfeld des BgA – vorsteuerabzugsberechtigt. D.h.:

- von Dritten bezogene Leistungen und Produkte,
- die für die Leistungserstellung des BgA benötigt werden,

- seitens des Lieferanten zzgl. Umsatzsteuer in Rechnung gestellt (Eingangsrechnung) und
- von der Kommunalverwaltung gezahlt worden sind,

führen zu einer Forderung gegenüber dem Finanzamt in Höhe der gezahlten Umsatzsteuer. Umsatzsteuern auf Eingangsrechnungen werden Vorsteuern genannt.

Beispielsweise kauft die Kommunalverwaltung für den BgA „Parkhäuser und Parkplätze" spezielle Papierrollen für die Parkscheinautomaten zum Nettopreis von EUR 1.000,00 zzgl. EUR 190.00 Umsatzsteuer. Der auf der Eingangsrechnung ausgewiesene Betrag von EUR 1.190,00 wird auf das Bankkonto des Lieferanten überwiesen. Die gezahlte Umsatzsteuer von EUR 190,00 stellt als Vorsteuer eine Forderung gegenüber dem Finanzamt dar.

Aus der Differenz zwischen den Umsatzsteuerverbindlichkeiten (Umsatzsteuer auf Ausgangsrechnungen) und den Vorsteuern (Umsatzsteuern auf Eingangsrechnungen) eines bestimmten Zeitraums ergibt sich:

- eine Umsatzsteuer-Zahllast (Umsatzsteuerverbindlichkeiten > Forderungen bzw. Guthaben aus Vorsteuern) oder
- ein sog. Vorsteuerüberhang (Forderungen bzw. Guthaben aus Vorsteuern > Umsatzsteuerverbindlichkeiten).

Die für einen bestimmten Zeitraum ermittelte Umsatzsteuerzahllast oder ein Vorsteuerüberhang werden dem Finanzamt unaufgefordert mittels regelmäßiger Umsatzsteuervoranmeldungen angezeigt. Zahllasten sind an das Finanzamt zu überweisen. Geltend gemachte Vorsteuerüberhänge werden vom Finanzamt erstattet. Nach Abschluss eines Geschäftsjahres ist eine Umsatzsteuer-Jahreserklärung abzugeben.

So könnte etwa die Kommunalverwaltung für den BgA „Parkhäuser und Parkplätze" dem Finanzamt am 6. September 2010 die folgenden Informationen mittels der Umsatzsteuervoranmeldung für den Monat August 2010 melden:

Umsatzsteuerverbindlichkeiten (Ausgangsrechnungen)	EUR 8.700,00
abzgl. Vorsteuerguthaben (Eingangsrechnungen)	EUR 3.100,00
= Umsatzsteuer-Zahllast	EUR 5.600,00

Die Kommunalverwaltung hat also die Umsatzsteuer-Zahllast von EUR 5.600,00 (bis zum 10. September) an das Finanzamt abzuführen. Dieser Vorgang ist für die Kommune zwar liquiditätswirksam, nicht aber erfolgswirksam. Die Begleichung der Zahllast stellt eine erfolgsneutrale Bilanzverkürzung dar.

Buchungen

Der Einkauf von Papier für die Parkscheinautomaten wird unter Berücksichtigung der in der Eingangsrechnung ausgewiesenen Umsatzsteuer von EUR 190,00 (Nettopreis EUR 1.000,00) wie folgt buchhalterisch verarbeitet.

Buchung bei Rechnungseingang:

521	Aufwendungen für Fertigung, Vertrieb, Waren	1.000				
179	Vorsteuer	190				
			an	3550	Verb. aus LuL	1.190

Die in der Eingangsrechnung ausgewiesene Umsatzsteuer von EUR 190,00 begründet als sog. Vorsteuer eine Forderung gegenüber dem Finanzamt und wird daher auf dem Aktivkonto „Vorsteuer" (Kontenart 179 Vorsteuer) im Soll gebucht; in dem Aufwandskonto wird lediglich der Nettobetrag gebucht. Da der Brutto-Rechnungsbetrag zu begleichen ist, wird folglich der Rechnungsbetrag von EUR 1.190,00 auf dem Gegenkonto" Verbindlichkeiten aus Lieferungen und Leistungen" gebucht.

Für den Barverkauf der Jahresparkkarte zum Bruttopreis von EUR 357,00 (Umsatzsteueranteil von EUR 57,00) ergibt sich der folgende Buchungssatz:

6411	Einzahlungen aus Verkauf (statistische Kontierung des Kassenkontos 1870)	357				
			an	4411	Erträge aus Verkauf	300
			an	3711	Umsatzsteuer	57

Die in der Ausgangsrechnung ausgewiesene Umsatzsteuer von EUR 57,00 begründet eine Verbindlichkeit gegenüber dem Finanzamt und wird daher auf dem Passivkonto 3711 „Umsatzsteuer" (Bilanzposten 4.7 Sonstige Verbindlichkeiten) im Haben gebucht. Das Ertragskonto übernimmt daher lediglich den Nettobetrag von EUR 300,00 im Haben. Der Bruttoverkaufspreis von EUR 357,00 wird auf dem Finanzrechnungskonto im Soll gebucht.

Die für den Monat August 2010 ermittelte Umsatzsteuer-Zahllast ist an das Finanzamt abzuführen:

Umsatzsteuerverbindlichkeiten (Ausgangsrechnungen)	EUR 8.700,00
abzgl. Vorsteuerguthaben (Eingangsrechnungen)	EUR 3.100,00
= Umsatzsteuer-Zahllast	EUR 5.600,00

Zunächst ist der Saldo des Aktivkontos „Vorsteuer" (Forderung gegenüber dem Finanzamt) auf das Passivkonto „Umsatzsteuer" (Sonstige Verbindlichkeit) zu übertragen, um die ermittelte Zahllast buchhalterisch abzubilden. Der Buchungssatz lautet:

3711	Umsatzsteuer	3.100			
		an	179	Vorsteuer	3.100

S	179 Vorsteuer		H
3550	3.100	**3.100**	**3711**

S	3711 Umsatzsteuer		H
179	**3.100**	8.700	6411
Zahllast	*5.600*		

Nach dieser Umbuchung ist das Vorsteuerkonto ausgeglichen. Auf dem Umsatzsteuerkonto ergibt sich als Saldo die an das Finanzamt zu überweisende Zahllast von EUR 5.600,00. Die Auszahlung der Zahllast wird auf dem Finanzrechnungskonto 7451 „Auszahlung Umsatzsteuerüberhang" gebucht. Der Buchungssatz lautet:

3711	Umsatzsteuer	5.600			
		an	7451	Auszahlungen für Umsatzsteuerüberhang	5.600

S	7451 Ausz. USt-überhang		H
		5.600	**3711**

S	3711 Umsatzsteuer		H
179	3.100	8.700	6411
7451	**5.600**		

Wesentliche Lerninhalte:

Umsatzsteuer im kommunalen Kernhaushalt ist nur bei Betrieben geweblicher Art (BgA) bedeutsam (steuerbare Umsätze nach § 1 UStG).

Umsatzsteuerbeträge auf Ausgangsrechnungen begründen Verbindlichkeiten gegenüber dem Finanzamt. Umsatzsteuerbeträge auf Eingangsrechnungen sind Vorsteuern, die Forderungen gegenüber dem Finanzamt darstellen.

Bezogen auf den Umsatzsteuervoranmeldungszeitraum (i.d.R. ein Monat) ist zu ermitteln, ob eine Zahllast (Umsatzsteuerverbindlichkeiten > Forderungen bzw. Guthaben aus Vorsteuern) oder ein Vorsteuerüberhang (Forderungen bzw. Guthaben aus Vorsteuern > Umsatzsteuerverbindlichkeiten) vorliegt.

Verständnisfragen:

1. Warum sind Umsatzsteuern im kommunalen Kernhaushalt nur in den BgA relevant?
2. Warum muss unterschieden werden, ob Umsatzsteuern bei Ausgangs- oder Eingangsrechnungen vorliegen?
3. Wann liegt eine Zahllast vor?
4. Was ist ein Vorsteuerüberhang?
5. Warum ist die Umsatzsteuer ein „durchlaufender Posten"?

7 Vorbereitung des Jahresabschlusses

7.1 Formale Abschlussbuchungen

7.1.1 Überblick

Um den Jahresabschluss erstellen zu können, sind zahlreiche Abschlussbuchungen notwendig. Die Abschlussbuchungen enden mit dem formalen Abschluss der Konten:

- Die Salden der Aufwands- und Ertragskonten werden auf das Abschlusskonto Ergebnisrechnung gebucht, dessen Saldo (Gewinn oder Verlust) wird auf das Eigenkapitalkonto gebucht.
- Die Salden der Ein- und Auszahlungskonten werden auf das Abschlusskonto Finanzrechnung gebucht, dessen Saldo (Zu- oder Abnahme des Bestandes an liquiden Mitteln) wird auf das bilanzielle Finanzmittelkonto gebucht.
- Die Endbestände (Salden) der Aktiv- und Passivkonten werden auf das Schlussbilanzkonto gebucht.

7.1.2 Abschluss der Erfolgskonten

Zwar sind die Erfolgskonten Unterkonten des Eigenkapitalkontos; der Abschluss der Aufwands- und Ertragskonten erfolgt jedoch nicht direkt über das Eigenkapitalkonto, sondern indirekt über das Abschlusskonto Ergebnisrechnung (AkE). Der Buchungssatz für den Abschluss der Aufwandskonten lautet:

AkE an alle Aufwandskonten

Für den Abschluss der Ertragskonten lautet der Buchungssatz:

Alle Ertragskonten an AkE

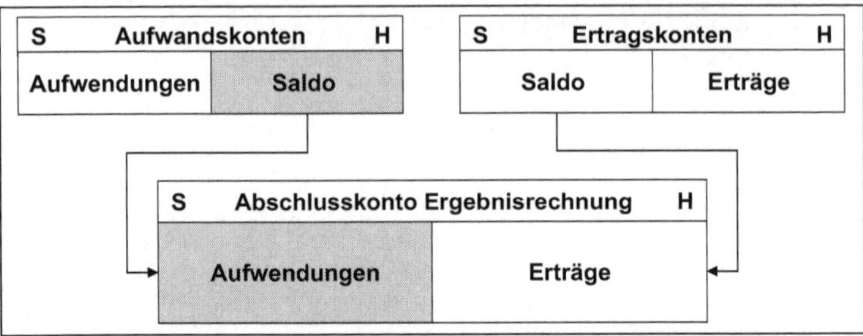

Abbildung 26: Abschluss der Erfolgskonten

Das Abschlusskonto Ergebnisrechnung weist auf der Sollseite die Aufwendungen des Haushaltsjahres aus, auf der Habenseite stehen die Erträge. Der Saldo aus der Summe der Erträge und der Summe der Aufwendungen ist das Jahresergebnis (Gewinn oder Verlust).

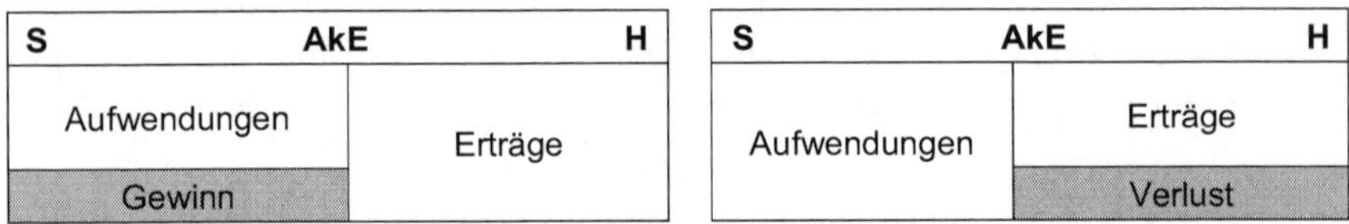

Abbildung 27: Abschlusskonto Ergebnisrechnung

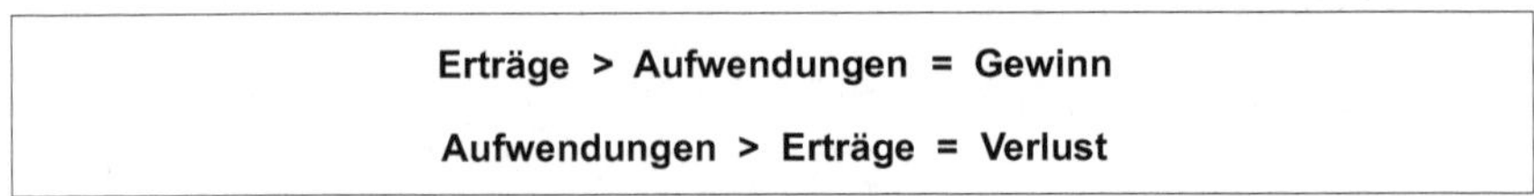

Nachdem die Erfolgskonten über das Abschlusskonto Ergebnisrechnung (AkE) abgeschlossen wurden, wird das AkE wiederum über das Eigenkapitalkonto abgeschlossen. Die einzelnen Erfolgskonten sind somit nur mittelbar Unterkonten des Eigenkapitalkontos. Unmittelbares Unterkonto des Eigenkapitalkontos ist das AkE.

Die Abschlussbuchungen zur Übertragung des Gewinns oder des Verlusts auf das Eigenkapitalkonto lauten:

Verlust: Eigenkapitalkonto an AkE

Ein Gewinn wird im Eigenkapitalkonto im Haben ausgewiesen; er erhöht das Eigenkapital. Ein Verlust steht im Soll; er vermindert das Eigenkapital.

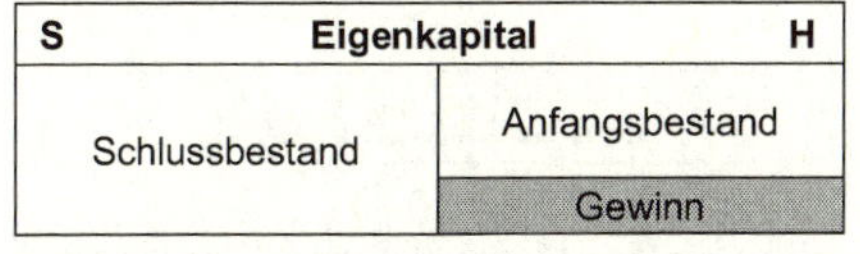

S	Eigenkapital	H
Verlust		Anfangsbestand
Schlussbestand		

Abbildung 28: Eigenkapitalkonto

Auf der Grundlage des AkE wird die **Ergebnisrechnung** als Bestandteil des Jahresabschlusses entwickelt. In der Ergebnisrechnung werden Aufwendungen und Erträge **jeweils** zu einer überschaubaren Anzahl von Posten verdichtet und als Staffel angeordnet.

7.1.3 Abschluss der Finanzrechnungskonten

Die Konten der Finanzrechnung werden abgeschlossen, indem die einzelnen Salden auf das Abschlusskonto der Finanzrechnung (AkF) übertragen werden.

Der Buchungssatz für den Abschluss der Konten der Kontenklasse 6 „Einzahlungen" lautet:

Abschlusskonto der Finanzrechnung (AkF) an alle Einzahlungskonten

Der Abschluss der Konten der Kontenklasse 7 „Auszahlungen" erfolgt durch die Abschlussbuchung:

Alle Auszahlungskonten an Abschlusskonto der Finanzrechnung (AkF)

Bei direkter Bebuchung der Finanzrechnungskonten wird der Saldo des AkF dann auf den Bilanzposten „Liquide Mittel" übertragen.

Steht der Saldo auf der Habenseite des AkF, weist das Konto also einen Einzahlungsüberschuss aus, ergibt sich der folgende Buchungssatz:

18 Liquide Mittel (Bilanz)
an 8041 Abschlusskonto Finanzrechnung

S	18 Liquide Mittel		H
AB	350.000		
8044	**1.091.400**	1.441.400	SB
	1.441.400	1.441.400	

S	8041 AkF		H
6013	1.100.000	8.600	7221
		1.091.400	18
	1.100.000	1.100.000	

Der Haben-Saldo des AkF wird somit auf die Sollseite des bilanziellen Finanzmittelkontos übertragen. Der Zahlungsmittelbestand hat sich also erhöht.

Steht der Saldo auf der Sollseite des AkF, weist das Konto also einen Auszahlungsüberschuss aus, ergibt sich der folgende Buchungssatz:

8041 Abschlusskonto Finanzrechnung
an 18 Liquide Mittel (Bilanz)

S	8041 AkF		H
	425.000	450.000	
18	**25.000**		
	450.000	450.000	

S	18 Liquide Mittel		H
AB	350.000	**25.000**	8044
		325.000	SB
	350.000	350.000	

Der Soll-Saldo des AkF wird somit auf die Habenseite des bilanziellen Finanzmittelkontos übertragen. Der Zahlungsmittelbestand hat sich also verringert.

Aus dem Abschlusskonto der Finanzrechnung (AkF) wird für die Zwecke des Jahresabschlusses die **Finanzrechnung** entwickelt, die wie die Ergebnisrechnung in Staffelform erstellt wird.

7.1.4 Abschluss der Bestandskonten

Die Bestandskonten der Bilanz werden zum Ende des Haushaltsjahres über das Schlussbilanzkonto (SBK) abgeschlossen. Es nimmt die Schlussbestände (Kontensalden) der Aktiv- und Passivkonten auf.

Die Abschlussbuchungssätze hierzu lauten:

SBK an alle Aktivkonten
Alle Passivkonten an SBK

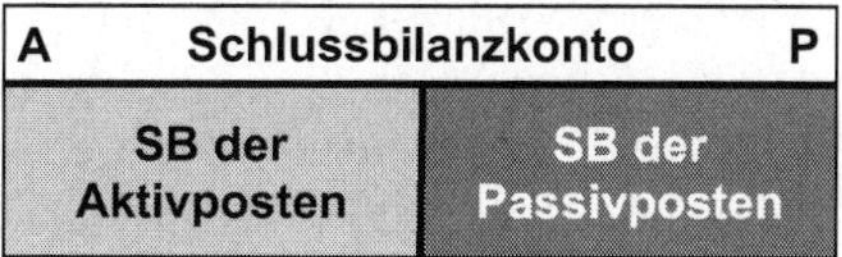

Abbildung 29: Schlussbilanzkonto

Die Schluss**bilanz** als Teil des Jahresabschlusses wird aus dem SBK abgeleitet. Hierzu werden die Kontensalden zu einer überschaubaren Anzahl von Bilanzposten verdichtet, um die Übersichtlichkeit zu erhöhen.

Wesentliche Lerninhalte:

Die Erfolgskonten werden über das Abschlusskonto Ergebnisrechnung abgeschlossen. Das Abschlusskonto Ergebnisrechnung weist als Saldo das Jahresergebnis (Jahresüberschuss/Gewinn oder Jahresfehlbetrag/Verlust) aus. Der Saldo wird auf das Eigenkapitalkonto übertragen: Gewinne erhöhen das Eigenkapital und Verluste mindern das Eigenkapital. Die Bestandskonten werden über das Schlussbilanzkonto (SBK) und die Finanzrechnungskonten über das Abschlusskonto Finanzrechnung abgeschlossen. Bei direkter Bebuchung der Finanzrechnungskonten wird der Saldo des Abschlusskontos Finanzrechnung (Änderung des Zahlungsmittelbestands) auf das bilanzielle Finanzmittelkonto übertragen.

Verständnisfragen:

1. Wie lautet der Buchungssatz zum Abschluss der Aktivkonten?
2. Wie lautet der Buchungssatz für den Abschluss der Ertragskonten?
3. Auf welcher Seite des Eigenkapitalkontos steht der Gewinn?
4. Wie lautet der Buchungssatz zum Abschluss des Kontos „Einzahlungen aus Gewerbesteuer"?
5. Wenn sich der Zahlungsmittelbestand erhöht hat, auf welcher Seite steht dann der Saldo im Abschlusskonto Finanzrechnung?
6. Über welches Bilanzkonto wird das Abschlusskonto Finanzrechnung (AkF) abgeschlossen?

7.2 Materielle Abschlussbuchungen

7.2.1 Überblick

Bevor die weiter oben besprochenen **formalen Abschlussbuchungen** vorgenommen werden können, müssen eine Reihe von sog. **materiellen Abschlussbuchungen** vorgeschaltet werden. Sie dienen in erster Linie dem Zweck einer periodengerechten Erfolgsermittlung: Erträge und insbesondere Aufwendungen sollen jeweils der Periode zugeordnet werden, in der sie verursacht wurden. Es handelt sich dabei vor allem um die folgenden Sachverhalte:

- Wertminderungen und Werterhöhungen von Vermögensgegenständen (Abschreibungen und Zuschreibungen);
- zeitliche Abgrenzung von Aufwendungen und Erträgen (aktive und passive Rechnungsabgrenzungsposten; sonstige Forderungen/Verbindlichkeiten);
- Berücksichtigung von Aufwendungen, die im laufenden Haushaltsjahr wirtschaftlich verursacht wurden, aber erst künftig zu Auszahlungen führen (Rückstellungen).

7.2.2 Abschreibungen

7.2.2.1 Planmäßige und außerplanmäßige Abschreibungen auf Vermögensgegenstände des Anlagevermögens

Bei Vermögensgegenständen des Anlagevermögens, deren Nutzung zeitlich begrenzt ist, sind die Anschaffungs- oder Herstellungskosten um **planmäßige Abschreibungen** zu vermindern. Der Plan muss die AHK auf die Haushaltsjahre verteilen, in denen der Vermögensgegenstand voraussichtlich genutzt werden kann (§ 36 (1) KomHVO NW; § 253 (3) S. 1 und 2 HGB). Mit planmäßigen Abschreibungen soll die Wertminderung an dauerhaft genutzten Vermögensgegenständen auf Grund von Abnutzung oder technisch-wirtschaftlicher Überalterung berücksichtigt werden oder dem Umstand Rechnung getragen werden, dass die Nutzungsdauer bestimmter Anlagegüter vertraglich begrenzt ist. Dies könnte etwa bei bestimmten immateriellen Vermögensgegenständen, z.B. Software-Lizenzen, der Fall sein.

Als nicht abnutzbar gilt im Sachanlagevermögen primär der Grund und Boden. Deshalb ist bei bebauten Grundstücken der Bodenwert getrennt von dem Gebäudewert in der Anlagenbuchhaltung zu erfassen. Die planmäßigen Abschreibungen betreffen nur den Gebäudewert. Ferner zählen auch Finanzanlagen nicht zum abnutzbaren Anlagevermögen. Sie werden daher nicht planmäßig abgeschrieben.

Planmäßige Abschreibungen auf abnutzbare Anlagegüter dienen der periodengerechten Erfolgsermittlung: Die Anschaffung oder Herstellung eines Vermögensgegenstandes ist zunächst ein erfolgsneutraler Vorgang. Erst durch die Abschreibungen werden die Anschaffungs- bzw. die Herstellungskosten von abnutzbaren Gegenständen des Anlagevermögens planmäßig als Aufwand über die betriebsgewöhnliche Nutzungsdauer (ND) verteilt. Die Abschreibungen mindern den Buchwert des Vermögensgegenstandes und werden als Aufwand in der Ergebnisrechnung gebucht. Damit wird der Ressourcenverbrauch in den Haushaltsjahren, in denen der Vermögensgegenstand genutzt wird, verursachungsgerecht in der Ergebnisrechnung abgebildet. Abschreibungen bedingen keine Zahlungsströme; sie tangieren daher nicht die Finanzrechnung.

Bei einer voraussichtlich dauernden Wertminderung sind im Anlagevermögen ferner **außerplanmäßige Abschreibungen** vorzunehmen (Niederstwertprinzip). Dies gilt für alle Vermögensgegenstände des Anlagevermögens, also auch für Vermögensgegenstände des Anlagevermögens, deren zeitliche Nutzung nicht begrenzt ist (§ 36 (6) KomHVO; § 253 (3) S. 5 HGB). Bei Finanzanlagen können außerplanmäßige Abschreibungen auch bei einer voraussichtlich nicht dauernden Wertminderung vorgenommen werden (Wahlrecht, § 36 (6) S. 2 KomHVO, § 253 (3) S. 6 HGB). Somit gilt: Ein Vermögensgegenstand des Immateriellen Anlagevermögens (etwa eine Software-Lizenz) oder des Sachanlagevermögens (z.B. ein Grundstück oder eine Maschine) dürfte und müsste nur dann außerplanmäßig abgeschrieben werden, wenn eine dauerhafte Wertminderung vorliegt. Bei einer Finanzanlage, z.B. einer Beteiligung an einem Unternehmen, könnte eine außerplanmäßige Abschreibung auch dann vorgenommen werden, wenn den erworbenen Unternehmensanteilen voraussichtlich nur vorübergehend ein niedrigerer Wert beizulegen ist, als es den Anschaffungskosten der Anteile entspricht. Bei einer voraussichtlich dauerhaften Wertminderung müsste die Finanzanlage aber außerplanmäßig abgeschrieben werden.

Wesentliche Lerninhalte:

Vermögensgegenstände des Anlagevermögens, deren zeitliche Nutzung begrenzt ist, werden planmäßig abgeschrieben. Unabhängig davon, ob ihre Nutzung zeitlich begrenzt ist, sind Vermögensgegenstände des Anlagevermögens im Falle einer dauernden Wertminderung außerplanmäßig abzuschreiben. Finanzanlagen können auch bei einer voraussichtlich nicht dauerhaften Wertminderung außerplanmäßig abgeschrieben werden (Wahlrecht).

Die planmäßigen Abschreibungen dienen dazu, die AHK als Aufwand periodengerecht auf die Jahre der voraussichtlichen Nutzung der Vermögensgegenstände zu verteilen. Die Abschreibungen gehen als Aufwendungen die in die Ergebnisrechnung ein; sie belasten also das Jahresergebnis; sie sind aber nicht kassenwirksam.

Verständnisfragen finden sich am Ende von Abschnitt 7.2.2.3

7.2.2.2 Berechnung der planmäßigen Abschreibungen

Die Höhe der jährlichen planmäßigen Abschreibung für einen Gegenstand des abnutzbaren Sachanlagevermögens hängt ab von

- den Anschaffungs- oder Herstellungskosten,
- der verwaltungsüblichen Nutzungsdauer und
- dem Abschreibungsverfahren.

Anschaffungskosten sind nach § 34 (2) KomHVO Aufwendungen, die geleistet werden, um einen Vermögensgegenstand zu erwerben und ihn in einen betriebsbereiten Zustand zu versetzen, soweit sie dem Vermögensgegenstand einzeln zugeordnet werden können (ebenso § 255 (1) S. 1 HGB).

Herstellungskosten sind nach § 34 (3) KomHVO die Aufwendungen, die durch den Verbrauch von Gütern und die Inanspruchnahme von Diensten für die Herstellung eines Vermögensgegenstands, seine Erweiterung oder für eine über seinen ursprünglichen Zustand hinausgehende wesentliche Verbesserung entstehen. Dazu gehören die Materialkosten, die Fertigungskosten und die Sonderkosten der Fertigung. Notwendige Materialgemeinkosten und Fertigungsgemeinkosten **können** einbezogen werden (im Handelsrecht **müssen** die Material- und Fertigungsgemeinkosten in die Herstellungskosten eingerechnet werden, vgl. § 255 (2) S. 2 HGB).

Bei der Bestimmung der **verwaltungsüblichen Nutzungsdauer** hat die Kommune die Rahmenvorgaben der vom für Kommunales zuständigen Ministeriums bekannt gegebene Abschreibungstabelle zu beachten (§ 36 (4) KomHVO).

Der Abschreibungszeitraum für einen Vermögensgegenstand beginnt ab dem Kalendermonat der Anschaffung oder Herstellung. Für jeden angefangenen Monat ist 1/12 der Jahresabschreibung anzusetzen (so zumindest nach § 7 (1) S.4 EStG). Endet die Nutzungsdauer unterjährig oder scheidet der Vermögensgegenstand vorzeitig und unterjährig aus, so ist die Jahresabschreibung zeitanteilig anzusetzen (R 7.4 (8) EStR).

Bei den **Abschreibungsverfahren** lassen sich im Wesentlichen drei Verfahren unterscheiden:

1. lineare (gleich bleibende) Abschreibung,
2. degressive Abschreibung (Buchwert-Abschreibung) und
3. Abschreibung nach Leistungseinheiten (Leistungs-Abschreibung).

Im NKF werden abnutzbare Anlagengüter grundsätzlich linear abgeschrieben. Nur in begründeten Ausnahmefällen (genauere Darstellung des tatsächlichen Ressourcenverbrauchs) ist eine degressive oder Leistungs-Abschreibung erlaubt (§ 36 (1) KomHVO). Die Gründe für die Abweichung von der linearen Abschreibung sind im Anhang des Jahresabschlusses zu erläutern (§ 45 (2) Nr. 6 KomHVO).

Lineare Abschreibung

Bei der linearen Abschreibung wird über die verwaltungsübliche Nutzungsdauer in jedem Jahr der gleiche absolute Betrag oder – was auf das Gleiche hinausläuft – der gleiche Prozentsatz von den ursprünglichen Anschaffungs- oder Herstellungskosten (AHK) des Vermögensgegenstandes abgeschrieben. Damit vermindert sich der Buchwert des Vermögensgegenstandes in jedem Jahr um den gleichen Betrag. Die AHK werden somit als Abschreibungsaufwand planmäßig in gleichen Beträgen auf die wirtschaftliche Nutzungsdauer verteilt. Sofern kein Restwert angenommen wird, ist der Vermögensgegenstand am Ende der Nutzungsdauer „voll“ abgeschrieben (Buchwert von EUR 0).

Es gelten die folgenden Formeln:

$$\text{Abschreibungsbetrag} = \frac{\text{AHK (ggf. abzgl. Restwert)}}{\text{Nutzungsdauer}}$$

$$\text{Abschreibungssatz in Prozent} = \frac{100\ \%}{\text{Nutzungsdauer}}$$

Beispiel

Für den Bauhof wurde Ende Dezember des Jahres 00 ein LKW für EUR 50.000 angeschafft. Der LKW hat eine verwaltungsübliche Nutzungsdauer von 10 Jahren.

Bei einem angenommenen Restwert von EUR 0 ergibt sich ein jährlicher Abschreibungsbetrag von EUR 5.000 (Abschreibungssatz = 10 %). Der LKW ist somit nach zehn Jahren vollständig abgeschrieben.

Der Abschreibungsplan für den LKW sieht wie folgt aus:

Jahr	Abschreibungsbetrag in EUR	Restbuchwert in EUR
01	5.000	45.000
02	5.000	40.000
03	5.000	35.000
04	5.000	30.000
05	5.000	25.000
06	5.000	20.000
07	5.000	15.000
08	5.000	10.000
09	5.000	5.000
10	5.000	0

Im Steuerrecht werden Abschreibungen als **„Absetzung für Abnutzung“ (AfA)** bezeichnet. Nachfolgend wird „AfA“ allgemein als Abkürzung für Abschreibungen verwendet.

Wesentliche Lerninhalte:

Maßgeblich für die Höhe der jährlichen planmäßigen Abschreibungen eines Vermögensgegenstands sind die AHK, die verwaltungsübliche Nutzungsdauer und das Abschreibungsverfahren.

Im NKF werden die abnutzbaren Vermögensgegenstände des Anlagevermögens grundsätzlich linear abgeschrieben. Nur in begründeten Ausnahmefällen ist eine degressive oder leistungsmäßige Abschreibung erlaubt.

Bei linearer Abschreibung wird über die verwaltungsübliche Nutzungsdauer in jedem Nutzungsjahr der gleiche Betrag (oder der gleiche Prozentsatz der ursprünglichen AHK) abgeschrieben. Hierdurch werden die AHK als Abschreibungsaufwand planmäßig in gleichen Beträgen auf die verwaltungsübliche Nutzungsdauer verteilt.

Verständnisfragen finden sich am Ende von Abschnitt 7.2.2.3

Degressive Abschreibung

Bei der geometrisch degressiven Abschreibung (nur diese soll hier behandelt werden) wird der Abschreibungsbetrag nur im ersten Jahr als Prozentsatz der ursprünglichen AHK berechnet.

Abschreibungsbetrag (Jahr 1) = AHK x AfA-Satz

In den Folgejahren wird der Abschreibungssatz zwar konstant gehalten, jedoch auf den jeweiligen Restbuchwert (AHK./. bisher aufgelaufene Abschreibungen) angewendet.

Abschreibungsbetrag (Folgejahre) = Restbuchwert x AfA-Satz

Die Abschreibungsbeträge nehmen so von Jahr zu Jahr ab, da zwar der gleiche Prozentsatz, aber ein immer geringerer Restbuchwert für die Berechnung der Abschreibungen herangezogen wird. Am Ende der Nutzungsdauer verbleibt notwendigerweise ein Restwert.

Die degressive Abschreibung kann genutzt werden, um hohe Wertminderungen, die bei einigen Vermögensgegenständen, wie z.B. PKW und Computer, in den ersten Jahren der Nutzung entstehen, abzubilden. Der Abschreibungssatz ist daher bei degressiver Abschreibung höher als der lineare Abschreibungssatz.

Das Steuerrecht erlaubt die degressive AfA nur bei beweglichen abnutzbaren Anlagegegenständen, die in den Jahren 2009 oder 2010 angeschafft oder hergestellt wurden. Der AfA-Satz darf nach § 7 (2) EStG höchstens das Zweieinhalbfache des linearen AfA-Satzes betragen und 25 % nicht überschreiten.

Es ist steuerrechtlich jederzeit möglich, von der degressiven zur linearen Abschreibung zu wechseln (§ 7 (3) EStG). Der Wechsel von der degressiven zur linearen Abschreibung kann genutzt werden, um einen Vermögensgegenstand gleichmäßiger voll abzuschreiben.

Ferner ist der Übergang von der degressiven zur linearen Abschreibung für steuerpflichtige Betriebe interessant. Sie haben einen Anreiz, von der degressiven Abschreibung auf die lineare Abschreibung überzugehen, sobald die lineare Abschreibung des Restbuchwerts zu höheren Abschreibungsbeträgen führt als die fortgesetzte degressive Abschreibung (vgl. Abb. 30). Die höheren linearen Abschreibungsbeträge zum Ende der Nutzungsdauer führen zu einer Vorverlagerung des steuermindernden Aufwands und damit zu positiven Zinseffekten.

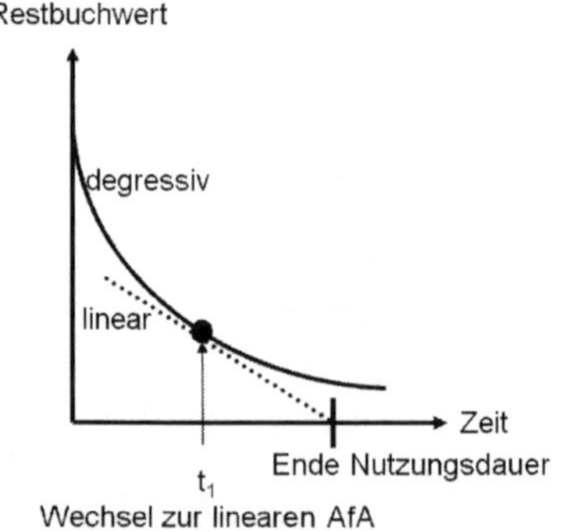

Abbildung 30: Wechsel von degressiver zu linearer AfA

In dem in der Abbildung unterstelltem Fall, würde das Unternehmen zum Zeitpunkt t_1 von der degressiven zur linearen Abschreibung wechseln. Ab diesem Zeitpunkt führt die lineare Abschreibung des Restbuchwerts zu höheren jährlichen Abschreibungsbeträgen als die fortgeführte degressive Abschreibung.

Wesentliche Lerninhalte:

Bei geometrisch degressiver Abschreibung wird der Abschreibungsbetrag mit einem konstanten Prozentsatz (Abschreibungssatz) vom jeweiligen Restbuchwert (AHK –bisher aufgelaufene Abschreibungen) ermittelt.

Der Abschreibungssatz darf nach § 7 (2) EStG das Zweieinhalbfache des linearen AfA-Satzes betragen, höchstens jedoch 25 % betragen.

Die degressive AfA führt in den ersten Nutzungsjahren zu höheren Abschreibungsbeträgen als die lineare Abschreibung.

Das NKF lässt die degressive AfA nur in begründeten Ausnahmefällen zu (wenn die Wertminderung der Vermögensgegenstände tatsächlich in den ersten Nutzungsjahren überproportional hoch ist).

Verständnisfragen finden sich am Ende von Abschnitt 7.2.2.3

Abschreibung nach Leistungseinheiten

Bei der Abschreibung nach Leistungseinheiten richten sich die Abschreibungsbeträge nach der tatsächlichen Leistungsinanspruchnahme, die etwa in Kilometer, Betriebsstunden etc. gemessen werden kann. Die Abschreibung nach Leistungseinheiten (Leistungs-AfA) ist im NKF ebenfalls nur in begründeten Ausnahmefällen erlaubt. Sie kann in Betracht gezogen werden, wenn für die Wertminderung von Fahrzeugen, Maschinen, technische Anlagen etc. weniger das Alter als vielmehr die tatsächliche Intensität der Nutzung maßgeblich ist und die Anlagen während der Nutzungsdauer sehr unterschiedlich beansprucht werden.

Beispiel

Doppik City erwirbt einen Schneepflug für EUR 50.000. Die voraussichtliche Gesamtleistung liegt bei 10.000 Betriebsstunden. Es ergibt sich ein Abschreibungsbetrag je Leistungseinheit von 50.000/10.000 = 5 EUR / Betriebsstunde.

Den Abschreibungsbetrag erhält man, indem die jährlichen Betriebsstunden mit dem Satz von EUR 5 pro Betriebsstunde multipliziert werden.

Jahr	Betriebsstunden x Stundensatz	Jahresabschreibungsbetrag in EUR
01	0 x 5	0
02	300 x 5	1.500
03	1.200 x 5	6.000

04	4.500 x 5	22.500
05	0 x 5	0
06	700 x 5	3.500
07	100 x 5	500
08	3.000 x 5	15.000
09	150 x 5	750
10	50 x 5	250
	Summe	**50.000**

Abbildung 31: Abschreibung nach Leistungseinheiten

Die Ermittlung der Betriebsstunden pro Jahr muss durch Aufzeichnungen dokumentiert sein.

Wesentliche Lerninhalte:

Die Leistungsabschreibung oder Abschreibung nach Leistungseinheiten eignet sich für Anlagegegenstände, deren Leistungsbeanspruchung während der Nutzungsdauer stark schwankt. Die Abschreibungsbeträge variieren je nach der tatsächlichen Leistungsinanspruchnahme (Kilometer, Betriebsstunden etc.).

Leistungsabschreibungen sind im NKF nur in begründeten Ausnahmefällen erlaubt.

Verständnisfragen finden sich am Ende von Abschnitt 7.2.2.3

7.2.2.3 Buchungsbeispiel: Abschreibungen

Doppik City kauft am 15. Januar 2020 einen PKW für das Ordnungsamt. Der Kaufpreis beträgt EUR 18.000 und wird per Banküberweisung beglichen. Die verwaltungsübliche ND beträgt sechs Jahre. Der PKW wird linear, in gleichen Jahresbeträgen abgeschrieben, so dass über sechs Jahre jeweils EUR 3.000 abgeschrieben werden.

Buchungssatz beim Kauf:

0750 Fahrzeuge

an 7826 Ausz. aus dem Erwerb von beweglichen Sachen des AV oberhalb der Wertgrenze von 410 Euro (statistische Kontierung des Bankkontos „Bank A") 18.000

S	0750 Fahrzeuge		H
7826	**18.000**		

S	7826 Ausz./Erwerb AV		H
		18.000	0750

S	1811 Bank A		H
		18.000	0750

Der Kauf des Fahrzeuges führt zunächst zu einem erfolgsneutralen Aktiv-Tausch: Der Posten „Fahrzeuge" erhöht sich und der Posten „Liquide Mittel" vermindert sich entsprechend.

Erst mit der Buchung der Abschreibungen wird Aufwand erfasst, der das Jahresergebnis belastet.

Der Buchungssatz lautet:

5753 Abschreibungen auf Fahrzeuge

an 0750 Fahrzeuge 3.000

S	5753 AfA Fahrzeuge		H
0750	**3.000**		

S	0750 Fahrzeuge		H
7826	18.000	**3.000**	**5753**
		15.000	SBK
	18.000	18.000	

Die Abschreibungen i. H. v. EUR 3.000 gehen als Aufwand in die Ergebnisrechnung ein. Der Buchwert des Fahrzeugs beträgt zum 31.12.2020 noch EUR 15.000.

In den folgenden fünf Jahren werden dann jeweils wiederum EUR 3.000 abgeschrieben; somit ist der PKW nach der verwaltungsüblichen Nutzungsdauer von sechs Jahren voll abgeschrieben (Buchwert = EUR 0).

Verständnisfragen:

1. Welche Funktion haben Abschreibungen?
2. Warum stellt der Erwerb von Vermögensgegenständen keinen Aufwand dar?
3. Wovon hängt die Höhe der Abschreibung neben der Abschreibungsmethode noch ab?
4. Welche Vermögensgegenstände werden planmäßig abgeschrieben?
5. Wann sind außerplanmäßige Abschreibungen vorzunehmen?
6. Welche Abschreibungsmethoden sind nach NKF zulässig?
7. Wie berechnet sich der Abschreibungssatz bei linearer Abschreibung?

7.2.2.4 Abschreibungen im Umlaufvermögen

7.2.2.4.1 Abschreibungen auf Vorräte

Vorräte (Roh-, Hilfs- und Betriebsstoffe sowie Waren) zählen zum Umlaufvermögen; sie werden nicht planmäßig abgeschrieben. Nach § 36 (8) KomHVO sind aber Abschreibungen vorzunehmen, um die Vermögensgegenstände „mit einem niedrigeren Wert anzusetzen, der sich aus einem beizulegenden Wert am Abschussstichtag ergibt.“ Diese Regelung entspricht dem **strengen Niederstwertprinzip** des § 253 (3) HGB. Das heißt: Es ist auch im Falle einer voraussichtlich nur vorübergehenden Wertminderung abzuschreiben. Der „beizulegende Wert“ orientiert sich grundsätzlich an Börsen- oder Marktpreisen. Bei Roh-, Hilf- und Betriebsstoffen sind die Preise an den Beschaffungsmärkten entscheidend, bei Waren der Verkaufspreis.

Wertminderungen beim Vorratsvermögen (und damit die notwendigen Abschreibungen) werden im Rahmen der Inventur ermittelt. Neben gesunkenen Bezugskosten oder Verkaufspreisen können auch Schwund, Verderb, technische Überalterung oder Beschädigung des Bestandes Wertminderungen begründen.

Der Buchungssatz für Abschreibungen auf Vorräte lautet:

578 Außerplanmäßige Abschreibungen auf das Umlaufvermögen		
	an	**15 Vorräte**

Wesentliche Lerninhalte:

Bei der Bewertung der Vorräte ist das strenge Niederstwertprinzip zu beachten: Es ist auf einen niedrigeren beizulegenden Wert (etwa Börsen- oder Marktpreis) zum Abschlussstichtag abzuschreiben.

Wertminderungen werden i.d.R. im Rahmen der Inventur festgestellt. Der Wert des Bestandes wird dann durch Abschreibungen korrigiert.

Verständnisfragen finden sich am Ende von Abschnitt 7.2.2.4

7.2.2.4.2 Abschreibungen auf Forderungen

7.2.2.4.2.1 Prüfung der Einbringlichkeit

Forderungen zählen wie Vorräte zum Umlaufvermögen der Gemeinde. Entsprechend sind auch bei den Forderungen Abschreibungen vorzunehmen, um diese mit einem niedrigeren Wert anzusetzen, der sich aus einem beizulegenden Wert am Abschlussstichtag ergibt (§ 36 (8) KomHVO). Hierzu sind Forderungen im Rahmen der Inventur grundsätzlich einzeln und vorsichtig auf ihre Einbringlichkeit zu prüfen. Dabei sind alle Umstände, die den Wert der Forderungen zum und nach dem Bilanzstichtag schmälern, zu berücksichtigen. Insbesondere die Zahlungsfähigkeit und Zahlungsbereitschaft der Schuldner sind zu prüfen.

Im Rahmen einer Bonitätsprüfung lassen sich Forderungen in drei Gruppen einteilen:

- vollwertige bzw. sichere Forderungen,
- zweifelhafte Forderungen,
- uneinbringliche Forderungen.

Vollwertige bzw. sichere Forderungen

Bei vollwertigen/sicheren Forderungen bestehen keine Anhaltspunkte dafür, dass die Einbringlichkeit der Forderungen gefährdet sein könnte; es sind keine Zahlungsausfälle zu erwarten. Diese Forderungen werden auf dem entsprechenden Forderungskonto mit ihrem Nominalwert ausgewiesen.

Zweifelhafte bzw. dubiose Forderungen

Bei diesen Forderungen bestehen **begründete** Zweifel an ihrer Einbringlichkeit; es kann nicht mit hinreichender Sicherheit ausgeschlossen werden, dass es zu einem teilweisen oder auch vollständigen Forderungsausfall kommt. Die Höhe des voraussichtlichen Forderungsausfalls ist durch die objektiven Verhältnisse des Kunden zu untermauern. Bloße Vermutungen oder pessimistische Einschätzungen der künftigen Entwicklung alleine reichen nicht aus. Anzeichen dafür, dass eine Forderung als zweifelhaft anzusehen ist, sind z.B.: erfolgslose Mahnungen, Erlass von Zahlungsbefehlen, negative Auskünfte über Finanz- und Liquiditätsverhältnisse des Kunden, Vergleichs- oder Konkursanmeldungen etc.
Diese Forderungen werden in voller Höhe ausgesondert; sie werden als „zweifelhafte Forderungen" auf einem hierfür vorgesehenen Konto ausgewiesen und um den voraussichtlich uneinbringlichen Teil der Forderung wertberichtigt.

Uneinbringliche Forderungen

Bei uneinbringlichen Forderungen steht definitiv fest, dass sie in voller Höhe ausfallen. Die folgenden Sachverhalte führen i.d.R. zu einem endgültigen Forderungsausfall:

- Festgestellte Zahlungsunfähigkeit des Schuldners,
- Eingang der Konkurs- oder Vergleichsquote,
- erfolglose Zwangsvollstreckung,
- eidesstattliche Versicherung des Schuldners über seine Vermögenslage.

Bei der Wertberichtigung (oder Abschreibung) von Forderungen werden Einzel- und Pauschalwertberichtigung unterschieden.

7.2.2.4.2.2 Einzelwertberichtigung

Die Einzelwertberichtung (Einzelabschreibung) erfolgt im Rahmen einer individuellen Risikoprüfung der Forderungen. Diese Prüfung ist arbeits- und zeitintensiv, so dass sie bevorzugt bei einer überschaubaren Anzahl von Forderungen und/oder betragsmäßig hohen Forderungen zum Einsatz kommt.

Die Einzelwertberichtigung umfasst die Abschreibung uneinbringlicher Forderungen sowie die Teilabschreibung von zweifelhaften Forderungen.

Uneinbringliche Forderungen

Uneinbringliche Forderungen werden mittels direkter Abschreibung vollständig abgeschrieben.

Beispiel

Ein Unternehmen mit Sitz in Doppik City schuldet der Stadt Gewerbesteuer i. H. v. EUR 120.000. Das Unternehmen hat die Eröffnung eines Insolvenzverfahrens beantragt. Die Stadt erfährt kurze Zeit später, dass das Verfahren mangels Masse nicht eröffnet wird. Der übrige Bestand an Steuerforderungen gegenüber anderen Unternehmen i. H. v. EUR 670.000 gilt als vollwertig.

Buchung bei Kenntnis über die Gefährdung der Forderung:

16315 Zweifelhafte Steuerforderungen gegenüber dem privaten Bereich
an 1631 Steuerforderungen gegenüber dem privaten Bereich 120.000

S	16315 zweifelhafte Forderungen		H
1631	**120.000**		

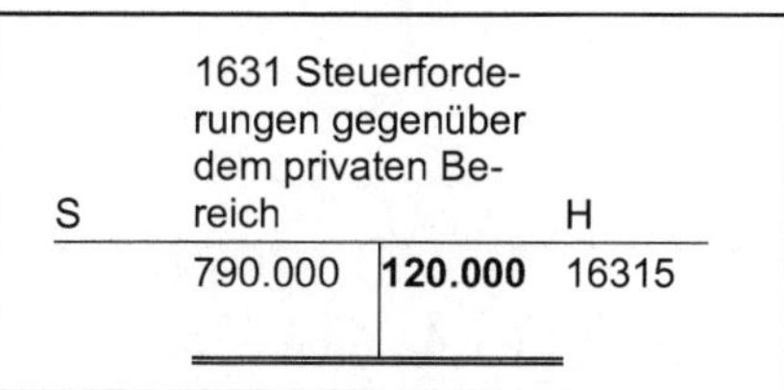

Buchung bei Kenntnis der Uneinbringlichkeit der Forderung:

5781 Abschreibungen auf das Umlaufvermögen
an 16315 Zweifelhafte Steuerforderungen gegenüber dem privaten Bereich 120.000

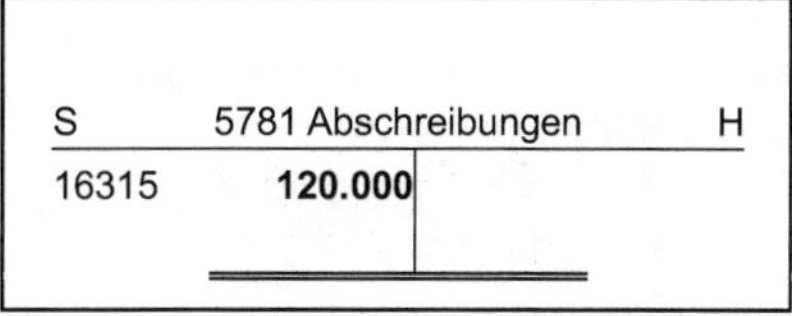

S	16315 Zweifelhafte Forderungen		H
1631	120.000	**120.000**	5781

Buchungen zum Jahresabschluss:

8031 Abschlusskonto Ergebnisrechnung
an 5781 Abschreibungen auf das Umlaufvermögen 120.000

S	8031 Abschlusskonto Ergebnisrechnung		H
5781	**120.000**		

S	5781 Abschreibungen		H
16913	120.000	**120.000**	8031

8021 Schlussbilanzkonto
an 1631 Steuerforderungen gegenüber dem privaten Bereich 670.000

S	8021 Schlussbilanzkonto		H
1631	**670.000**		

S	1631 Steuerforderungen gegenüber priv. Bereich		H
	790.000	120.000	16913
		670.000	8021
	790.000	790.000	

Zweifelhafte Forderungen

Abschreibungen auf zweifelhafte Forderungen werden nicht direkt über das Konto „Zweifelhafte Forderungen" vorgenommen, sondern indirekt über das passive Bestandskonto „Einzelwertberichtigungen zu Forderungen (EWB)". Dieses Wertberichtigungskonto wird auch als „Delkredere" bezeichnet. Eine Zuführung zu „Einzelwertberichtigungen zu Forderungen" erfolgt über das Aufwandskonto „Einstellung in Einzelwertberichtigung." Der allgemeine Buchungssatz lautet:

Einstellung in Einzelwertberichtigung an EWB

Beispiel

Eine Gewerbesteuerforderung von EUR 120.000 sei als zweifelhaft anzusehen: EUR 80.000 sind mit Sicherheit und EUR 20.000 vermutlich uneinbringlich. Der Rest in Höhe von EUR 20.000 gelte als mit Sicherheit einbringlich. Der Gesamtbestand der Steuerforderungen betrage wiederum EUR 790.000.

Buchung bei Kenntnis über die Gefährdung der Forderung:

16315 Zweifelhafte Steuerforderungen gegenüber dem privaten Bereich
an 1631 Steuerforderungen gegenüber dem privaten Bereich 120.000

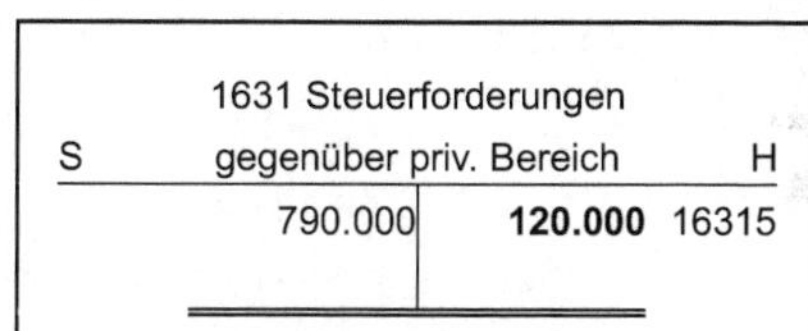

Buchung des (definitiv) uneinbringlichen Teils der Forderung:

54491 Einstellung in EWB
an 2110 EWB 80.000

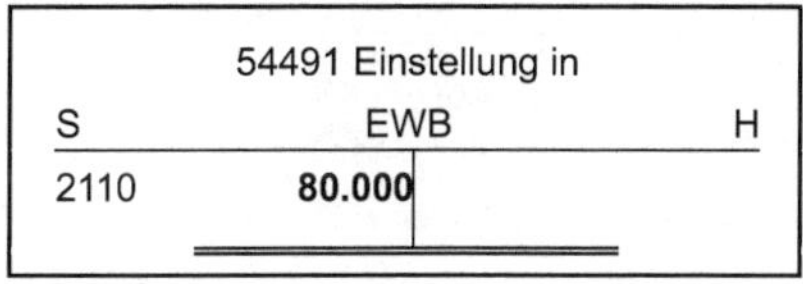

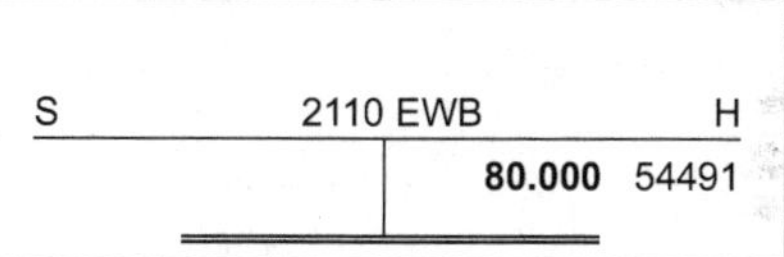

Buchung des vermutlich uneinbringlichen Teils der Forderung:

54491 Einstellung in EWB
an 2110 EWB 20.000

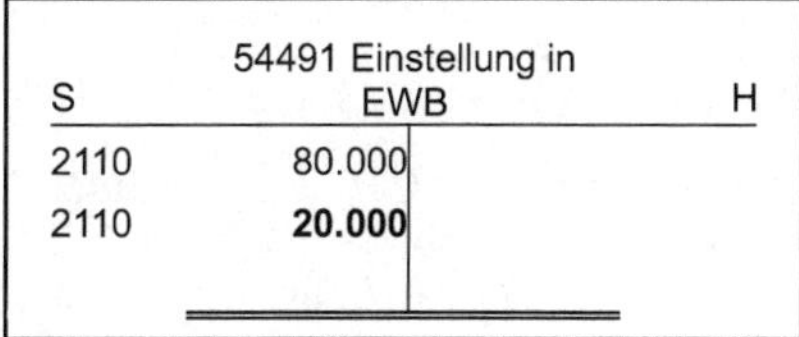

S 2110 EWB H
80.000 54491
20.000 54491

Buchungen zum Jahresabschluss:

8031 Abschlusskonto Ergebnisrechnung

an 54491 Einstellung in EWB 100.000

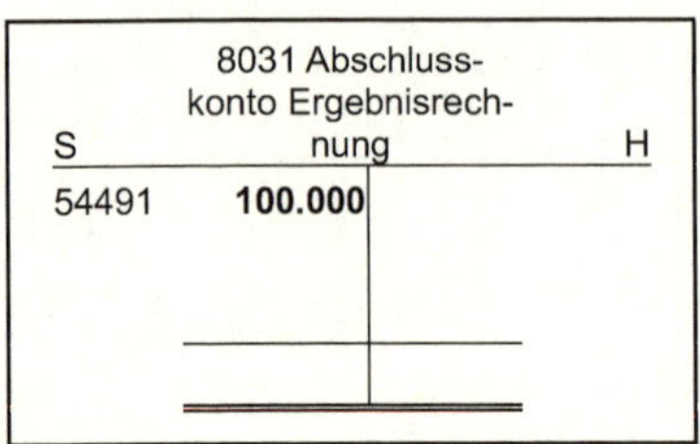

S	8031 Abschlusskonto Ergebnisrechnung		H
54491	**100.000**		

S	54491 Einstellung in EWB		H
2110	80.000	**100.000**	8031
2110	20.000		
	100.000	100.000	

8021 Schlussbilanzkonto

an 1631 Steuerforderungen gegenüber dem privaten Bereich 670.000

16315 Zweifelhafte Steuerforderungen gegenüber dem privaten Bereich 120.000

S	8021 Schlussbilanzkonto		H
1631	**670.000**		
16315	**120.000**		

S	1631 Steuerforderungen gegenüber priv. Bereich		H
	790.000	120.000	16315
		670.000	8021
	790.000	790.000	

S	16315 Zweifelhafte Forderungen		H
1631	120.000	**120.000**	8021
	120.000	120.000	

2110 EWB

an 8021 Schlussbilanzkonto 100.000

S	2110 EWB		H
8021	**100.000**	80.000	54491
		20.000	54491

S	8021 Schlussbilanzkonto		H
1631	670.000		
16315	120.000	**100.000**	2110

Im Schlussbilanzkonto ist somit ersichtlich: Es bestehen zweifelhafte Forderungen i. H. v. EUR 120.000. Davon wurden EUR 100.000 im Wege der EWB aufwandswirksam berücksichtigt. Die indirekte Abschreibungsmethode erlaubt es also, sowohl die ursprüngliche Forderung als auch den mutmaßlichen Forderungsausfall im SBK zu erkennen.

In der Bilanz (des Jahresabschlusses) wird aber nur der nicht wertberichtigte Rest-Bestand der zweifelhaften Forderungen ausgewiesen. Das Wertberichtigungskonto ist daher im Rahmen der vorbereitenden Jahresabschlussbuchungen über das Konto „Zweifelhafte Forderungen" abzuschließen. Dieser Nettoausweis des Forderungsbestands dient der Bilanzklarheit.

Falls im Folgejahr dennoch der als vermutlich uneinbringlich abgeschriebene Forderungsbetrag i. H. v. EUR 20.000 eingeht, ergibt sich folgende Buchung:

6013 Einzahlungen aus Gewerbesteuer
(statistische Kontierung des Finanzmittelkontos „Bank A")

an 4582 Erträge aus der Auflösung oder Herabsetzung von Wertberichtigungen auf Forderungen 20.000

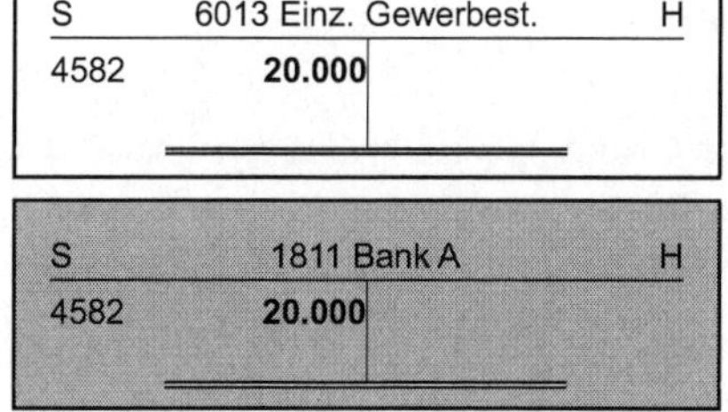

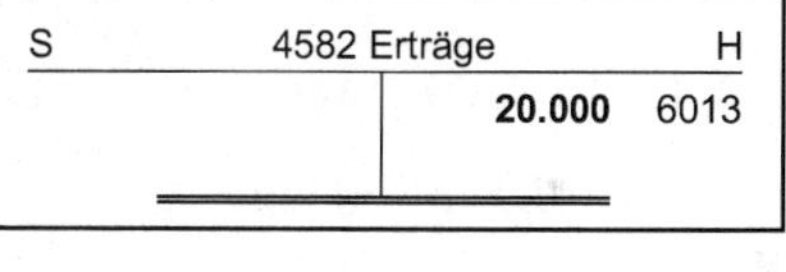

Ist der Jahresabschluss noch nicht aufgestellt, muss das Wertaufhellungsprinzip beachtet werden. Dann geht der Betrag als ordentlicher Steuerertrag in die Ergebnisrechnung des Vorjahres ein.

Wesentliche Lerninhalte:

Für Inventar und Schlussbilanz sind sämtliche Forderungen im Hinblick auf ihre Einbringlichkeit zu bewerten. Dabei lassen sich die Forderungen in drei Gruppen einteilen:

1. vollwertige Forderungen,
2. zweifelhafte Forderungen,
3. uneinbringliche Forderungen.

Vollwertige bzw. sichere Forderungen werden mit ihrem Nominalwert ausgewiesen.

Zweifelhafte bzw. dubiose Forderungen werden mit ihrem wahrscheinlich einbringlichen Betrag ausgewiesen. Die vermutlich uneinbringlichen Bestandteile werden im Wege der Einzelwertberichtigung abgeschrieben.

Uneinbringliche Forderungen werden in voller Höhe abgeschrieben.

Einzelwertberichtungen auf zweifelhafte und uneinbringliche Forderungen setzen eine individuelle Risikoprüfung der einzelnen Forderungen voraus.

Einzelwertberichtigungen werden nach der indirekten Abschreibungsmethode auf einem gesonderten Konto erfasst. Letztlich wird in der Bilanz aber nur der sichere Forderungsbestand ausgewiesen (Nettoausweis).

Verständnisfragen finden sich am Ende von Abschnitt 7.2.2.4

7.2.2.4.2.3 Pauschalwertberichtigung

Neben den Einzelwertberichtigungen auf Grund spezieller Kreditrisiken ist es bei großen Forderungsbeständen üblich, auch das allgemeine Kreditrisiko zu berücksichtigen. Erfahrungsgemäß erweist sich immer ein gewisser Prozentsatz – auch der als sicher eingestuften Forderungen – im Nachhinein als uneinbringlich.

Diesem allgemeinen Kredit- bzw. Ausfallrisiko wird durch eine Pauschalwertberichtigung/Pauschalwertabschreibung auf den einwandfreien bzw. vollwertigen Forderungsbestand (Gesamtforderungen./. zweifelhafte Forderungen = einwandfreier Forderungsbestand) Rechnung getragen.

Die Pauschalwertberichtigungen werden ebenfalls mittels der indirekten Abschreibungsmethode vorgenommen. Hierzu werden die Pauschalwertberichtigungen im Haben des passiven Bestandskontos „Pauschalwertberichtigungen zu Forderungen (PWB)“ erfasst. Die Zuführung dieser pauschalen Abschreibung erfolgt über das Aufwandskonto „Einstellung in Pauschalwertberichtigung.“ Der Buchungssatz lautet:

Einstellung in Pauschalwertberichtigung an PWB

Beispiel

Nach Durchführung der Einzelwertberichtigungen ergibt sich ein (einwandfreier) Forderungsbestand der Kommune von EUR 1.200.000 am Bilanzstichtag. Das allgemeine Kreditrisiko schätzt die Gemeinde aus den Erfahrungen der vergangenen Jahre auf 6 v.H. bzw. EUR 72.000.

Buchung der Abschreibung:

54492 Einstellung in PWB

an 2120 PWB 72.000

S	54492 Einstellung in PWB		H
2120	**72.000**		

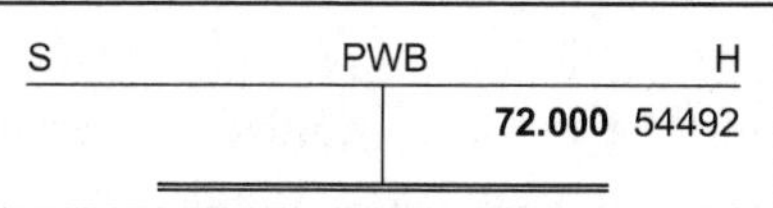

S	PWB		H
		72.000	54492

Abschlussbuchungen:

8031 Abschlusskonto Ergebnisrechnung

an 54492 Einstellung in PWB 72.000

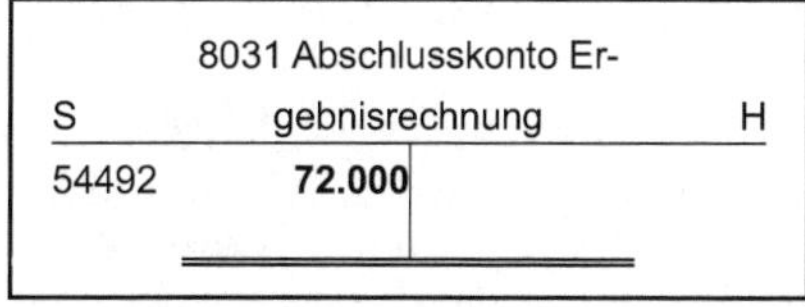

S	8031 Abschlusskonto Ergebnisrechnung		H
54492	**72.000**		

S	54492 Einstellung in PWB		H
2120	72.000	**72.000**	8031

8021 Schlussbilanzkonto (SBK)

an Forderungen 120.000

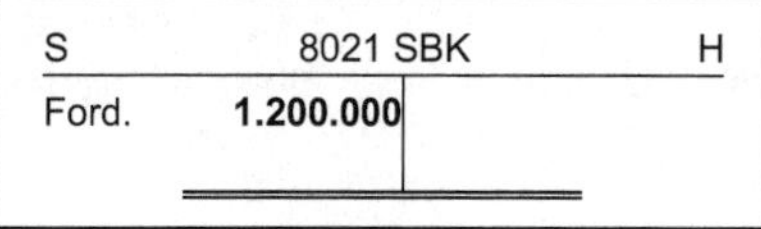

S	8021 SBK		H
Ford.	**1.200.000**		

S	Forderungen		H
	1.200.000	**1.200.000**	8021

1.200.000 1.200.000

2120 PWB

an 8021 Schlussbilanzkonto (SBK 72.000

S	2120 PWB		H
8031	**72.000**	72.000	54492

S	8021 SBK		H
Ford.	1.200.000	**72.000**	2120

Im Schlussbilanzkonto wird deutlich, dass dem Forderungsbestand von EUR 1.200.000 ein vermuteter Forderungsausfall in Höhe der Pauschalwertberichtigungen (EUR 72.000) entgegensteht, so dass sich per Saldo sichere Forderungen von EUR 1.128.000 ergeben.

In der Bilanz (des Jahresabschlusses) werden nur die sicheren Forderungen i. H. v. EUR 1.128.000 ausgewiesen. Das Konto PWB ist also im Rahmen der vorbereitenden Abschlussbuchungen über das Forderungskonto abzuschließen. Dieser „Nettoausweis“ dient auch hier der Bilanzklarheit.

Entgegen dem Beispiel sollten Pauschalwertberichtigungen i.d.R. nicht bezogen auf den Gesamtforderungsbestand der Kommune durchgeführt werden, sondern jeweils bezogen auf einzelne Forderungsgruppen oder -arten, da das allgemeine Ausfallrisiko unterschiedlich hoch sein kann. So dürfte etwa das Ausfallrisiko bei „Steuerforderungen gegenüber dem öffentlichen Bereich“ vermutlich anders einzuschätzen sein, als bei entsprechenden Forderungen gegenüber dem privaten Bereich.

Wesentliche Lerninhalte:

Neben den Einzelwertberichtigungen auf Grund spezieller Kreditrisiken ist es bei großen Forderungsbeständen üblich, auch das allgemeine Kreditrisiko zu berücksichtigen, da sich erfahrungsgemäß immer ein gewisser Prozentsatz auch der als sicher eingestuften Forderungen als uneinbringlich erweist.

Dem allgemeinen Kredit- bzw. Ausfallrisiko wird durch eine Pauschalwertberichtigung/Pauschalwertabschreibung auf den einwandfreien bzw. vollwertigen Forderungsbestand – der sich ggf. nach Einzelwertberichtigungen ergibt – Rechnung getragen. Pauschalwertberichtigungen sollten nicht auf Ebene des gesamten Forderungsbestandes vorgenommen werden, sondern differenziert nach Forderungsgruppen oder -arten.

Verständnisfragen:

1. Welches Prinzip gilt bei der Vorratsbewertung am Bilanzstichtag?
2. Wie lassen sich Forderungen nach ihrer Einbringlichkeit unterteilen?
3. Werden zweifelhafte Forderungen in der Bilanz ausgewiesen?
4. Welche Verfahren der Abschreibung von Forderungen gibt es?

7.2.3 Zuschreibungen

Im Wege der Zuschreibung wird der Buchwert eines Vermögensgegenstandes erhöht. Dies ist ein ertragswirksamer Vorgang. Zuschreibungen stellen Ausnahmetatbestände dar. Nach den Regelungen des NKF müssen sie (und dürfen auch nur dann) vorgenommen werden, wenn sich herausstellt, dass die Gründe für eine in früheren Haushaltsjahren vorgenommene **außerplanmäßige** Abschreibung auf Vermögensgegenstände des **Anlagevermögens** nicht mehr bestehen (§ 36 (9) KomHVO).

Zuschreibungen sind also **nur im Anlagevermögen** möglich. Zuschreibungen auf Vermögensgegenstände des Umlaufvermögens dürfen nach NKF nicht vorgenommen werden (im Handelsrecht sind Zuschreibungen auch im Umlaufvermögen möglich). Die Zuschreibung setzt zudem voraus, dass zuvor eine **nicht planmäßige** Abschreibung vorgenommen wurde und die Gründe hierfür entfallen sind.

Die Höhe der Zuschreibung ist nach oben begrenzt. Maximal darf der Betrag zugeschrieben werden, der zuvor außerplanmäßig abgeschrieben wurde (Zuschreibungen werden deshalb auch als Wertaufholungen bezeichnet). Bei abnutzbaren Gegenständen des Anlagevermögens darf der Wert des Vermögensgegenstandes aber nach der Zuschreibung nicht über die fortgeführten (durch die planmäßigen Abschreibungen verminderten) AHK des Vermögensgegenstandes hinausgehen, die sich am Bewertungsstichtag ohne die außerplanmäßige Abschreibung ergeben hätten.

Zuschreibungen müssen im Anhang dargestellt und erläutert werden (§ 36 (9) S. 2 KomHVO).

Die Buchung von Zuschreibungen erfolgt über das Konto 4581 „Erträge aus Zuschreibungen“, das zur Kontengruppe 45 „Sonstige ordentliche Erträge“ gehört. Als Gegenkonto fungiert das zugehörige Bestandskonto des Vermögensgegenstandes. Erträge aus Zuschreibungen sind nicht zahlungswirksam.
Der allgemeine Buchungssatz für eine Zuschreibung lautet:

Anlagevermögen (Bestandskonto) an Erträge aus Zuschreibungen

Beispiel

Doppik City schreibt im Jahr 2018 ein unbebautes Grundstück außerplanmäßig um EUR 100.000 ab, da der Verdacht auf Kontamination des Bodens besteht. Der Buchwert beträgt nach der Abschreibung EUR 50.000. Im Jahr 2020 stellt sich heraus, dass der Boden tatsächlich nicht kontaminiert ist. Es **muss** daher eine Zuschreibung erfolgen.

Buchung der Zuschreibung:

0241 Grund und Boden (sonstige unbebaute Grundstücke)
an 4581 Erträge aus Zuschreibungen 100.000

S	0241 Grund u. Boden	H
AB	50.000	
4581	**100.000**	

S	4581 Zuschreibungen	H
	100.000	0241

Durch die Zuschreibung wird das Grundstück wieder mit den historischen AK von EUR 150.000 ausgewiesen.

Wesentliche Lerninhalte:

Zuschreibungen oder Wertaufholungen erhöhen den Buchwert des Vermögensgegenstands. Zuschreibungen dienen der Korrektur einer vorherigen nicht planmäßigen Abschreibung auf Vermögensgegenstände des Anlagevermögens. Wenn die Gründe für die vorangegangene nicht planmäßige Abschreibung entfallen sind, besteht Zuschreibungspflicht!

Die Buchungssatz für die Zuschreibung lautet:

Bestandskonto Anlagevermögen an Erträge aus Zuschreibungen

Erträge aus Zuschreibungen gehören zu den „Sonstigen ordentlichen Erträgen"; sie sind nicht zahlungswirksam.

Zuschreibungen sind im Anhang zu erläutern.

Verständnisfragen:

1. Unter welchen Voraussetzungen sind Zuschreibungen zulässig?
2. Sind Zuschreibungen beim Vorratsvermögen zulässig?

7.2.4 Zeitliche Abgrenzung von Aufwendungen und Erträgen

7.2.4.1 Problemstellung

Die Lieferung einer Leistung begründet üblicherweise zeitgleich eine Zahlungsverpflichtung bzw. einen Zahlungsanspruch: Beim Käufer entsteht nach Erhalt der Leistung eine Verbindlichkeit, beim Lieferanten eine Forderung. Es treten im Geschäftsverkehr aber auch Transaktionen auf, bei denen die Zahlungen bereits mit einigen zeitlichen Abstand vor der Übergabe der Leistung oder erst einige Zeit danach geleistet werden (müssen).

Fallen Zahlung oder Zahlungsverpflichtung einerseits und die Übergabe der Leistung andererseits in zwei unterschiedliche Rechnungsperioden, ergibt sich im Interesse einer periodengerechten Erfolgsermittlung das Erfordernis einer **Rechnungsabgrenzung**. Mit der Rechnungsabgrenzung wird die Erfolgswirkung der Zahlung oder Zahlungsverpflichtung auf die Periode fingiert, in der die Übergabe der Leistung stattfindet.

Es lassen sich zwei Fälle der Rechnungsabgrenzung unterscheiden: die **transitorische** und die **antizipative**. Bei der transitorischen Rechnungsabgrenzung findet die Zahlung im alten Rechnungsjahr statt (oder es entsteht eine entsprechende Forderung oder Verbindlichkeit) die Übergabe der Leistung erfolgt aber erst im neuen Rechnungsjahr. In diesen Fällen wird die Erfolgswirkung der Einzahlung (Forderung) oder der Auszahlung (Verbindlichkeit) durch die Bildung eines betragsgleichen Rechnungsabgrenzungspostens auf der Gegenseite der Bilanz zunächst neutralisiert. Für Einzahlungen oder Forderungen wird ein passiver Rechnungsabgrenzungsposten gebildet, für Auszahlungen oder Verbindlichkeiten ein aktiver Rechnungsabgrenzungsposten. In der folgenden Periode, in der die Leistung übergeben wird, wird der Rechnungsabgrenzungsposten dann erfolgswirksam aufgelöst.

Bei der antizipativen Rechnungsabgrenzung verhält es sich genau umgekehrt: Die Übergabe der Leistung findet im alten Rechnungsjahr statt, die Zahlung ist aber erst im neuen Jahr fällig und wird auch tatsächlich dann erst geleistet. Hier ist es im Sinne einer periodengerechten Erfolgsermittlung sachgerecht, die Erfolgswirkung der späteren Zahlung in die Periode vorzuverlegen, in der die Übergabe der Leistung stattfindet. Prinzipiell könnte auch hier ein Rechnungsabgrenzungsposten gebildet werden; das Handelsrecht schreibt aber vor, dass in diesen Fällen hilfsweise ein „sonstiger Vermögensgegenstand“ bzw. eine „sonstige Verbindlichkeit“ gebucht wird, obwohl die Zahlung noch gar nicht fällig ist. Für erhaltene Leistungen, die erst im neuen Rechnungsjahr zu bezahlen sind, bucht der Empfänger eine sonstige Verbindlichkeit. Der Lieferant würde einen sonstigen Vermögensgegenstand buchen.

Die folgende Abbildung fasst die verschiedenen Formen der Rechnungsabgrenzung zusammen.

	Zahlung heute	**Zahlung morgen**
Erfolg heute	Regelfall	Aufwand = SV Ertrag = SVG
Erfolg morgen	Aufwand = ARAP Ertrag = PRAP	Regelfall

ARAP = Aktive Rechnungsabgrenzungsposten
PRAP = Passive Rechnungsabgrenzungsposten
SV = Sonstige Verbindlichkeiten
SVG = Sonstiger Vermögensgegenstand

Abbildung 32: Arten der Rechnungsabgrenzung

7.2.4.2 Aktive Rechnungsabgrenzungsposten

Nach § 43 (1) KomHVO sind auf der Aktivseite Ausgaben vor dem Abschlussstichtag als Rechnungsabgrenzungsposten (ARAP) auszuweisen, soweit sie Aufwand für eine bestimmte Zeit nach diesem Tag darstellen (ebenso § 250 (1) HGB).

Hierunter fallen Ausgaben, die im alten Haushaltsjahr im Voraus gezahlt und gebucht wurden, aber wirtschaftlich dem neuen Haushaltsjahr ganz oder teilweise als Aufwand zuzuordnen sind (z.B. um im Voraus gezahlte Versicherungsprämien oder Mieten). Die entsprechenden Aufwandskonten werden zum Bilanzstichtag durch eine „aktive Rechnungsabgrenzung" berichtigt.

Beispiel

Ein Teil des Sozialamtes ist seit dem 1. Dezember in einem separaten Gebäude untergebracht. Die Miete für die ersten drei Monate i. H. v. EUR 15.000 ist laut Vertrag im Voraus zu zahlen. Sie wird am 1. Dezember überwiesen.

Die Miete für den Monat Dezember i. H. v. EUR 5.000 ist Aufwand des abzuschließenden Haushaltsjahres und geht daher in die Ergebnisrechnung dieses Jahres ein. Der Mietzins von EUR 10.000 für Januar und Februar stellt Aufwand des nächsten Haushaltsjahres dar, so dass das Aufwandskonto 5421 „Mieten, Pachten, Erbbauzinsen" durch eine aktive Rechnungsabgrenzung korrigiert werden muss, damit der Aufwand verursachungsgerecht zugeordnet wird.

Buchung am 1. Dezember:

5421	Mieten, Pachten, Erbbauzinsen				
		an	7421	Auszahlungen für Mieten etc. (statistische Kontierung des Bankkontos)	15.000

Buchungen zum Bilanzstichtag:

1.	1990	Sonstige aktive RAP				
			an	5421	Mieten, Pachten, Erbbauzinsen	10.000
2.	8031	Abschlusskonto Ergebnisrechnung				
			an	5421	Mieten, Pachten, Erbbauzinsen	5.000
3.	7421	Auszahlungen für Mieten etc.				
			an	8041	Abschlusskonto Finanzrechnung	15.000
4.		Schlussbilanzkonto				
			an		Sonstige aktive RAP	10.000

Buchungen im neuen Jahr:

1. 1990 Sonstige aktive RAP
   an 8011 Eröffnungsbilanzkonto 10.000

2. 5421 Mieten, Pachten, Erbbauzinsen
   an 1990 Sonstige aktive RAP 10.000

Der ARAP für die im Voraus gezahlte Miete entspricht einer Leistungsforderung: Die Mietvorauszahlung begründet einen Anspruch auf Nutzung des gemieteten Gebäudes im neuen Jahr. Die Bildung des ARAP „kompensiert" den Mittelabfluss für die Vorauszahlung und bewirkt damit, dass sich diese Mittelabflüsse erfolgsneutral verhalten (erfolgsneutraler Aktiv-Tausch).

Der Buchungsaufwand im Rahmen der Abschlussarbeiten lässt sich verringern, wenn die Rechnungsabgrenzung direkt bei der Buchung der Ausgaben vorgenommen wird. Dies hat auch den Vorteil, dass die Ergebnisrechnung die Aufwendungen unterjährig nicht zu hoch ausweist.
Für das obige Beispiel ergeben sich bei direkter Periodenabgrenzung folgende Buchungen:

Buchung am 1. Dezember:

5421 Mieten, Pachten, Erbbauzinsen 5.000
1990 Sonstige aktive RAP 10.000
an 7421 Auszahlungen für Mieten etc.
(statistische Kontierung des Finanzmittelkontos) 15.000

Buchungen zum Bilanzstichtag:

1. 8031 Abschlusskonto Ergebnisrechnung
   an 5421 Mieten, Pachten, Erbbauzinsen 5.000

2. 7421 Auszahlungen für Mieten etc.
   an 8041 Abschlusskonto Finanzrechnung 15.000

3. 8021 Schlussbilanzkonto
   an 1990 Sonstige aktive RAP 10.000

Buchungen im neuen Jahr:

1.	1990	Sonstige aktive RAP			
		an	8011	Eröffnungsbilanzkonto	10.000
2.	5421	Mieten, Pachten, Erbbauzinsen			
		an	1990	Sonstige aktive RAP	10.000

Auch für geleistete Zuwendungen ist ein aktiver Rechnungsabgrenzungsposten zu bilden, soweit die geleistete Zuwendung mit einer mehrjährigen, **zeitbezogenen** Gegenleistungsverpflichtung verbunden ist.

Beispiel

Doppik City bezuschusst die Erneuerung der Flutlichtanlage des örtlichen Tennisvereins. Im Gegenzug reserviert der Tennisverein der Betriebssportgruppe der Stadt in den kommenden drei Jahren jeweils mittwochs von 18.00 Uhr bis 19:30 Uhr einen Tennisplatz für das wöchentliche Training. Der Zuschuss beläuft sich auf EUR 900.

Buchung der Auszahlung des Zuschusses

195	Aktive RAP für geleistete Zuwendungen			
	an	7815	Investitionszuschüsse an übrige Bereiche (statistische Kontierung des Finanzmittelkontos)	900

In der Folgezeit ist der ARAP über die Dauer der Gegenleistungsverpflichtung aufzulösen. Dies entspricht einem jährlichen Auflösungsbetrag von EUR 300.

Buchung

5499	Andere sonstige ordentliche Aufwendungen			
	an	195	Aktive RAP für geleistete Zuwendungen	300

Einen besonderen Anwendungsfall für eine aktive Rechnungsabgrenzung behandelt § 43 (2) KomHVO: „Ist der Rückzahlungsbetrag einer Verbindlichkeit höher als der Auszahlungsbetrag, so **darf** der Unterschiedsbetrag in den aktiven Rechnungsabgrenzungsposten aufgenommen werden. Der Unterschiedsbetrag ist durch planmäßige jährliche Abschreibungen aufzulösen, die auf die gesamte

Laufzeit der Verbindlichkeit verteilt werden können." Hier ist also nicht verpflichtend ein aktiver Rechnungsabgrenzungsposten zu bilden. Es handelt sich um ein Wahlrecht.

Beispiel

Zur Finanzierung einer Investition nimmt Doppik City ein Darlehen bei einer privaten Bank auf. Der Auszahlungsbetrag des Darlehens beträgt EUR 120.000. Dieser wird dem Konto der Stadtkasse am 3.1.2020 gutgeschrieben. Die Gemeinde muss das Darlehen nach 10 Jahren, zum 31.12.2029, zurückzahlen. Der vereinbarte Rückzahlungsbetrag beträgt EUR 180.000.

Buchung zum 1.1.2020

6917	Einzahlung aus Krediten von privaten Unternehmen (statistische Kontierung des Finanzmittelkontos)	120.000			
191	ARAP (Kreditbeschaffungskosten)	60.000			
			an 3251	Investitionskredite von Banken und Kreditinstituten	180.000

Die Kreditaufnahme ist damit (zunächst) ein erfolgsneutraler Vorgang. Die Kreditbeschaffungskosten i. H. v. EUR 60.000 werden als verdeckte Zinszahlung behandelt und aufwandswirksam über die Kreditlaufzeit verteilt, indem der ARAP über die nächsten 10 Jahre jährlich mit einem Betrag von EUR 6.000 aufgelöst wird.

Die Buchung hierzu lautet:

5591	Sonstige Zinsen			
		an 191	ARAP	6.000

Diese Buchung wiederholt sich in jedem Jahr der Kreditlaufzeit. Die Kreditbeschaffungskosten werden damit periodengerecht als Aufwand über die Kreditlaufzeit verteilt.

Im Jahr der Rückzahlung erfolgt zusätzlich die Buchung:

3251	Investitionskredite von Banken und Kreditinstituten				
		an	7917	Tilgung von Krediten von privaten Unternehmen (statistische Kontierung des Finanzmittelkontos)	180.000

Wesentliche Lerninhalte:

Zur Ermittlung und richtigen Darstellung des Periodenerfolgs ist für Ausgaben, die vor dem Abschlußstichtag geleistet werden und ganz oder teilweise Aufwand des Folgejahres darstellen, ein Rechnungsabgrenzungsposten auf der Aktivseite der Bilanz zu bilden.

Der aktive Rechnungsabgrenzungsposten bewirkt, dass Ausgaben im alten Haushaltsjahr erfolgsneutral behandelt werden, insoweit sie Aufwand des Folgejahres darstellen.

Die Aufwandsabgrenzung mittels eines aktiven Rechnungsabgrenzungspostens kann entweder direkt bei Zahlung oder zum Bilanzstichtag erfolgen.

Verständnisfragen finden sich am Ende von Abschnitt 7.2.4

7.2.4.3 Passive Rechnungsabgrenzungsposten

§ 43 (3) KomHVO sieht vor, dass Einnahmen vor dem Abschlußstichtag auf der Passivseite als Rechnungsabgrenzungsposten auszuweisen sind, soweit sie Ertrag für eine bestimmte Zeit nach diesem Tag darstellen (ebenso § 250 (2) HGB). Beispiele hierfür sind im Voraus erhaltene Mieten, Steuern und Zuwendungen. Wurden entsprechende Einnahmen ertragswirksam gebucht, sind die Erträge im Rahmen der Abschlussbuchungen zum Jahresabschluss entsprechend zu korrigieren, indem ein passiver Rechnungsabgrenzungsposten gebildet wird.

Beispiel

Doppik City hat eine Wiese an einen Pferdezüchter verpachtet. Die jährliche Pacht i. H. v. EUR 500 ist am 1. Oktober fällig und im Voraus zu zahlen. Der Betrag wird am Tag der Fälligkeit einem städtischen Bankkonto gutgeschrieben.

Die Pacht für die Monate Oktober, November und Dezember i. H. v. EUR 125 geht als Ertrag in die Ergebnisrechnung des abzuschließenden Haushaltsjahres ein. Der Restbetrag ist wirtschaftlich dem folgenden Haushaltsjahr (Januar-September) zuzurechnen; dieser Pachtanteil ist also Ertrag des folgenden Haushaltsjahres. Um die Erträge periodengerecht abzugrenzen, ist das Ertragskonto 4412 „Mieten und Pachten" durch eine passive Rechnungsabgrenzung i. H. v. EUR 375 zu korrigieren.

Buchung am 1. Oktober:

6412	Einz. aus Mieten und Pachten (stat. Kontierung des Finanzmittelkontos)				
		an	4412	Mieten und Pachten	500

Buchungen zum Bilanzstichtag:

1.	4412	Mieten und Pachten				
			an	3990	Sonstige passive RAP	375
2.	4412	Mieten und Pachten				
			an	8031	Abschlusskonto Ergebnisrechnung	125
3.	8041	Abschlusskonto Finanzrechnung				
			an	6412	Einzahlung aus Mieten u. Pachten	500
4.	3990	Sonstige passive RAP				
			an	8021	Schlussbilanzkonto	375

Buchungen im neuen Jahr:

1.	8011	Eröffnungsbilanzkonto				
			an	3990	Sonstige passive RAP	375
2.	3990	Sonstige passive RAP				
			an	4412	Mieten und Pachten	375

Der PRAP ähnelt einer Leistungsverbindlichkeit, die auf der Passivseite der Bilanz auszuweisen ist. Die Leistungsverbindlichkeit für Doppik City kann in der Verpflichtung gesehen werden, die Pferdekoppel im nächsten Haushaltsjahr von Januar bis September dem Pächter zu überlassen.

Auch bei der Bildung von passiven Rechnungsabgrenzungsposten besteht die Möglichkeit, die Abgrenzung direkt – und nicht erst im Rahmen der Jahresabschlussvorbereitungen – vorzunehmen.

Bezogen auf das Beispiel ergeben sich bei direkter Abgrenzung die folgenden Buchungen:

Buchung am 1. Oktober:

6412	Einz. aus Mieten und Pachten (stat. Kontierung des Finanzmittelkontos)				500
		an	4412	Mieten u. Pachten	125
		an	3990	Sonstige passive RAP	375

Buchungen zum Bilanzstichtag:

1.	4412	Mieten und Pachten				
			an	8031	Abschlusskonto Ergebnisrechnung	125
2.	8041	Abschlusskonto Finanzrechnung				
			an	6412	Einzahlung aus Mieten u. Pachten	500
3.	3990	Sonstige passive RAP				
			an	8021	Schlussbilanzkonto	375

Buchungen im neuen Jahr:

1.	8011	Eröffnungsbilanzkonto				
			an	3990	Sonstige passive RAP	375
2.	3990	Sonstige passive RAP				
			an	4412	Mieten und Pachten	375

Weitere Anwendungsfälle für passive Rechnungsabgrenzungsposten können sich aus erhaltenen Zuwendungen für laufende Zwecke und Gebühren ergeben.

Beispiel (Zuwendung)

Das Land Nordrhein-Westfalen überweist Doppik City am 4. März 2020 eine Zuweisung für laufende Zwecke i. H. v. EUR 350.000. Die Zuweisung wird jeweils zur Hälfte für die Haushaltsjahre 2020 und 2021 gewährt. Die Zuweisung wird auf das Konto bei der Bank A überwiesen.

Hier darf folglich nur der halbe Betrag der Zuweisung (EUR 175.000) im Jahr 2020 erfolgswirksam werden. Bei direkter Abgrenzung der Zuweisungserträge ergeben sich folgende Buchungen.

Buchung bei Eingang der Zuweisung am 4. März 2020:

6141	Zuweisungen für laufende Zwecke vom Land (statistische Kontierung Finanzmittelkonto 1811 „Bank A")			350.000
		An	4141 Zuweisung vom Land	175.000
		An	3990 Sonstige passive RAP	175.000

S	6141 Zuw. vom Land		H
4141/ 3990	**350.000**		

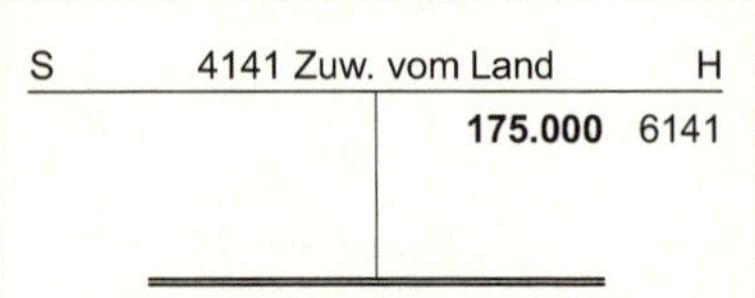

S	4141 Zuw. vom Land		H
		175.000	6141

S	1811 Bank A		H
4141/ 3990	**350.000**		

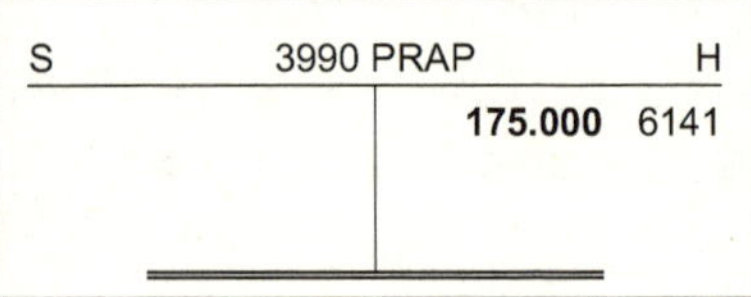

S	3990 PRAP		H
		175.000	6141

Buchung zu Beginn des Haushaltsjahres 2021:

3990	Sonstige passive RAP			
		an	4141 Zuweisung vom Land	175.000

S	3990 PRAP		H
4141	**175.000**	175.000	6141

S	4141 Zuw. vom Land		H
		175.000	3990

Beispiel (Grabnutzungsentgelte)

Doppik City hat am 15. Januar 2020 EUR 1.500 an Grabnutzungsentgelt für ein Wahlgrab vereinnahmt. Die Nutzungszeit des Grabes erstreckt sich über 25 Jahre.

Das empfangene Grabnutzungsentgelt ist als erhaltene Vorauszahlung für die Nutzungsüberlassung in den kommenden 25 Jahren anzusehen. Zur Periodengerechten Verteilung der Erfolgswirkung ist ein passiver RAP zu bilden und über die Nutzungszeit gleichmäßig mit jährlich EUR 60 aufzulösen.

Buchung bei Vereinnahmung

6321	Benutzungsgebühren (statistische Kontierung des Finanzmittelkontos)				
		an	399	Sonstige passive RAP	1.500

Die Buchung bewirkt, dass das empfangene Grabnutzungsentgelt zunächst erfolgsneutral vereinnahmt wird. Zur periodengerechten Verteilung der Erfolgswirkung über die Nutzungszeit ist in den folgenden 25 Jahren jeweils nachfolgende Abschlussbuchung vorzunehmen.

Abschlussbuchung

399	Sonstige passive RAP				
		an	4321	Benutzungsgebühren	60

Wesentliche Lerninhalte:

Zum periodengerechten Erfolgsausweis ist für Einnahmen, die vor dem Abschlußstichtag liegen und ganz oder teilweise Erträge für eine bestimmte Zeit nach dem Stichtag darstellen, ein Rechnungsabgrenzungsposten auf der Passivseite der Bilanz zu bilden.

Die Bildung eines passiven Rechnungsabgrenzungspostens bewirkt, dass die Einnahme zunächst erfolgsneutral behandelt wird (erfolgsneutrale Bilanzverlängerung).

Der passive Rechnungsabgrenzungsposten kann entweder direkt mit der Einnahme oder zum Jahresende gebildet werden.

Verständnisfragen finden sich am Ende von Abschnitt 7.2.4

7.2.4.4 Sonstige Vermögensgegenstände und sonstige Verbindlichkeiten

Sonstige Vermögensgegenstände oder sonstige Verbindlichkeiten, die zum Zwecke der antizipativen Rechnungsabgrenzung gebucht werden, unterscheiden sich von „echten“ Forderungen und Verbindlichkeiten nur dadurch, dass sie noch nicht fällig sind. Sie bestehen aber dem Grunde nach eindeutig und sind exakt quantifizierbar.

Das Konto „Sonstige Vermögensgegenstände" fungiert als Gegenkonto der Ertragsbuchung für Leistungen, die im alten Haushaltsjahr abgegeben wurden, deren Bezahlung aber vereinbarungsgemäß erst im neuen Haushaltsjahr fällig wird.

Umgekehrt verhält es sich mit dem Konto „Sonstige Verbindlichkeiten": Es fungiert als Gegenkonto einer Aufwandsbuchung für eine Leistung, die im alten Haushaltsjahr bezogen wurde, deren Zahlung aber vereinbarungsgemäß erst im neuen Jahr fällig ist.

Sonstige Vermögensgegenstände

Beispiel

Mit einem langjährigen Mieter einer städtischen Wohnung wurde vereinbart, dass er die Miete für die Monate November und Dezember i. H. v. EUR 800 im Januar des folgenden Jahres bezahlt. Das Geld geht am 9. Januar auf ein Bankkonto der Stadt ein.

Die Mieten für die Monate November und Dezember sind Erträge des alten Haushaltsjahres, die erst im neuen Jahr zu einer kassenwirksamen Einnahme führen. Für eine periodengerechte Erfolgsermittlung sind die Erträge in der Ergebnisrechnung des alten Haushaltsjahres zu berücksichtigen und werden als „Andere sonstige Vermögensgegenstände" in der Schlussbilanz ausgewiesen.

Buchungen zum Bilanzstichtag:

1.	177	Andere sonstige Vermögensgegenstände				
			an	4412	Mieten und Pachten	800
2.	4412	Mieten und Pachten				
			an	8031	Abschlusskonto Ergebnisrechnung	800
3.	8021	Schlussbilanzkonto				
			an	177	Andere sonstige vermögensgegenstände	800

Buchung im neuen Jahr:

1. 177 Andere sonstige Vermögensgegenstände
an 8011 Eröffnungsbilanzkonto 800

2. 6412 Einz. für Mieten und Pachten
(statistische Kontierung des Finanzmittelkontos)
an 177 Andere sonstige Vermögensgegenstände 800

Beispiel

Einem Mitarbeiter wurde am 1. Dezember ein Darlehen i. H. v. EUR 12.000 zu 5 % Zinsen p.a. gewährt, das nach 4 Jahren in einer Summe zurückgezahlt werden soll. Die vierteljährlich anfallenden Zinsen von EUR 150 werden nachträglich alle drei Monate von seinem Gehalt einbehalten. Die Zinszahlung am 1. März i. H. v. EUR 150 betrifft folglich ertragsmäßig zu einem Drittel (Dezember) das alte Haushaltsjahr und zu zwei Drittel (Januar/Februar) das neue Jahr. Somit ist wie folgt zu buchen:

Buchungen zum Bilanzstichtag:

1. 177 Andere sonstige Vermögensgegenstände
an 4718 Zinserträge von übrigen Bereichen 50

2. 4718 Zinserträge von übrigen Bereichen
an 8031 Abschlusskonto Ergebnisrechnung 50

3. 8021 Schlussbilanzkonto
an 177 Andere sonstige VG 50

Buchung im neuen Jahr:

177 Andere sonstige Vermögensgegenstände
an 8011 Eröffnungsbilanzkonto 50

Buchung am 1. März des Folgejahres:

6718 Zinseinzahlungen von übrigen Bereichen
(statistische Kontierung des Finanzmittelkontos) 150
an 177 Andere sonstige VG 50
an 4718 Zinserträge von übrigen Bereichen 100

Sonstige Verbindlichkeiten

Beispiel

Die Dezembermiete i. H. v. EUR 250 für einen Lagerschuppen, der vom städtischen Bauhof zur Einlagerung von Streusalz genutzt wird, ist erst im Januar des darauf folgenden Haushaltsjahres fällig und wird auch erst am 15. Januar per Banküberweisung gezahlt.

Die Miete für den Monat Dezember ist Aufwand des alten Haushaltsjahres. Obwohl die Miete noch nicht fällig ist, wird der Aufwand also zur periodengerechten Erfolgsermittlung im alten Haushaltsjahr gebucht, und als Gegenkonto wird das Konto „Andere sonstige Verbindlichkeiten" angesprochen.

Buchungen zum Bilanzstichtag:

1.	5421	Mieten, Pachten, Erbbauzinsen			
		an	3790	Andere sonstige Verbindlichkeiten	250
2.	8031	Abschlusskonto Ergebnisrechnung			
		an	5421	Mieten, Pachten, Erbbauzinsen	250
3.	3790	Andere sonstige Verbindlichkeiten			
		an	8021	Schlussbilanzkonto	250

Buchungen im neuen Jahr:

1.	8011	Eröffnungsbilanzkonto			
		an	3790	Andere sonstige Verbindlichkeiten	250
2.	3790	Andere sonstige Verbindlichkeiten			
		an	7421	Ausz. für Mieten, Pachten, Erbbauzinsen (statistische Kontierung des Finanzmittelkontos)	250

Beispiel

Die Stadtwerke GmbH, die sich vollständig im Eigentum der Kommune befindet, gewährt Doppik City am 1. November ein Darlehen i. H. v. EUR 300.000 zu 4 % Zinsen p.a. Das Darlehen soll in voller Höhe am Ende der dreijährigen Laufzeit getilgt werden. Die jährlichen Zinsen von EUR 12.000 werden vierteljährlich und nachträglich zu je EUR 3.000 an die Stadtwerke GmbH überwiesen. Die erste Zinsauszahlung erfolgt am 1. Februar des folgenden Haushaltsjahres.

Die vereinbarte Zinsauszahlung von EUR 3.000 am 1. Februar des Folgejahres betrifft wirtschaftlich zu zwei Drittel (November und Dezember) das alte Haushaltsjahr. Obwohl noch keine Zahlungsverpflichtung besteht, sind also EUR 2.000 als Aufwand im alten Jahr zu berücksichtigen. Als Gegenkonto für die Aufwandsbuchung wird wieder das Konto „Andere sonstige Verbindlichkeit" verwendet. Der restliche Teil der Zinsauszahlung i. H. v. EUR 1.000 betrifft den Monat Januar des folgenden Haushaltsjahres und ist daher als Aufwand diesem zuzuordnen.

Es wird wie folgt bebucht:

Buchung zum Bilanzstichtag:

1. 5515 Zinsaufwendungen an verbundene Unternehmen etc.
   an 3790 Andere sonstige Verbindlichkeiten 2.000

2. 8031 Abschlusskonto Ergebnisrechnung
   an 5515 Zinsaufwendungen an verbundene Unternehmen etc. 2.000

3. 3790 Andere sonstige Verbindlichkeiten
   an 8021 Schlussbilanzkonto 2.000

Buchung zum neuen Jahr:

8011 Eröffnungsbilanzkonto
an 3790 Andere sonstige Verbindlichkeiten 2.000

Buchung am 1. Februar des Folgejahres:

3790 Andere sonstige Verbindlichkeiten 2.000
5515 Zinsaufwendungen an verbundene Unternehmen etc. 1.000
an 7515 Zinsauszahlungen an verbundene Unternehmen etc. (stat. Kontierung des Finanzmittelkontos) 3.000

Wesentliche Lerninhalte:

Zur antizipativen Rechnungsabgrenzung (Erfolgswirkung im abzuschließenden Haushaltsjahr, Zahlungsverpflichtung nach dem Bilanzstichtag) werden hilfsweise „Sonstige Vermögensgegenstände" bzw. „Sonstige Verbindlichkeiten" bilanziert, sofern die Ansprüche bzw. Verpflichtungen eindeutig feststehen (Fälligkeit, Höhe).

Erträge des alten Haushaltsjahres, die vereinbarungsgemäß erst im neuen Jahr zu entsprechenden Einnahmen führen, werden im Jahresabschluss als „Sonstige Vermögensgegenstände" ausgewiesen.

Aufwendungen des abzuschließenden Haushaltsjahres, die vereinbarungsgemäß erst im folgenden Jahr zu entsprechenden Ausgaben führen, werden im Jahresabschluss als „Sonstige Verbindlichkeiten" ausgewiesen.

Verständnisfragen:

1. Welche Funktion haben Rechnungsabgrenzungsposten?
2. Erläutern Sie den Unterschied zwischen antizipativer und transitorischer Rechnungsabgrenzung.
3. Nennen Sie jeweils einen Geschäftsvorfall, der
   a) zur Bildung eines aktiven Rechnungsabgrenzungspostens,
   b) zur Bildung eines passiven Rechnungsabgrenzungspostens,
   c) zum Ausweis eines sonstigen Vermögensgegenstandes,
   d) zum Ausweis einer sonstigen Verbindlichkeit

   führt.

7.2.5 Rückstellungen

Rückstellungen sind Passivposten; sie zählen neben den Verbindlichkeiten zu den Schulden der Kommune.[2] Die Bildung einer Rückstellung bezweckt, künftige Vermögensabgänge gewinnmindernd im abzuschließenden Haushaltsjahr zu berücksichtigen. Dies geschieht entweder und insbesondere im Interesse einer periodengerechten Erfolgsermittlung oder – im Sinne der Kapitalerhaltung – zur Antizipation künftiger Verluste aus schwebenden Geschäften.

[2] Rückstellungen dürfen nicht mit Rücklagen verwechselt werden. Rücklagen gehören zum Eigenkapital!

Zu den Rückstellungen, die im Interesse einer periodengerechten Erfolgsermittlung gebildet werden, zählen

- Rückstellungen für ungewisse Verbindlichkeiten (mit Schuld- bzw. Verpflichtungscharakter gegenüber Dritten, z.B. Pensionsrückstellungen),
- Aufwandsrückstellungen (ohne Verpflichtungscharakter gegenüber Dritten, Innenverpflichtung, z.B. Rückstellungen für unterlassene Instandhaltungen).

Rückstellungen für ungewisse Verbindlichkeiten unterscheiden sich von Verbindlichkeiten in zwei Aspekten. Zum einen dürfen Rückstellungen für ungewisse Verbindlichkeiten nur gebildet werden, wenn die künftigen Ausgaben als Aufwand zu erfassen wären. Es darf also kein Anschaffungsgeschäft vorliegen. Zum anderen müssen die künftig zu leistenden Ausgaben dem Grund und/oder der Höhe nach ungewiss sein.

Gemeinsam ist Rückstellungen für ungewisse Verbindlichkeiten und Verbindlichkeiten, dass sie auf einer **Außenverpflichtung** beruhen, wobei im Falle der Rückstellung für ungewisse Verbindlichkeiten neben einem **rechtlich** begründeten Leistungszwang auch ein **faktischer** Leistungszwang in Betracht kommt (etwa bei Kulanzrückstellungen).

Aufwandsrückstellungen hingegen beruhen nicht auf einer Außenverpflichtung. Hier soll vielmehr sichergestellt werden, dass den in einer Periode erzielten Erträgen auch alle Aufwendungen gegenübergestellt werden, die in dieser Periode begründet wurden.

In der folgenden Abb. sind die besprochenen Zusammenhänge nochmals dargestellt.

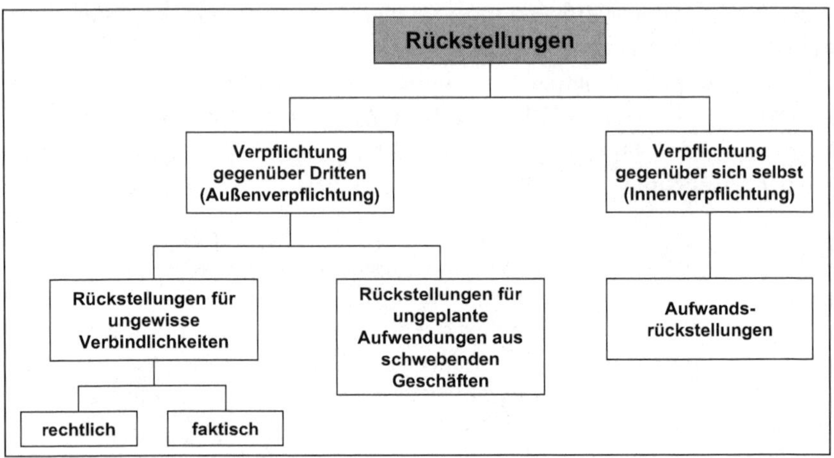

Abbildung 33: Rückstellungsarten

Nach dem NKF **sind** die folgenden Rückstellungen zu bilden (§ 37 KomHVO):

- Rückstellungen für Pensionsverpflichtungen;
- Rückstellung für die Rekultivierung und Nachsorge von Deponien und die Sanierung von Altlasten;
- Rückstellungen für unterlassene Instandhaltungen von Sachanlagen, wenn die Nachholung der Instandhaltung hinreichend konkret beabsichtigt ist;
- Sonstige Rückstellungen für ungewisse Verbindlichkeiten, sofern der leistende Betrag nicht geringfügig ist;
- Rückstellungen für drohende Verluste aus schwebenden Geschäften oder laufenden Verfahren, sofern der voraussichtliche Verlust nicht geringfügig ist.

Weitere Rückstellungen dürfen nur gebildet werden, soweit diese durch Gesetz oder Verordnung zugelassen sind (§ 37 (7) S. 1 KomHVO).

Rückstellungen sollten „in angemessener Höhe" gebildet werden (§ 88 (1) GO). Nach § 253 (1) HGB ist eine Rückstellung „in Höhe des nach vernünftiger kaufmännischer Beurteilung notwendigen Erfüllungsbetrages" anzusetzen. Die Höhe der Rückstellung muss für Dritte nachvollziehbar ermittelt werden. Sie sollte auf plausiblen Annahmen, überprüfbaren Erfahrungswerten und Berechnungen beruhen und dem Vorsichtsprinzip Rechnung tragen.

Die Bildung von Rückstellungen erfolgt durch eine Rückstellungszuführung zu Lasten derjenigen Aufwandsart, die bei Inanspruchnahme und Abrechnung bereits im laufenden Jahr berührt worden wäre. Falls noch keine genaue Zuordnung vorgenommen werden kann, ist das Konto „Sonstigen Aufwendungen" zu bebuchen. Rückstellungen sind aufzulösen, wenn der Grund hierfür entfallen ist (§ 37 (7) S. 2 KomHVO).

Der Buchungssatz zur Bildung einer Rückstellung lautet allgemein:

Aufwandskonto an Rückstellungskonto

Mit der Bildung einer Rückstellung erhöhen sich die Aufwendungen des Haushaltsjahres. Die liquiden Mittel der Kommune sind zu diesem Zeitpunkt nicht betroffen. Die Bildung einer Rückstellung berührt also nicht die Finanzrechnung.

Beispiel

Doppik City erhöht die Pensionsrückstellungen für die Versorgungsansprüche der aktiv beschäftigten Beamten um EUR 1.500.000.

Buchung der Rückstellungszuführung:

5051 Zuführungen zu Pensionsrückstellungen für Beschäftigte
an 2510 Pensionsrückstellungen für Beschäftigte 1.500.000

Abschlussbuchungen:

8031 Ergebnisrechnung
an 5051 Zuführungen zu Pensionsrückstellungen für Beschäftigte 1.500.000

2510 Pensionsrückstellungen für Beschäftigte
an 8021 Schlussbilanzkonto 1.500.000

Das Konto 2510 „Pensionsrückstellungen für Beschäftigte" wird zu Beginn des neuen Haushaltsjahres mit folgendem Buchungssatz eröffnet:

8011 Eröffnungsbilanzkonto
an 2510 Pensionsrückstellungen für Beschäftigte 1.500.000

Beispiel

Doppik City beschließt, die vorgesehenen Instandhaltungsmaßnahmen an einer städtischen Schule erst im nächsten Jahr durchzuführen. Es wird eine Rückstellung für unterlassene Instandhaltung i. H. v. EUR 150.000 gebildet.

Buchung der Zuführung im aktuellen Haushaltsjahr:

5231 Aufwendungen für Unterhaltung der Grundstücke, Gebäude u. Gebäudeeinrichtungen
an 2710 Instandhaltungsrückstellungen 150.000

Im nächsten Jahr besteht somit eine Rückstellung für unterlassene Instandhaltung i. H. v. EUR 150.000, die erfolgsneutral für die entsprechende Maßnahme verwendet werden kann.

Da die Höhe einer Rückstellung auf Schätzungen beruht, sind bei der Inanspruchnahme der Rückstellung drei Fälle möglich:

(1) Die gebildete Rückstellung entspricht den zu leistenden Zahlungen.

(2) Die Rückstellung ist höher als die zu leistenden Zahlungen.

(3) Die Rückstellung ist geringer als die zu leistenden Zahlungen.

Zu (1): Die Reparaturkosten betragen exakt EUR 150.000, so dass eine vollständige Inanspruchnahme der Rückstellung vorliegt:

2710 Instandhaltungsrückstellungen
an 7231 Auszahlungen für Unterhaltung der Grundstücke, Gebäude und Gebäudeeinrichtungen (statistische Kontierung des betreffenden Finanzmittelkontos) 150.000

Zu (2): Die Kosten betragen beispielsweise EUR 135.000 und sind somit niedriger als die Rückstellung. Entsprechend ergibt sich eine Inanspruchnahme von EUR 135.000 sowie eine erfolgswirksame Auflösung i. H. v. EUR 15.000:

2710 Instandhaltungsrückstellungen 150.000
an 7231 Auszahlungen für Unterhaltung der Grundstücke, Gebäude und Gebäudeeinrichtungen (statistische Kontierung des betreffenden Finanzmittelkontos) 135.000
an 4583 Erträge aus der Auflösung oder Herabsetzung von Rückstellungen 15.000

Zu (3): Die Reparaturkosten sind mit EUR 160.000 höher als die Rückstellung, so dass eine Inanspruchnahme von EUR 150.000 sowie sonstige ordentliche Aufwendungen von EUR 10.000 vorliegen:

2710	Instandhaltungsrückstellungen			150.000
5499	Sonstige ordentliche Aufwendungen			10.000
	an	7231	Auszahlungen für Unterhaltung der Grundstücke, Gebäude und Gebäudeeinrichtungen (statistische Kontierung des betreffenden Finanzmittelkontos)	160.000

Wesentliche Lerninhalte:

Mit der Bildung von Rückstellungen sollen künftige Vermögensabgänge im abzuschießenden Haushaltsjahr gewinnmindernd berücksichtigt werden. Zu unterscheiden sind Rückstellungen für ungewisse Verbindlichkeiten und Aufwandsrückstellungen. Sie dienen der periodengerechten Erfolgsermittlung. Ferner sind Rückstellungen für drohende Verluste aus schwebenden Geschäften zu bilden. Hierdurch sollen (im Interesse der Kapitalerhaltung) künftige Verluste antizipiert werden.

Die Bildung von Rückstellungen erfolgt durch eine Rückstellungszuführung zu Lasten derjenigen Aufwandsart, die bei Inanspruchnahme und Abrechnung bereits im laufenden Jahr berührt worden wäre. Hierdurch erhöhen sich die Aufwendungen des Haushaltsjahres. Die liquiden Mittel sind zu diesem Zeitpunkt nicht betroffen.

Der allgemeine Buchungssatz zur Bildung/Zuführung zu einer Rückstellung lautet:

Aufwandskonto an Rückstellungskonto

Verständnisfragen:

1. Wozu dient die Bildung einer Rückstellung?
2. Erläutern Sie den Unterschied zwischen Verbindlichkeiten und Rückstellungen.
3. Welche Rückstellungsarten werden unterschieden?
4. Stellt eine Zuführung zu einer Rückstellung Aufwand dar?
5. Stellt die Inanspruchnahme/Auflösung einer Rückstellung Aufwand dar?

7.3 Hauptabschlussübersicht

In der kaufmännischen Praxis hat es sich bewährt, vor dem endgültigen Abschluss der Konten eine „Probebilanz“ in Gestalt der Hauptabschlussübersicht (HÜ) zu erstellen.[3] Sie dient hauptsächlich Kontrollzwecken: Buchungsfehler sollen rechtzeitig, d.h. vor der Erstellung des Jahresabschlusses identifiziert und berichtigt werden.

Zwischen der Hauptabschlussübersicht und der Buchführung besteht kein Kontenmäßiger Zusammenhang. Die Hauptabschlussübersicht ist lediglich eine statistische Übersicht. Die Buchführung stellt das Zahlenmaterial zur Verfügung.

Es lassen sich zwei Formen von Hauptabschlussübersichten unterscheiden:

- einfache Hauptabschlussübersicht und
- erweiterte Hauptabschlussübersicht.

7.3.1 Einfache Hauptabschlussübersicht

In der einfachsten Form enthält die kaufmännische Hauptabschlussübersicht neben einer Spalte mit der Kontenbezeichnung vier Doppelspalten:

- Summenbilanz bzw. Rohbilanz,
- Saldenbilanz bzw. Restbilanz,
- Vermögensbilanz bzw. Schlussbilanz und
- Erfolgsbilanz bzw. Gewinn- und Verlustrechnung.

Für kommunale Belange muss eine weitere Doppelspalte für die Finanzrechnung eingefügt werden, so dass sich folgendes Schema ergibt:

[3] Auch Abschlusstabelle, Abschlussblatt oder Betriebsübersicht genannt.

Konten	Summenbilanz		Saldenbilanz		Schlussbilanz		Erfolgsbilanz		FR-Bilanz	
	S	H	S	H	S	H	S	H	S	H
Beb. Grundstücke	500.000	100.000	400.000		400.000					
BGA	90.000	10.000	80.000		80.000					
Bank	103.000	70.000	33.000						33.000	
Kasse	19.000	17.000	2.000						2.000	
Eigenkapital		300.000		300.000		300.000				
Rückstellungen	87.000	200.000		113.000		113.000				
Verbindlichkeiten	40.500	56.000		15.500		15.500				
Umsatzerlöse		117.500		117.500				117.500		
Abschreibungen	31.000		31.000				31.000			
	870.500	870.500	546.000	546.000	480.000	428.500	31.000	117.500	35.000	0
					35.000	86.500	86.500			35.000
					515.000	515.000	117.500	117.500	35.000	35.000

(dunkelgrau) Jahresüberschuss, der das Eigenkapital mehrt!
(hellgrau) positiver Liquiditätssaldo, der den Bestand an Finanzmitteln erhöht!

Abbildung 34: Vereinfachte Hauptabschlussübersicht

Die Summenbilanz weist von allen Konten (die grau hinterlegten Finanzmittelkonten „Bank" und „Kasse" werden lediglich statistisch mitgeführt) die unsaldierten Summen der Soll- und Habenseite aus. Die Summe sämtlicher Konten-Sollseiten muss gleich der Summe sämtlicher Konten-Habenseiten sein, da beim Buchen stets der gleiche Betrag in Soll und Haben verschiedener Konten gebucht wird. Somit lässt sich kontrollieren, ob Buchungsfehler vorliegen. Mit der Hauptabschlussübersicht darf nur fortgefahren werden, wenn das Bilanzgleichgewicht gegeben ist.

Aus der Summenbilanz wird die Saldenbilanz entwickelt. Dabei steht der Saldo – entgegen der üblichen Buchungstechnik – auf der Kontenseite, die in der Summenbilanz den höheren Betrag ausweist (z.B. Bebaute Grundstücke: In der Summenbilanz stehen im Soll EUR 500.000 und im Haben EUR 100.000, so dass die Saldenbilanz EUR 400.000 im Soll ausweist).

Die Summe der Salden auf der Sollseite muss wiederum mit der Saldensumme auf der Habenseite übereinstimmen. Ist dies nicht der Fall, sind die Salden falsch errechnet worden und/oder auf der falschen Seite in die Saldenbilanz eingetragen worden.[4]

Im nächsten Schritt werden die Salden der Bestandskonten an die Schlussbilanz weitergegeben, die Finanzmittelsalden gehen in die Finanzrechnungsbilanz ein. Die Salden der reinen Erfolgskonten[5] werden aus der Saldenbilanz in die Erfolgsbilanz – entspricht der Ergebnisrechnung – übertragen. Hierbei wird so verfahren, dass die Salden in der Schluss-, Erfolgs- und Finanzrechnungsbilanz auf der gleichen Seite wie in der Saldenbilanz stehen (In der Saldenbilanz und Erfolgsbilanz stehen z.B. Umsatzerlöse i. H. v. EUR 117.500 auf der Habenseite).

Durch die getrennte Addition der Kontenspalten der Erfolgsbilanz lässt sich das Jahresergebnis ermitteln. Im Beispiel weist die Habenseite EUR 117.500 und die Sollseite EUR 31.000 aus, so dass ein Jahresüberschuss von EUR 86.500 erwirtschaftet wurde. Der Saldo (Jahresüberschuss oder Jahresfehlbetrag) der Erfolgsbilanz wird in die Schlussbilanz übertragen, da er das Eigenkapital mehrt bzw. mindert. Im vorliegenden Fall steht der Saldo im Soll der Erfolgsbilanz. Er wird auf die Habenseite der Schlussbilanz übertragen, da er das Eigenkapital erhöht.

Die Finanzrechnungsbilanz weist die Posten der Finanzmittel (Kasse und Bank) in der gleichen Form wie die Saldenbilanz aus. Im vorliegenden Fall stehen in der Finanzrechnungsbilanz EUR 35.000 im Soll, die Habenseite weist keinen Betrag auf. Der Saldo i. H. v. EUR 35.000 (auf der Habenseite) wird auf die Sollseite der Schlussbilanz übertragen. Er stellt einen positiven Bestand an liquiden Mittel (Kasse und Bank) dar.

Werden die Salden aus der Erfolgsbilanz (Jahresüberschuss oder Jahresfehlbetrag) und der Finanzrechnung (Schlussbestand an liquiden Mitteln) in die Schlussbilanz übertragen, muss auch dort das Bilanzgleichgewicht gegeben sein.

---

[4] In der Saldenbilanz ergibt sich nur dann ein Gleichgewicht, wenn die statistisch mitgeführten Finanzmittelkonten in die Berechnung eingeschlossen werden.

[5] Bei den gemischten Konten, wie z.B. Rohstoffe/Aufwendungen für Rohstoffe geht der Schlussbestand in die Schlussbilanz und der Verbrauch in die Erfolgsbilanz ein.

Die einfache Hauptabschlussübersicht wird in der Privatwirtschaft nur in kleineren Betrieben verwendet. Größere Unternehmen erstellen i.d.R. eine „erweiterte Hauptabschlussübersicht“. Dies ist auch Kommunalverwaltungen zu empfehlen. Die erweiterte Hauptabschlussübersicht erlaubt beispielsweise auch die Simulation von Umbuchungen.

7.3.2 Erweiterte Hauptabschlussübersicht

Die erweiterte Hauptabschlussübersicht beinhaltet bis zu neun (Doppel-)Spalten, wobei mit der Spalte „Eröffnungsbilanz“ begonnen wird (vgl. Abb. 27).

In der zweiten Spalte werden die reinen Verkehrszahlen eingetragen. Die Verkehrs- oder Umsatzzahlen ergeben sich aus den Summen der „Umsätze“ auf den Soll- und Habenseiten der einzelnen Konten; die Anfangsbestände der Bestandskonten werden nicht berücksichtigt.

Werden die Soll- und Haben-Zahlen aus den Spalten der „Eröffnungsbilanz“ und die „Verkehrszahlen“ jeweils horizontal addiert, erhält man als dritte Spalte die „Summenbilanz“. Die vierte Spalte, „Saldenbilanz I“, erhält man durch Saldierung der Werte aus der Summenbilanz.

Die fünfte Spalte umfasst die Umbuchungen, wie z.B. Abschreibungen und Zuführungen zu Rückstellungen. Hierdurch ist es möglich, die vorbereitenden Abschlussbuchungen zu simulieren, bevor diese auf den Konten gebucht werden. In der Umbuchungsspalte wird nach dem Prinzip der doppelten Buchführung verfahren. Daher müssen die Summen im Soll und Haben der Umbuchungsspalte immer gleich groß sein.

In der sechsten Spalte, „Saldenbilanz II“, werden die durch die Umbuchungen korrigierten Werte der „Saldenbilanz I“ ausgewiesen, die im nächsten Schritt auf die Schluss- und Erfolgsbilanz übertragen werden. Es ist auch denkbar, die durch die Inventur ermittelten Werte in die Schlussbilanz einzutragen. Hierdurch ist ein Soll-Ist-Vergleich zwischen der Saldenbilanz I und der Schlussbilanz möglich. Die Differenzen können in der Umbuchungsspalte gebucht werden, so dass die Werte der Bestandskonten in der Saldenbilanz II und der Schlussbilanz übereinstimmen.
Für die Übertragung der Salden aus der Erfolgs- und Finanzrechnungsbilanz gilt das gleiche Verfahren wie bei der einfachen Hauptabschlussübersicht. Damit wird das Bilanzgleichgewicht in der Schlussbilanz hergestellt.

Konten	Eröffnungs-bilanz		Verkehrs zahlen		Summen bilanz		Salden bilanz I		Umbuchungen		Salden bilanz II		Schluss bilanz		Erfolgs bilanz		FR-Bilanz	
	S	H	S	H	S	H	S	H	S	H	S	H	A	P	S	H	S	H
Bebaute Grundstücke	300.000		123.000		423.000		423.000			12.000	411.000		411.000					
BGA	70.000		40.000	10.000	110.000	10.000	100.000			20.000	80.000		80.000					
Bank	30.000		90.000	65.000	120.000	65.000	55.000				55.000						55.000	
Kasse	5.000		70.000	57.000	75.000	57.000	18.000				18.000						18.000	
Eigenkapital		280.000				280.000		280.000				280.000		280.000				
Rückstellungen		100.000				100.000		100.000		50.000		150.000		150.000				
Verbindlichkeiten		25.000	104.000	125.000	104.000	150.000		46.000				46.000		46.000				
Umsatzerlöse				195.000		195.000		195.000				195.000				195.000		
Aufwand			25.000		25.000		25.000		50.000		75.000				75.000			
Abschreibungen									32.000		32.000				32.000			
	405.000	405.000	452.000	452.000	857.000	857.000	621.000	621.000	82.000	82.000	671.000	671.000	491.000	476.000	107.000	195.000	73.000	0
													73.000	88.000	88.000			73.000
													564.000	564.000	195.000	195.000	73.000	73.000

Jahresüberschuss, der das EK mehrt!
positiver Liquiditätssaldo, der den Bestand an Finanzmitteln erhöht!

Abbildung 35: Erweiterte Hauptabschlussübersicht

Die Vorteile des „Probeabschlusses“ in der erweiterten Hauptabschlussübersicht sind:

- Kontrolle der Richtigkeit der Buchführung,
- Aufdeckung von Fehlern während der Abschlussarbeiten, die vor Abschluss der Konten berichtigt werden können,
- eventuell bestehende Bewertungsspielräume und deren Auswirkungen können in der Hauptabschlussübersicht simuliert werden.

Die Hauptabschlussübersicht gewährt – vor Abschluss der Konten – einen Überblick über:

- den Stand des Vermögens und der Schulden,
- die Aufwendungen und Erträge und
- das (vorläufige) Jahresergebnis.

Darüber hinaus können bereits Kennzahlen zur Analyse des Jahresabschlusses gebildet werden.

Wesentliche Lerninhalte:

Im Zuge der Vorbereitung zur Aufstellung des Jahresabschlusses bietet es sich an, einen „Probeabschluss" in Form einer Hauptabschlussübersicht (HÜ) vorzunehmen. Man unterscheidet die einfache und erweiterte Hauptabschlussübersicht.

Zwischen der HÜ und der Buchführung besteht kein kontenmäßiger Zusammenhang. Die Buchführung liefert lediglich das relevante Zahlenmaterial.

Für Kommunalverwaltungen empfiehlt sich der Einsatz der erweiterten HÜ.

Der „Probeabschluss" erfolgt vor dem endgültigen Abschluss der Konten. Vorteile sind:

1. Kontrolle der Richtigkeit der Buchführung,
2. Aufdeckung von Fehlern während der Abschlussarbeiten,
3. eventuelle Bewertungsspielräume und deren Auswirkungen können simuliert werden.

Außerdem werden die (vorläufigen) Stände des Vermögens und der Schulden, die Aufwendungen und Erträge sowie das Jahresergebnis sichtbar.

Verständnisfragen:

1. Wozu dient die Hauptabschlussübersicht?
2. Welche Vorteile bietet die erweiterte Hauptabschlussübersicht gegenüber der einfachen Hauptabschlussübersicht?

8 Jahresabschluss und Lagebericht

Jahresabschluss hat unter Beachtung der Grundsätze ordnungsmäßiger Buchführung ein den tatsächlichen Verhältnissen entsprechendes Bild der Vermögens-, Finanz- und Ertragslage der Kommune zu vermitteln. (§ 95 (1) GO). Er besteht aus der Ergebnisrechnung, der Finanzrechnung, den Teilrechnungen zu den produktorientierten Teilplänen des Haushalts, der Bilanz und dem Anhang (§ 95 (2) GO). Ihm ist ein Lagebericht beizufügen.

8.1 Bilanz

Die Bilanz ist eine stark verdichtete Darstellung des Schlussbilanzkontos. Im Wesentlichen gibt die Bilanz Auskunft über die Höhe und Struktur von Vermögen und Kapital. Dabei ist zu jedem Posten der Bilanz auch der Betrag des Vorjahres anzugeben (§ 42 (5) KomHVO). Die Bilanz liefert Informationen, die im kameralen System zum Teil von der Vermögens-, Schulden- und Rücklagenübersicht bereitgestellt werden. Auch der buchmäßige Kassenabschluss wird in der Bilanz erfasst. Die „Kasseneinnahmereste" werden als Forderungen, die „Kassenausgabereste" als Verbindlichkeiten ausgewiesen. Im Rahmen der Jahresabschlussanalyse lassen sich aus der Bilanz zielgerichtet weitere Informationen und Kennzahlen ermitteln.

Die NKF-Musterbilanz findet sich als Anlage 3.

Verdichtet stellt sich die Bilanz wie folgt dar:

Bilanz

Aktiva	**Passiva**
Anlagevermögen	Eigenkapital
	- allgemeine Rücklage
	- Sonderrücklage
	- Ausgleichsrücklage
	- Jahresergebnis
Umlaufvermögen	Sonderposten
	Rückstellungen
	Verbindlichkeiten
Aktive Rechnungsabgrenzung	Passive Rechnungsabgrenzung

Abbildung 36: Verdichtete Bilanzdarstellung

Auf der Aktivseite der Bilanz werden die Vermögensgegenstände ausgewiesen, an denen die Gemeinde das wirtschaftliche Eigentum innehat. Als **Anlagevermögen** werden die Gegenstände ausgewiesen, die dazu bestimmt sind, dauernd der Aufgabenerfüllung zu dienen (§ 34 (1) KomHVO). Die übrigen Vermögensgegenstände werden als **Umlaufvermögen** ausgewiesen.

Die Gemeinde erhält damit eine vollständige Übersicht über ihr Vermögen. In der kamerale Vermögensübersicht, die als Anlage der Jahresrechnung beizufügen war (§ 43 (1) GemHVO NW alt), wurden dagegen nur die Forderungen aus Geldanlagen und Darlehen sowie die Beteiligungen und Wertpapiere ausgewiesen (§ 38 (1) GemHVO NW alt). Lediglich kostenrechnende Einrichtungen hatten über „Sachen und grundstücksgleiche Rechte“ Anlagenverzeichnisse zu führen und darin die Anschaffungs- oder Herstellungskosten und die Abschreibungen aufzunehmen (§ 38 (2) GemHVO NW alt). Für das übrige Vermögen waren diese Anlagenverzeichnisse lediglich fakultativ (§ 38 (4) GemHVO NW alt). In der Regel wurden für diese Vermögensgegenstände – wenn überhaupt – nur Bestandsverzeichnisse geführt. Der Wert der Vermögensgegenstände war dort nicht auszuweisen. Lediglich „Art und Menge sowie Belegenheit oder Standort der Gegenstände“ mussten ersichtlich sein (§ 37 (1) GemHVO NW alt).

Ferner sind auf der Aktivseite der Bilanz aktive Rechnungsabgrenzungsposten anzusetzen. Sie werden für vor dem Abschlussstichtag geleistete Ausgaben gebildet, die Aufwand für eine **bestimmte** Zeit nach diesem Tag darstellen. Auf der Gegenseite der Bilanz werden **passive Rechnungsabgrenzungsposten** ausgewiesen; sie werden für vor dem Abschlussstichtag eingegangenen Einnahmen gebildet, soweit sie Ertrag für eine **bestimmte** Zeit nach diesem Tag darstellen (§ 43 KomHVO).

Die Passivseite der Bilanz setzt sich aus dem Eigenkapital, den Sonderposten, den Rückstellungen und Verbindlichkeiten sowie den bereits erwähnten passiven Rechnungsabgrenzungsposten zusammen.

Das **Eigenkapital** ist in die folgenden Posten gegliedert:

- allgemeine Rücklage,
- Sonderrücklage,
- Ausgleichsrücklage,
- Jahresüberschuss/Jahresfehlbetrag.

Die **allgemeine Rücklage** der Gemeinde ist das Eigenkapital der Gemeinde abzüglich der separat auszuweisenden Sonderrücklage, Ausgleichsrücklage und des Jahresergebnisses. Die allgemeine Rücklage ist also wie das Eigenkapital selbst eine Residualgröße. Das Eigenkapital ist die Differenz aus der Summe der Aktiva und den Schulden (Sonderposten, Rückstellungen, Verbindlichkeiten, passive RAP).

In der **Sonderrücklage** (§ 44 (4) KomHVO) sind erhaltene Zuwendungen für die Anschaffung oder zur Herstellung von Vermögensgegenständen zu passivieren, sofern durch den Zuwendungsgeber ausgeschlossen wurde, dass diese ertragswirksam aufgelöst werden können. Die Höhe der Sonderrücklage bemisst sich nach dem noch nicht aktivierten Anteil der entsprechenden Vermögensgegenstände. Eine Sonderrücklage kann auch gebildet werden, um die vom Rat beschlossene Anschaffung oder Herstellung von Vermögensgegenständen zu sichern. Sonderrücklagen sind in dem Jahr aufzulösen, in dem die vorgesehenen Vermögensgegenstände betriebsbereit sind. Die Auflösung der Sonderrücklage erfolgt durch die Umschichtung in die allgemeine Rücklage.

Die **Ausgleichsrücklage** konnte in der erstmaligen Eröffnungsbilanz bis zur Höhe eines Drittels des Eigenkapitals gebildet werden, höchsten jedoch bis zur Höhe eines Drittels der durchschnittlichen jährlichen Steuereinnahmen und allgemeinen Zuweisungen der vorangegangenen drei Haushaltsjahre. Ihr können Jahresüberschüsse zugeführt werden, soweit die allgemeine Rücklage einen Bestand von mindestens 3 v.H. der Bilanzsumme des Jahresabschlusses aufweist (§ 75 (3) GO). Der Haushalt gilt auch dann als ausgeglichen, wenn ein Fehlbedarf im Ergebnisplan bzw. ein Fehlbetrag in der Ergebnisrechnung durch die Inanspruchnahme der Ausgleichsrücklage gedeckt werden kann (§ 75 (2) GO). Das **Jahresergebnis** (Jahresüberschuss oder -fehlbetrag) ergibt sich am Jahresende aus der Ergebnisrechnung. Es ist der Saldo aus dem Gesamtbetrag der Erträge und dem Gesamtbetrag der Aufwendungen. Grundsätzlich erfordert der Haushaltsausgleich, dass der Gesamtbetrag der Erträge in Planung und Rechnung den Gesamtbetrag der Aufwendungen erreicht oder übersteigt (Jahresergebnis größer/gleich Null; § 75 (2) GO). Fehlbeträge können allerdings durch die Inanspruchnahme der Ausgleichsrücklage abgedeckt werden. Die Verpflichtung zum Haushaltsausgleich gilt auch dann als erfüllt.

Im Übrigen darf die Kommune sich nicht überschulden. Sie ist überschuldet, wenn nach der Bilanz das Eigenkapital aufgebraucht ist (§ 75 (7) GO). In diesem Fall ist der Wert der gesamten Aktiva kleiner als die Summe aus Sonderposten, Rückstellungen, Verbindlichkeiten und passiven Rechnungsabgrenzungsposten. Der entsprechende Unterschiedsbetrag ist dann auf der Aktivseite der Bilanz unter der Bezeichnung „Nicht durch Eigenkapital gedeckter Fehlbetrag“ auszuweisen (§ 44(7) KomHVO).

Sonderposten werden auf der Passivseite zwischen dem Eigenkapital und den Rückstellungen ausgewiesen. Sie werden für erhaltene zweckgebundene Zuwendungen und Beiträge für Investitionen gebildet und sind entsprechend den Nutzungsdauern der bezuschussten Vermögensgegenstände aufzulösen. Ebenfalls werden Kostenüberdeckungen der kostenrechnenden Einheiten, die nach § 6 Kommunalabgabengesetz in den folgenden drei Jahren auszugleichen sind, als Sonderposten (für den Gebührenausgleich) angesetzt. (§ 44 (5), (6) KomHVO).

Die Pflicht zum Ansatz von **Rückstellungen** in der Bilanz trägt wesentlich dazu bei, dass der Einblick in die Schuldenlage der Gemeinde gegenüber der kameralen Jahresrechnung verbessert wird. Rückstellungen sind für **ungewisse Verbindlichkeiten** (insbesondere Pensionsverpflichtungen) oder bestimmte **Aufwendungen** (z.B. Instandhaltungsrückstellungen) zu bilden, wenn sie wirtschaftlich vor dem Abschlussstichtag verursacht wurden und eine zukünftige finanzielle Inanspruchnahme voraussichtlich erfolgen wird. Außerdem sind Rückstellungen für **drohende Verluste** aus schwebenden Geschäften oder laufenden Verfahren zu bilden (§ 88 GO; § 37 KomHVO). Rückstellungen sind in angemessener Höhe anzusetzen, um die voraussichtliche Inanspruchnahme oder Belastung der Kommune abzudecken.

Bei den **Verbindlichkeiten** handelt es sich um Schulden, die dem Grunde, der Höhe und Fälligkeit nach genau bestimmt sind (Rückzahlungsverpflichtungen aus Anleihen, Krediten oder ähnlichen Vorgängen). Entsprechend sind Verbindlichkeiten mit ihrem Rückzahlungs- oder Erfüllungsbetrag anzusetzen (§ 253 (1) S. 2 HGB).

8.2 Ergebnisrechnung

Der doppische Jahresabschluss enthält mit der Ergebnisrechnung und den Teilergebnisrechnungen gegenüber der Jahresrechnung gänzlich neue Informationsinstrumente, mit denen die Veränderungen des Eigenkapitals im Haushaltsjahr nachgewiesen werden. Dabei ist die Ergebnisrechnung letztlich die Zusammenfassung aller Teilergebnisrechnungen.

Die Ergebnisrechnung weist die Erträge und Aufwendungen in Staffelform aus. Sie zeigt für jeden Posten die Vergleichszahlen des Vorjahres, die fortgeschriebenen Ansätze des Rechnungsjahres[6], die Ist-Ergebnisse des Rechnungsjahres sowie einen Ansatz-Ist-Vergleich. Zusätzlich wird die Deckung von Jahresfehlbeträgen aus Vorjahren ausgewiesen (§ 39 KomHVO).

Muster für die Ergebnisrechnung/Teilergebnisrechnungen finden sich als Anlage 8 und Anlage 9.

Die Zeilen (Posten) der Ergebnisrechnung zeigt die folgende Tabelle:

	•	**Ergebnisrechnung**
1		Steuern und ähnliche Abgaben
2	+	Zuwendungen und allgemeine Umlagen
3	+	Sonstige Transfererträge
4	+	Öffentlich-rechtliche Leistungsentgelte
5	+	Privatrechtliche Leistungsentgelte
6	+	Kostenerstattungen und Kostenumlagen
7	+	Sonstige ordentliche Erträge
8	+	Aktivierte Eigenleistungen
9	+/-	Bestandsveränderungen
10	=	Ordentliche Erträge
11	-	Personalaufwendungen
12	-	Versorgungsaufwendungen
13	-	Aufwendungen für Sach- und Dienstleistungen
14	-	Bilanzielle Abschreibungen
15	-	Transferaufwendungen
16	-	Sonstige ordentliche Aufwendungen
17	=	Ordentliche Aufwendungen
18	=	Ordentliches Ergebnis (= Zeilen 10 und 17)
19	+	Finanzerträge
20	-	Zinsen und sonstige Finanzaufwendungen
21	=	Finanzergebnis (=Zeilen 19 und 20)
22	=	Ergebnis der laufenden Verwaltungstätigkeit (= Zeilen 18 und 21)
23	+	Außerordentliche Erträge
24	-	Außerordentliche Aufwendungen
25	=	Außerordentliches Ergebnis (= Zeilen 23 und 24)
26	=	Jahresergebnis (= Zeilen 22 und 25)

Abbildung 37: Posten der Ergebnisrechnung

[6] Fortgeschriebene Ansätze entstehen, wenn der ursprüngliche Ansatz durch über- und/oder außerplanmäßige Mittelbereitstellungen oder auf Grund von Deckungsfähigkeit bzw. Zweckbindung und übertragene Ermächtigungen verändert wird.

Das Jahresergebnis (Zeile 26) setzt sich aus dem „Ergebnis der laufenden Verwaltungstätigkeit“ und dem „außerordentlichen Jahresergebnis“ zusammen.

Das **Ergebnis der laufenden Verwaltungstätigkeit** beinhaltet alle Erträge oder Aufwendungen, die nicht außerordentliche Erträge oder außerordentliche Aufwendungen sind (siehe unten). Es setzt sich aus dem „ordentlichen Ergebnis“ (Zeile 18, Saldo der ordentlichen Erträge und Aufwendungen) und dem Finanzergebnis (Zeile 21, Saldo aus Finanzerträge und Zinsen und ähnlichen Aufwendungen) zusammen.

Das **außerordentliche Ergebnis** (Zeile 25) wird aus dem Saldo der entsprechenden Erträge und Aufwendungen gebildet. Hierbei handelt es sich nach § 277 (4) S. 1 HGB alt[7] um Erträge und Aufwendungen, die außerhalb der gewöhnlichen Geschäftstätigkeit liegen. Es ist im Schrifttum nicht unumstritten, was unter „gewöhnlicher Geschäftstätigkeit“ und, daraus folgend, was unter außerordentlichen Aufwendungen und Erträgen zu verstehen ist. Überwiegend wird jedoch auf zwei Kriterien abgestellt, die kumulativ erfüllt sein müssen. Danach sind außerordentliche Aufwendungen und Erträge erfolgswirksame Vorgänge, die

- **untypisch** (bezogen auf die eigentliche Geschäftstätigkeit des Unternehmens) sind **und**
- **unregelmäßig** (selten) anfallen.

Unter Berücksichtigung der Umstände des Einzelfalls können z.B. folgende Aufwendungen und Erträge gegebenenfalls als außerordentlich angesehen werden:

- Vermögensschäden durch Naturkatastrophen oder Brände,
- Gewinne aus dem Verkauf von Betrieben,
- Erträge aus Schenkungen oder Forderungsverzichten,
- Erträge aus der Veräußerung von Anlagevermögen, soweit dieses Anlagevermögen die wesentlichen Verwaltungs- oder Betriebsgrundlagen umfassen, z.B. „Sale-and-lease-back“ der Produktionsstätten.

---

[7] Im Handelsrecht ist der Ausweis außerordentlicher Erträge und Aufwendungen in der Gewinn- und Verlustrechnung mit dem Bilanzrichtlinie-Umsetzungsgesetz (BilRUG) 2015 entfallen.

Dagegen würden beispielsweise folgende Erträge und Aufwendungen **keine außerordentlichen Erträge und Aufwendungen** darstellen, da sie zwar untypisch für die Verwaltungstätigkeit/Geschäftstätigkeit sind, aber nicht unregelmäßig anfallen: Kursgewinne und -verluste, Gewinne und Verluste aus Anlagenabgängen, Zuschreibungen und außerplanmäßige Abschreibungen, Erträge (Aufwendungen) aus der Herabsetzung (Erhöhung) von Pauschalwertberichtigungen, Erträge aus der Auflösung von Rückstellungen.

Ebenfalls nicht dem außerordentlichen Ergebnis zuzurechnen sind Erträge und Aufwendungen aus Geschäftsvorfällen, die **zwar unregelmäßig** anfallen (periodenfremde Erträge und Aufwendungen), **aber nicht untypisch** für die Aktivitäten der Verwaltung sind. Hierzu können etwa Sanierungsmaßnahmen, Großreparaturen, Erträge aus Zuweisungen u.a. zählen. Auch diese Erträge und Aufwendungen werden dem ordentlichen Ergebnis zugerechnet.

8.3 Finanzrechnung

Weitere Bestandteile des Jahresabschlusses sind die Finanzrechnung und die auf die Teilpläne des Haushalts bezogenen Teilfinanzrechnungen.

Die Finanzrechnung wird wie die Ergebnisrechnung in Staffelform aufgestellt. Sie enthält jeweils in verdichteter Form die Einzahlungen und Auszahlungen der Kommune in dem Haushaltsjahr. Die Ist-Ergebnisse der Posten werden den fortgeschriebenen Planansätzen für das Haushaltsjahr gegenübergestellt. Außerdem werden die Plan-Ist-Abweichungen und die Vorjahresergebnisse ausgewiesen (§ 40 KomHVO).

Die Teilfinanzrechnungen zu den im Haushalt gebildeten Teilplänen weisen nur die Rechnungswerte für Investitionsmaßnahmen aus.

Muster für die Finanzrechnung und die Teilfinanzrechnungen finden sich als Anlage 10 und Anlage 11.

Die folgende Abbildung zeigt die Zeilen (Posten) der Finanzrechnung:

		Finanzrechnung
1		Steuern und ähnliche Abgaben
2	+	Zuwendungen und allgemeine Umlagen
3	+	Sonstige Transfereinzahlungen
4	+	Öffentlich-rechtliche Leistungsentgelte
5	+	Privatrechtliche Leistungsentgelte
6	+	Kostenerstattungen und Kostenumlagen

7	+	Sonstige Einzahlungen
8	+	Zinsen und sonstige Finanzeinzahlungen
9	=	Einzahlungen aus laufender Verwaltungstätigkeit
10	-	Personalauszahlungen
11	-	Versorgungsauszahlungen
12	-	Auszahlungen für Sach- und Dienstleistungen
13	-	Zinsen und sonstige Finanzauszahlungen
14	-	Transferauszahlungen
15	-	Sonstige Auszahlungen
16	=	Auszahlungen aus laufender Verwaltungstätigkeit
17	=	Saldo (Cash Flow) aus laufender Verwaltungstätigkeit (= Zeilen 9 und 16)
18	+	Zuwendungen für Investitionsmaßnahmen
19	+	Einzahlungen aus der Veräußerung von Sachanlagen
20	+	Einzahlungen aus der Veräußerung von Finanzanlagen
21	+	Einzahlungen aus Beiträgen u.ä. Entgelten
22	+	Sonstige Investitionseinzahlungen
23	=	Einzahlungen aus Investitionstätigkeit
24	-	Auszahlungen für den Erwerb von Grundstücken und Gebäuden
25	-	Auszahlungen für Baumaßnahmen
26	-	Auszahlungen für den Erwerb von beweglichem Anlagevermögen
27	-	Auszahlungen für den Erwerb von Finanzanlagen
28	-	Auszahlungen von aktivierbaren Zuwendungen
29	-	Sonstige Investitionsauszahlungen
30	=	Auszahlungen aus Investitionstätigkeit
31	=	Saldo (Cash Flow) aus Investitionstätigkeit (= Zeilen 23 und 30)
32	=	Finanzmittelüberschuss/-fehlbetrag (= Zeilen 17 und 31)
33	+	Aufnahme und Rückflüsse von Darlehen
34	+	Aufnahme von Krediten zur Liquiditätssicherung
35	-	Tilgung und Gewährung von Darlehen
36	-	Tilgung von Krediten zur Liquiditätssicherung
37	=	Saldo (Cash Flow) aus Finanzierungstätigkeit
38	=	Änderung des Bestandes an eigenen Finanzmitteln (= Zeilen 32 und 37)
39	+	Anfangsbestand an Finanzmitteln
40	+	Bestand an fremden Finanzmitteln
41	=	Liquide Mittel (= Zeilen 38, 39 und 40)

Abbildung 38: Posten der Finanzrechnung

8.4 Anhang

Zum Jahresabschluss einer Kommune gehört – analog zu den handelsrechtlichen Bestimmungen für Kapitalgesellschaften (§ 264 (1) S. 1 HGB) – auch der Anhang.

Der Anhang des kommunalen Jahresabschlusses enthält – in Anlehnung an die Regelungen der §§ 284, 285 HGB – Angaben und Erläuterungen zu einzelnen Bilanzposten und Ergebnisrechnungspositionen. Die angewandten Bilanzierungs- und Bewertungsmethoden sind so zu erläutern, dass sachverständige Dritte (Rechnungsprüfer, Wirtschaftsprüfer etc.) die Wertansätze beurteilen können. Die Anwendung von Vereinfachungsregelungen und Schätzungen sind zu beschreiben (§ 45 KomHVO).

Gesondert anzugeben und zu erläutern sind u.a.:

- Besondere Umstände, die dazu führen, dass der Jahresabschluss nicht ein den tatsächlichen Verhältnissen entsprechendes Bild der Vermögens-, Schulden-, Ertrags- und Finanzlage der Gemeinde vermittelt;
- Abweichungen vom Grundsatz der Einzelbewertung und von bisher angewandten Bewertungsmethoden;
- die Vermögensgegenstände des Anlagevermögens, für die Rückstellungen für unterlassene Instandhaltungen gebildet worden sind, unter Angabe des Rückstellungsbetrages;
- die Aufgliederung des Postens „Sonstige Rückstellungen," sofern es sich um wesentliche Beträge im Verhältnis zu den gesamten Rückstellungen handelt;
- Abweichungen vom Grundsatz der linearen Abschreibung sowie von der örtlichen Abschreibungstabelle bei der Festlegung der Nutzungsdauern von Vermögensgegenständen;
- noch nicht erhobene Beiträge aus fertig gestellten Erschließungsmaßnahmen;
- der Kurs der Währungsumrechnung bei Fremdwährungen;
- Verpflichtungen aus Leasingverträgen.

Dem Anhang ist ein Anlagenspiegel, ein Forderungsspiegel und ein Verbindlichkeitenspiegel beizufügen. Ferner sind dem Anhang auch ein Eigenkapitalspiegel und eine Übersicht über die in das folgende Jahr übertragenen Haushaltsermächtigungen beizufügen (§ 45 (3) KomHVO, § 95 (4) GO).

Anlagenspiegel (§ 46 KomHVO)

Der Anlagenspiegel – auch Anlagengitter genannt – zeigt detailliert die Entwicklung der einzelnen Posten des Anlagevermögens auf. Er orientiert sich an der Gliederung der Bilanz und umfasst sowohl die abnutzbaren als auch die nicht abnutzbaren Anlagegüter.

Während die Bilanz nur die Buchwerte der einzelnen Posten zum Bilanzstichtag sowie die Vergleichszahlen des Vorjahres ausweißt, enthält der Anlagenspiegel viele Zusatzinformationen zur Entwicklung des Bilanzpostens ausgehend von den historischen AHK bzw. den Werten der erstmaligen Eröffnungsbilanz. Er unterrichtet über Zu- und Abgänge, Umbuchungen, Zuschreibungen, die kumulierten Abschreibungen sowie die Abschreibungen im Rechnungsjahr.

Ein Muster für den Anlagenspiegel ist als Anlage 12 beigefügt.

Forderungenspiegel (§ 47 KomHVO)

Im Forderungenspiegel werden die Forderungen gegliedert nach ihren Restlaufzeiten angegeben. Sie werden eingeteilt in Forderungen mit Restlaufzeiten von bis zu einem Jahr, von einem Jahr bis zu fünf Jahren und mehr als fünf Jahren.

Ein Muster für den Forderungsspiegel ist als Anlage 13 beigefügt.

Verbindlichkeitenspiegel (§ 48 KomHVO)

Im Verbindlichkeitenspiegel werden die Verbindlichkeiten gegliedert nach ihren (Rest-)Laufzeiten ausgewiesen (bis zu einem Jahr, ein Jahr bis einschließlich fünf Jahre sowie mehr als fünf Jahre).

Nachrichtlich sind Haftungsverhältnisse nach Arten gegliedert und mit Angabe des jeweiligen Gesamtbetrages auszuweisen.

Ein Muster für den Verbindlichkeitenspiegel ist als Anlage 14 beigefügt.

8.5 Lagebericht

Der Lagebericht ersetzt den kameralen Rechenschaftsbericht. Im Lagebericht wird der Jahresabschluss erläutert, indem ein Überblick über wichtige Posten des Jahresabschlusses und Ereignisse des abgelaufenen Haushaltsjahres gegeben wird. Außerdem wird über Vorgänge von besonderer Bedeutung, die nach Schluss der Rechnungsperiode eingetreten sind, berichtet. Darüber hinaus wird im Lagebericht auf die voraussichtliche Entwicklung der Kommune sowie die Risiken der künftigen Entwicklung eingegangen (§ 49 KomHVO).

Am Schluss des Lageberichts sind nach § 95 (3) GO für die Mitglieder des Verwaltungsvorstands (bzw. den Bürgermeister und den Kämmerer) sowie für die Ratsmitglieder anzugeben:

- Familienname, Vorname,
- der ausgeübte Beruf,
- die Mitgliedschaft in Aufsichtsräten und anderen Kontrollgremien,
- die Mitgliedschaft in Organen von selbstständigen Aufgabenbreichen der Gemeinde,
- die Mitgliedschaft in Organen sonstiger privatrechtlicher Unternehmen.

8.6 Prüfung des Jahresabschlusses

Die Prüfung des Jahresabschlusses obliegt grundsätzlich der örtlichen Rechnungsprüfung (§ 102 (1) GO). Die Prüfung erstreckt sich darauf, ob die gesetzlichen Vorschriften und die sie ergänzenden Satzungen und sonstigen ortsrechtlichen Bestimmungen beachtet wurden. In die Prüfung ist die Buchführung einzubeziehen (§ 102 (3) GO). Ferner wird auch der Lagebericht geprüft. Die Prüfung des Lageberichts erstreckt sich darauf, ob er mit dem Jahresabschluss in Einklang steht und insgesamt ein zutreffendes Bild von der Lage der Gemeinde vermittelt (§ 101 (5) GO).

Der Prüfer hat über Art und Umfang der Prüfung sowie das Ergebnis der Prüfung einen Prüfungsbericht zu erstellen. Die Vorschriften des HGB zu Prüfbericht und Bestätigungsvermerk (§§ 321,322 HGB) gelten entsprechend (§ 102 (8) GO).

Wesentliche Lerninhalte:

Der Jahresabschluss setzt sich aus Bilanz, Ergebnis- und Finanzrechnung sowie den Teilergebnis- und Teilfinanzrechnungen für die einzelnen Produktbereiche zusammen. Ferner gehört zum Jahresabschluss der Anhang. Dem Jahresabschluss ist ein Lagebericht beizufügen.

Die Ergebnisrechnung weist das Ergebnis der laufenden Verwaltungstätigkeit und das außerordentliche Jahresergebnis aus. Durch diese Ergebnisspaltung werden außerordentliche Geschäftsvorfälle (solche, die untypisch **und** selten sind) transparent und können bei der kritischen Würdigung des Ergebnisses berücksichtigt werden.

Jahresabschluss und Lagebericht sollen unter Beachtung der Grundsätze ordnungsmäßiger Buchführung ein den tatsächlichen Verhältnissen entsprechendes Bild der Vermögens-, Finanz und Ertragslage der Kommune vermitteln. Der Lagebericht muss im Einklang mit dem Jahresabschluss stehen und die Chancen und Risiken der künftigen Entwicklung der Gemeinde zutreffend darstellen.

Die Prüfung des Jahresabschlusses erstreckt sich darauf, ob die gesetzlichen Vorschriften und die sie ergänzenden Satzungen und sonstigen ortsrechtlichen Bestimmungen beachtet wurden. Die Prüfung schließt den Lagebericht ein.

Verständnisfragen:

1. Aus welchen Bestandteilen setzt sich der Jahresabschluss zusammen?
2. Erläutern Sie die Kriterien für außerordentliche Erträge und Aufwendungen.
3. Warum sind periodenfremde Erträge und Aufwendungen nicht ohne weiteres auch außerordentliche Erträge und Aufwendungen?
4. Welche Zwischensummen weist die Finanzrechnung aus?
5. Worauf geht der Lagebericht ein?
6. Welche grundlegende Funktion erfüllt der Anhang?
7. Was wird im Anlagenspiegel dargestellt?
8. Wann gilt die Kommune als überschuldet?
9. Wer prüft den Jahresabschluss?

Aufgaben

Aufgaben zu Kapitel 2

1. Beurteilen Sie, ob folgende Vorgänge Einnahmen oder Ausgaben darstellen:
   a. Zieleinkauf von Büromaterial.
   b. Zielverkauf eines PKW.
   c. Gehaltszahlung per Banküberweisung.
   d. Bank belastet Überziehungszinsen.
   e. Der Käufer des PKWs aus Aufgabe b überweist den Kaufpreis.

2. Beurteilen Sie, ob folgende Aussagen richtig oder falsch sind:
   a. Das Geldvermögen ist immer größer als der Zahlungsmittelbestand.
   b. Jederzeit verfügbare Bankguthaben gehören zum Zahlungsmittelbestand; sie sind nicht Bestandteil des Geldvermögens.
   c. Nehmen die Forderungen unter sonst gleichen Bedingungen zu, so steigt das Geldvermögen.
   d. Erträge gehen immer einher mit einer Veränderung (Erhöhung) des Sachvermögens.
   e. Aufwendungen stellen immer auch zugleich Ausgaben dar.
   f. Die Betriebsleistung stellt die Differenz zwischen Erträgen und Kosten dar.
   g. Einnahmen sind nicht immer zugleich Erträge.

Aufgaben zu Abschnitt 5.2 „Geschäftsvorfälle und ihre bilanzielle Wirkung":

Ordnen Sie die folgenden Geschäftsvorfälle einer dieser Bilanzwirkungen zu:

- Aktiv-Tausch (AT),
- Aktiv-Passiv-Mehrung (APM),
- Passiv-Tausch (PT) und
- Aktiv-Passiv-Minderung (APMi).

1. Kauf eines Dienstwagens für EUR 26.000 gegen Banküberweisung.
2. Erwerb eines Computers für EUR 850 auf Ziel.
3. Umwandlung einer kurzfristigen Lieferantenverbindlichkeit in ein längerfristiges Darlehen (EUR 100.000).
4. Doppik City begleicht die Rechnung aus 2. per Banküberweisung.
5. Verkauf von gebrauchten Büromöbeln zum Buchwert von EUR 750.
6. Erhalt einer Investitionszuweisung von EUR 50.000 vom Land.

Aufgaben zu Abschnitt 5.3.1 „Bestandskonten“:

1. Stellen Sie die folgenden Sachverhalte auf dem Aktivkonto 0750 „Fuhrpark“ dar, und ermitteln Sie den Schlussbestand.

Anfangsbestand	EUR	350.000
Zugänge	EUR	120.000
Abgänge	EUR	43.000

2. Stellen Sie die folgenden Sachverhalte auf dem Passivkonto 3550 „Verbindlichkeiten aus Lieferungen und Leistungen“ dar, und ermitteln Sie den Schlussbestand.

Anfangsbestand	EUR	240.000
Zugänge	EUR	425.000
Abgänge	EUR	310.000

3. Führen Sie das Bankkonto vom 18. März bis 15. April und schließen Sie es ab.

18. März	Anfangsbestand	EUR 10.000
19. März	Auszahlung (Büromaterial)	EUR 2.000
27. März	Einzahlung (Kursgebühren)	EUR 1.500
30. März	Auszahlung (Lieferantenrechnung)	EUR 750
3. April	Auszahlung (Honorare)	EUR 3.500
4. April	Mieteinnahme	EUR 500
8. April	Auszahlung (Postwertzeichen)	EUR 500
11. April	Mietausgabe	EUR 1.800
13. April	Einzahlung (Erlös Sommerfest)	EUR 2.700
15. April	Zahlung an Firma „Holzwurm“	EUR 850

Aufgaben zu Abschnitt 5.3.6 „Buchungsbeispiele“:

Bilden Sie die Buchungssätze für die folgenden Geschäftsvorfälle und stellen Sie diese in den jeweiligen Konten dar:

1. Doppik City erwirbt eine Kreissäge für den Bauhof. Der Kaufpreis beträgt EUR 1.150 und ist in 30 Tagen fällig. Ein Skontoabzug ist nicht möglich.
2. Doppik City bezieht von einem Softwareunternehmen eine Spezialsoftware für das Liegenschaftsamt. Die Lizenzgebühren betragen EUR 25.000 und werden nach Erhalt der Rechnung sofort überwiesen.
3. Doppik City schafft für das Gewerbeaufsichtsamt einen neuen PKW an. Der Kaufpreis beträgt EUR 14.000. Der Autohändler nimmt ein gebrauchtes Fahrzeug zu seinem Buchwert von EUR 3.500 in Zahlung.
4. Doppik City kauft von einem Landwirt eine stadtnahe Grünfläche von 10 Hektar. Der Kaufpreis beträgt EUR 1.200.000. Nachdem die notarielle Auflassung erfolgt ist, wird das Geld überwiesen.
5. Doppik City veranlasst, dass bei einem städtischen Darlehen eine Sondertilgung i. H. v. EUR 150.000 vorgenommen wird. Das Kreditinstitut wird ermächtigt, EUR 100.000 von Bankkonto A und EUR 50.000 von Bankkonto B einzuziehen.
6. Doppik City veranstaltet eine Sonderauktion, auf der städtische Kraftfahrzeuge und Betriebs- und Geschäftsausstattung versteigert werden. Ein Gebrauchtwagenhändler erwirbt fünf Kleinwagen zu einem Preis von insgesamt EUR 8.250. Die Auktionsbestimmungen verlangen, dass der Kaufpreis direkt nach Ende der Auktion in voller Höhe bar bezahlt wird.
7. Darüber hinaus werden im Rahmen der Auktion unter anderem zehn Aktenschränke zu einem Gesamtpreis von EUR 1.200 an einen Gebrauchtmöbelhändler veräußert.
8. Die Gebäudereinigungsfirma stellt ihre monatliche Rechnung. Der Rechnungsbetrag beläuft sich auf EUR 4.000 und wird sofort überwiesen.
9. Doppik City überweist die jährliche Umlage i. H. v. EUR 25.000 an einem Zweckverband.
10. Die Deutsche Post AG stellt EUR 21.500 für Porto in Rechnung. Der Rechnungsbetrag wird sofort überwiesen.
11. Einem Mitarbeiter werden private Auslagen i. H. v. EUR 13 für Büromaterial bar erstattet.
12. Eine Druckerei liefert dem Standesamt im Januar 1.000 Familienstammbücher. Der Rechnungsbetrag beträgt EUR 15.000 und wird nach Ablauf des dreißigtägigen Zahlungsziels per Überweisung gezahlt. Im Februar werden lt. Materialentnahmeschein 100 Stammbücher im Wert von EUR 1.500 dem Lager entnommen.

13. Doppik City erhält vom Bund eine Zuweisung für laufende Zwecke i. H. v. EUR 30.000. Das Geld wurde überwiesen.
14. Der Mieter einer städtischen Wohnung überweist den monatlichen Mietzins von EUR 500.
15. Doppik City erhält aus einer Festgeldanlage Zinserträge i. H. v. EUR 10.000. Der Betrag wurde überwiesen.
16. Ein Bürger zahlt Verwaltungsgebühren i. H. v. EUR 32 bei der Stadtkasse ein.
17. Die Rechnung für die zweiwöchige Fortbildungsveranstaltung „Strategisches Controlling in der Kommunalverwaltung" eines Mitarbeiters der Stabstelle „Zentrales Controlling" ist eingegangen und wird drei Wochen nach Eingang überwiesen. Der Rechnungsbetrag beläuft sich auf EUR 2.000.
18. Nach Abschluss der Fortbildung reicht der Mitarbeiter die Reisekostenabrechnung ein. Der Betrag von EUR 400 wird überwiesen.

Aufgaben zu Abschnitt 5.4 „Finanzrechnung und Finanzrechnungskonten"

Bilden Sie die Buchungssätze für die nachstehenden Geschäftsvorfälle und stellen Sie diese in den jeweiligen Konten dar (Beachten Sie dabei Aspekte wie Zeitpunkt der Bestellung, Lieferung, Zahlung etc.):

1. Ein Fortbildungsinstitut führt für fünfzehn Mitarbeiter von Doppik City eine 10-tägige In-House-Schulung zum NKF durch. Nach Abschluss der Schulung erhält Doppik City eine Rechnung i. H. v. EUR 25.000. Die Rechnung wird drei Wochen später per Banküberweisung beglichen.
2. Doppik City kauft diverse Artikel (Luftballons, T-Shirts, Buntstifte etc.), die bei dem bevorstehenden Kinderfest verteilt werden sollen. Die Rechnung über EUR 5.000 liegt der Lieferung bei. Doppik City zahlt 10 Tage später.
3. Doppik City erhält vom Land eine einmalige Sonderzuweisung für laufende Zwecke i. H. v. von EUR 100.000. Die Zuweisung wird einem städtischen Konto zwei Monate nach der Bewilligung gutgeschrieben.
4. Doppik City erstellt und versendet einen Grundsteuerbescheid über EUR 500. Der Grundstückseigentümer überweist den Betrag einen Monat später auf ein städtisches Konto.
5. Doppik City erteilt einen Bescheid über die Spielbankenabgabe an die örtliche „Royal Casino GmbH". Die Abgabe beläuft sich auf EUR 120.000. Der Betrag wird eine Woche nach Versand des Bescheides auf ein städtisches Konto überwiesen.

6. Doppik City ist an der Bäder- und Thermen GmbH mit 60 v.H. beteiligt. Um ihre Einflussmöglichkeiten weiter zu erhöhen, erwirbt sie weitere 20 v.H. von einem privaten Investor. Der Kaufpreis beträgt EUR 900.000. Der Betrag wird vereinbarungsgemäß einen Monat nach Abschluss des notariell beglaubigten Vertrags an den Verkäufer überweisen.
7. Doppik City lässt für EUR 250.000 einen Anbau am städtischen Feuerwehrgebäude von einem ortansässigen Unternehmer erstellen. Fertigstellung und Betriebsaufnahme finden – wie geplant – am 3. Mai 2010 statt. Zwei Wochen vor der Fertigstellung ist ein Kredit in Höhe der Anschaffungskosten von der Stadtwerke AG aufgenommen worden. Alleinaktionär der Stadtwerke ist Doppik City. Der Bauunternehmer hat es sich nicht nehmen lassen, dem Bürgermeister die Rechnung am Tage der feierlichen Einweihung und Betriebsaufnahme zu übergeben. Der Rechnungsbetrag wird drei Wochen später überwiesen.

   Bilden Sie den Vorgang buchhalterisch ab – bis einschließlich der Überweisung des Rechnungsbetrags.

Aufgaben zu Abschnitt 6.1 „Erträge"

Bilden Sie die Buchungssätze für die folgenden Geschäftsvorfälle und stellen Sie diese in den jeweiligen Konten dar (Beachten Sie dabei den Zeitpunkt der Bestellung, Lieferung, Zahlung etc.):

1. Doppik City versendet für das laufende Jahr einen Hundesteuerbescheid über EUR 120 an Herrn Dobermann. Die Steuer ist sofort zahlbar. Der Betrag geht 14 Tage später ein.
2. Doppik City erwirbt einen neuen Rettungswagen zum Preis von EUR 120.000 und erhält hierfür eine Zuweisung vom Land i. H. v. EUR 40.000. Die verwaltungsübliche Nutzungsdauer beträgt 10 Jahre. Das Fahrzeug wird linear abgeschrieben. Der Kaufpreis wird sofort überwiesen. Die gesamte Zahlungsabwicklung läuft über das städtische Konto bei der Bank A.
3. Doppik City veräußert ein unbebautes Grundstück („Sonstiges unbebautes Grundstück"). Käufer des Grundstücks ist ein Unternehmer aus Doppik City. Im Anlageverzeichnis wird das Grundstück mit einem Buchwert von EUR 100.000 geführt. Der Kaufpreis beträgt EUR 150.000.
4. Doppik City veräußert seine Beteiligung in Höhe von 5 v.H., die sie an einem überregionalen Versorgungsunternehmen hält. Käufer des Anteils ist ein anderes großes Versorgungsunternehmen. Der Kaufpreis beläuft sich auf EUR 5.000.000. Der Kaufpreis wird zwei Wochen nach Unterzeichnung des Vertrags einem städtischen Konto gutgeschrieben. Der Buchwert dieser Beteiligung beträgt EUR 3.000.000.

5. Doppik City erhebt seit dem 1. Januar 2010 Zweitwohnungssteuer. Die Stadt versendet am 2. August 2010 einen Steuerbescheid über EUR 500 an Herrn Mustermann, der in Doppik City einen Zeitwohnsitz unterhält. Herr Mustermann begleicht seine Steuerschuld fristgerecht am 14. August 2010.
6. Bilden Sie den folgenden Vorgang buchhalterisch ab: Doppik City hat in einem neu erschlossenen Gewerbegebiet ein Kanalnetz legen lassen. Fertig gestellt wurde das Kanalnetz Anfang 2010. Die gesamten AHK betrugen EUR 1.800.000. Die AHK wurden bereits in voller Höhe aktiviert.

   Nach § 8 KAG NRW besteht eine Beitragspflicht für die Eigentümer der Grundstücke, die an das Kanalnetz angeschlossen werden können. Erwartet wurden zunächst Beiträge in Höhe von EUR 900.000. Infolge starker Arbeitsbelastung und zahlreicher Umstrukturierungen bei Doppik City wurden erst im September 2010 die endgültigen Beiträge festgesetzt, welche sich kumuliert auf EUR 980.000 belaufen. Die Beitragsbescheide sind am 15.09.2010 versandt worden. Bis zum 31.12.2010 sind Zahlungen in Höhe von EUR 820.000 bei der Bank eingegangen. Die noch ausstehenden Forderungen gelten als sicher!
   Es wird eine Nutzungsdauer von 50 Jahren unterstellt.
7. Die Kindergartenbau GmbH wurde von Doppik City mit dem Bau eines neuen Kindergartens im Stadtwald beauftragt. Es wurde ein Festpreis i. H. v. EUR 200.000 vereinbart. Der Kindergarten wird im Juli des Jahres fertig gestellt und sogleich eröffnet. Die Rechnung über den vereinbarten Betrag geht am 10. Juli des Jahres ein und wird einen Monat später per Banküberweisung bezahlt. Für den Kindergarten erhält Doppik City eine Investitionszuweisung vom Land in Höhe von EUR 160.000. Die Investitionszuweisung geht am 10. November ein. Der Kindergarten wird über eine Nutzungsdauer von 20 Jahren abgeschrieben.

   Bilden Sie den Vorgang buchhalterisch ab (inkl. Gebäudeabschreibung und Auflösung des Sonderpostens).

Aufgaben zu Abschnitt 6.2 „Aufwendungen“

Bilden Sie die Buchungssätze für die folgenden Geschäftsvorfälle und stellen Sie diese in den jeweiligen Konten dar (Beachten Sie dabei den Zeitpunkt der Bestellung, Lieferung, Zahlung etc.):

1. Die Dezemberlöhne für die Mitarbeiter des Bauhofs konnten bislang noch nicht gebucht werden, da ein Computer-Virus einen Teil der Abrechnungsdaten zerstört hat.

Dies wird nun nachgeholt. Die Steuern und Sozialversicherungsbeiträge (einschließlich Arbeitgeberanteile) werden erst im neuen Haushaltsjahr an das Finanzamt bzw. die Krankenkasse abgeführt.

Bruttolöhne	**25.000**
davon:	
Lohnsteuer	4.500
Solidaritätszuschlag	250
Kirchensteuer	400
Krankenversicherung (AN-Anteil)	1.800
Pflegeversicherung (AN-Anteil)	200
Rentenversicherung (AN-Anteil)	2.400
Arbeitslosenversicherung (AN-Anteil)	800

2. Doppik City bewilligt am 18. April 2010 einem örtlichen Amateursportverein einen Zuschuss i. H. v. EUR 1.500 für die Jugendarbeit. Die Auszahlung erfolgt zwei Monate später per Überweisung.
3. Doppik City veräußert im Rahmen der Wirtschaftsförderung ein unbebautes Grundstück („Sonstige unbebaute Grundstücke“) an einen Unternehmer. Der Kaufpreis beträgt EUR 60.000. Der Buchwert des Grundstücks beläuft sich auf EUR 100.000. Der notarielle Kaufvertrag wird am 11. März 2010 geschlossen. Der Veräußerungserlös geht zwei Wochen später ein.
4. Doppik City bestellt am 10. Januar 2010 100 Paar Gartenhandschuhe für das Grünflächenamt. Der Kaufpreis beträgt EUR 500. Nach Erhalt der Lieferung wird der Betrag am 21. Februar 2010 überwiesen.
5. Die Stadtwerke GmbH – eine achtzigprozentige Beteiligungsgesellschaft von Doppik City – übersendet die Abrechnung für erbrachte Leistungen (Wärmecontracting) im Monat Mai 2010. Die Rechnung geht Doppik City am 15. Juni 2010 zu und weist einen Rechnungsbetrag von EUR 43.000 aus. Doppik City zahlt den vollen Rechnungsbetrag am 29. Juni 2010.

6. Das Personalamt stellt im Februar 2010 fest, dass die Gehaltsabrechnungen des Monats Dezember 2009 fehlerhaft sind. Betroffen sind Abrechnungen für 40 Angestellte der Entgeltgruppe 9. Die Abrechnungen werden korrigiert. Der Personalaufwand steigt dadurch um EUR 1.200. Wie ist zu verfahren, wenn
   a) der Jahresabschluss für das Haushaltsjahr 2009 noch nicht aufgestellt wurde,
   b) der Jahresabschluss für das Haushaltsjahr 2009 bereits aufgestellt ist?

Aufgabe zu 6.3 „Sofortrabatte, Bezugskosten, Rücksendungen, Nachlässe und Skonti“

Bilden Sie den folgenden Vorgang buchhalterisch ab: Die Firma „Sitzgut“ hat am 06.12.2010 neue Stühle für die gesamte Verwaltung geliefert. Zum Zeitpunkt der Bestellung (05.07.2010) hat Doppik City eine Anzahlung in Höhe von EUR 20.000 geleistet und gebucht. Die Rechnung vom 08.12.2010 beläuft sich auf EUR 90.200 (ohne Berücksichtigung der Anzahlung). Doppik City bezahlt den fälligen Betrag am 17.12.2010 unter Abzug von 2 % Skonto.

Aufgaben zu 6.6 „Buchung mit Vor- und Umsatzsteuer

Im Foyer eines städtischen Museums ist ein Museumsshop untergebracht, in dem Bücher zu geschichtlichen Themen, Souvenirs, Postkarten etc. verkauft werden. Der Museumsshop ist ein BgA und wird von dem Amt für Öffentlichkeitsarbeit betrieben. Für den Monat Juli bestehen lediglich die folgenden Geschäftsvorfälle, da das Museum aufgrund von Renovierungen nur an einem Tag (im Juli) geöffnet hatte:

1. Verkauf eines Buches zum Preis von EUR 29 einschließlich 7 % Umsatzsteuer,
2. Lieferung und Überweisung von 1.000 Souvenirartikeln; der Nettobezugspreis beträgt EUR 1.000 (19 % Umsatzsteuer),
3. Verkauf von 30 Souvenirs zum Bruttopreis von EUR 238 (19 % Umsatzsteuer),
4. Überweisung des Stundenlohns von insgesamt EUR 80 an eine studentische Aushilfe,
5. Barkauf eines Notebooks (EUR 714 einschließlich 19 % Umsatzsteuer) sowie einer Lagerbuchhaltungssoftware (EUR 119 einschließlich 19 % Umsatzsteuer), um die Lagerwirtschaft des Museumsshops künftig nicht mehr handschriftlich erledigen zu müssen,
6. Verkauf eines Bildbandes (Bruttopreis EUR 85,60 einschließlich 7 % Umsatzsteuer).

Die Stadt ist verpflichtet, Anfang August eine Umsatzsteuervoranmeldung beim zuständigen Finanzamt einzureichen.

Bilden Sie die Buchungssätze für die obigen Geschäftsvorfälle und ermitteln Sie die wesentlichen Informationen der Umsatzsteuervoranmeldung!

Aufgaben zu Abschnitt 7.2.2 „Abschreibungen"

1. Doppik schafft zu Beginn des Jahres 01 einen PKW an. Die AHK betragen EUR 25.000 und die Nutzungsdauer beläuft sich auf fünf Jahre. Ermitteln Sie den Abschreibungsplan. Benutzen Sie die folgende Tabelle:

Jahr	Abschreibungsbetrag in EUR	Restbuchwert in EUR

   Wie verändert sich der Abschreibungsplan, wenn der PKW erst im April 01 bzw. im November 01 angeschafft wird?

2. Eine Kehrmaschine wird linear über die betriebsgewöhnliche Nutzungsdauer von 10 Jahren abgeschrieben. Die Anschaffungskosten betragen EUR 17.500. Buchen Sie die jährliche Abschreibung und stellen sie die Buchung auf den angesprochenen Konten dar.

3. Die Anschaffungskosten eines LKWs betragen EUR 90.000. Die Gesamtleistung wird auf 225.000 km geschätzt. Die Abschreibung erfolgt nach Leistungseinheiten (gemessen in km). Ermitteln Sie die Abschreibungsbeträge für die Jahre 1-5 und den Restwert des LKWs am Ende des 5. Nutzungsjahres. Legen Sie den Berechnungen die folgenden Daten zugrunde:

   1. Nutzungsjahr: 24.000 km
   2. Nutzungsjahr: 18.000 km
   3. Nutzungsjahr: 5.000 km
   4. Nutzungsjahr: 7.500 km
   5. Nutzungsjahr: 45.000 km

4. Durch einen Wasserschaden im Materiallager des Standesamtes wurde der halbe Bestand der gelagerten Einbände für Familienstammbücher so stark beschädigt, dass sie nicht mehr verwendet werden können. Es befanden sich 458 dieser Einbände auf Lager. Der Bestand zu Anfang des Haushaltsjahres betrug 850 Stück zu EUR 4/Stück. Mitte des Jahres wurden weitere 150 Exemplare zu EUR 4,40/Stück angeschafft.

   Berechnen und buchen Sie die Abschreibung.

5. Bei der Aufstellung der Jahresabschlusses 2010 stuft Doppik City Mietforderungen in Höhe von EUR 3.000 als zweifelhaft ein. Der entsprechende Mieter wurde mehrfach erfolglos gemahnt. Doppik City rechnet damit, dass die Mietforderung zu 50 % ausfällt. Im Haushaltsjahr 2011bleibt auch die

Zwangsvollstreckung erfolglos. Wenige Tage nach dem Verfahren ist der Mieter zudem verschwunden.

Wie ist der Sachverhalt buchhalterisch in den Haushaltsjahren 2010 und 2011 abzubilden?

6. Zum 31. Dezember 2010 betragen die gesamten Steuerforderungen gegenüber dem privaten Bereich EUR 575.000 (inkl. zweifelhafter Forderungen). Gegenüber der Maschinenfabrik GmbH besteht eine Gewerbesteuerforderung i. H. v. EUR 40.000. Wegen eines beantragten Insolvenzverfahrens gilt die Forderung als zweifelhaft – Doppik City rechnet mit einem Forderungsausfall von 50 %.

   Zudem wurde bereit zweifelhafte Steuerforderungen gegenüber dem privaten Bereich i. H. v. EUR 10.000 festgestellt. Davon wurden bereits EUR 5.000 einzelwertberichtigt.

   Auf den Restbestand der Forderungen ist erfahrungsgemäß eine Pauschalwertberichtigung von 8 % zu bilden.

   a) Führen Sie die notwendigen Buchungen durch!

   b) Nach Abschluss des Insolvenzverfahrens gehen im Haushaltsjahr 2011 die folgenden Beträge auf ein städtisches Bankkonto ein:

      1. EUR 20.000

      2. EUR 25.000

      3. EUR 15.000

   Wie lauten die Buchungen zu 1. bis 3.?

7. Doppik City hält eine 50%-ige Beteiligung an der Kulturhaus GmbH. Diese Beteiligung wird derzeit mit einem Buchwert von EUR 340.000 unter „Anteile an verbundenen Unternehmen“ bilanziert. Ein in Auftrag gegebenes Bewertungsgutachten hat ergeben, dass der Gesamtunternehmenswert nachhaltig nur noch EUR 310.000 beträgt.

Ermitteln Sie die Höhe der außerplanmäßigen Abschreibungen und formulieren Sie den Buchungssatz.

8. Das Grünflächenamt von Doppik City beschafft regelmäßig Kieselsteine für die Pflege der Wege in den Parkanlagen. Für die bilanzielle Bewertung im Jahresabschluss werden die Abgänge zum Jahresende mit den durchschnittlichen Anschaffungskosten bewertet.

01.01.00	Anfangsbestand	80t	zu EUR 600/t
12.01.00	Zugang	100t	Zu EUR 800/t
25.01.00	Abgang	120t	
15.02.00	Zugang	100t	zu EUR 700/t
12.06.00	Abgang	130t	
20.07.00	Zugang	200t	Zu EUR 850/t

10.11.00	Abgang	190t
15.12.00	Zugang	100t zu EUR 900/t
21.12.00	Abgang	90t

Der Marktpreis für Kieselsteine lag am 31.12.2010 bei EUR 700/t. Buchen Sie die Abgänge und bewerten Sie den Endbestand. Formulieren Sie den Buchungssatz für die außerplanmäßige Abschreibung.

9. Doppik City betreibt eine Hausdruckerei (ausschließlich für interne Zwecke). In der Druckerei befindet sich eine Druckmaschine, die am 1. Februar 2004 angeschafft wurde (AHK von EUR 36.000, die planmäßige Nutzungsdauer beträgt 15 Jahre). Zu Beginn des Monats Mai des Jahres 2009 wird ein wichtiges Bauteil der Druckmaschine so stark beschädigt, dass die Maschine nicht mehr funktionstüchtig ist. Eine Reparatur des Bauteils ist nicht möglich und es kann auch kein Ersatzbauteil beschafft werden. Der vermeintlich einzige Hersteller ist vor drei Jahren in Konkurs gegangen.

   Im August 2010 bringt ein Bediensteter der Druckerei jedoch in Erfahrung, dass ein Unternehmen aus Fernost ein vergleichbares Bauteil produziert. Das Bauteil wird sogleich über einen örtlichen Fachbetrieb bezogen und am 1. Oktober 2010 eingebaut. Die Kosten hierfür betragen insgesamt EUR 5.900 (die Rechnung wird von dem Monteur gleich mitgebracht). Die Maschine funktioniert nach der Reparatur wieder einwandfrei.

   Wie hoch ist der Buchwert der Druckmaschine

   a. zum 30. April 2009,

   b. zum 31. Mai 2009,

   c. zum 31. Dezember 2009,

   d. zum 1. Oktober 2010 und

   e. zum 31. Dezember 2010?

   Bilden Sie die Buchungsätze zu den Geschäftsvorfällen.

Aufgaben zu Abschnitt 7.2.4 „Zeitliche Abgrenzung von Aufwendungen und Erträgen“

Formulieren Sie für die folgenden Geschäftsvorfälle die Buchungssätze bei direkter zeitlicher Abgrenzung:

1. Die jährliche Prämie i. H. v. EUR 480 für die Haftpflicht- und Teilkaskoversicherung eines KFZ der Bauaufsicht wird am 1. Oktober im Voraus fällig und per Lastschriftverfahren von der Versicherungsgesellschaft eingezogen.

2. Herr Meier, der eine Imbissbude auf dem Wochenmarkt betreibt, zahlt am 30. Oktober die fällige Standgebühr für die nächsten drei Monate (November – Januar) i. H. v. EUR 2.400 bei der Stadtkasse in bar ein.
3. Doppik City überlässt dem Dackelzüchterverein zum Betrieb eines Hundeübungsplatzes ein Grundstück. Vertragslaufzeit sind 20 Jahre. Vereinbart wurde eine einmalige Zahlung von EUR 60.000. Der Vertrag wurde am 6. Januar abgeschlossen. Das Geld wurde am 8. Februar überwiesen.
4. Doppik City vermietet eine Wohnung. Vereinbarungsgemäß wird die Miete für die Monate November und Dezember i. H. v. insgesamt EUR 1.400 erst im Folgejahr fällig.
5. Doppik City hat eine Werkstatthalle in der Nähe des Bauhofs gemietet, in der einfache Reparaturen am Fuhrpark vorgenommen werden können. Die Miete für den Dezember von EUR 1.000 ist gemäß des Mietvertrages erst im Januar des Folgejahres fällig.
6. Die Jahreszinsen für ein Darlehen des Landes werden am 1. Oktober im Voraus fällig. Sie werden durch die Bank überwiesen: EUR 8.000.
7. Eine Zinsgutschrift der Bank für die Zeit vom 1. Juli bis 31. Dezember steht am Jahresende noch aus und wird erst im Januar eingehen: EUR 18.500.
8. Für die EDV-Anlage im Einwohnermeldeamt besteht ein Wartungsvertrag. Am 30. März 10 überweist Doppik City den Jahresbetrag für die Monate April 10 bis März 11 im Voraus: EUR 2.400.

Aufgaben zu 7.2.5 „Rückstellungen“

Formulieren Sie für die folgenden Geschäftsvorfälle die Buchungssätze:

1. Für die aktiv beschäftigten Beamten im laufenden Haushaltsjahr wird ein Betrag i. H. v. EUR 1.200.000 den Pensionsrückstellungen zugeführt.
2. Die Aufwendungen für die Renovierung des Sozialamtes belaufen sich auf EUR 90.000. Der Betrag wird sofort nach Rechnungserhalt überwiesen. Für diese Maßnahme wurde im Vorjahr eine Rückstellung für unterlassene Instandhaltung i. H. v. EUR 95.000 gebildet.
3. Das Personalamt hat errechnet, das im Rahmen des Jahresabschlusses 2010 eine Rückstellung für noch nicht in Anspruch genommenen Urlaub von EUR 180.000 zu bilden ist.
4. Doppik City hat eine Rückstellung für die Beseitigung von Altlasten i. H. v. EUR 120.000 gebildet. Die Maßnahme wird im Folgejahr durchgeführt. Die Kosten belaufen sich tatsächlich auf EUR 150.000. Doppik City überweist den Betrag drei Wochen nach Erhalt der Rechnung an die Tiefbau GmbH.

5. Ein Besucher des städtischen Theaters ist in der Pause auf der frisch gebohnerten Treppe ausgerutscht und hat sich einen Bänderriss zugezogen. Er verklagt Doppik City auf Schadenersatz i. H. v. EUR 13.000. Er reicht die Klage im November 2010 beim zuständigen Gericht ein. Der Prozess soll im Frühjahr 2011 stattfinden. Sollte Doppik City den Prozess verlieren, wovon seitens Doppik City ausgegangen wird, rechnet die Stadt mit Gesamtkosten in Höhe von EUR 20.000.

   Tatsächlich verliert Doppik City am 19. April 2011 den Prozess und wird verpflichtet, den geforderten Schadenersatz und die Kosten des Verfahrens zu tragen. Die Gesamtkosten belaufen sich auf EUR 18.500.

   Wie wird der geschilderte Sachverhalt in den Haushaltsjahren 2010 und 2011 buchhalterisch erfasst (ohne Abschlussbuchungen)?

6. In der Eröffnungsbilanz zum 1. Januar 2008 ist für eine städtische Schule eine Rückstellung für unterlassene Instandhaltungen i. H. v. EUR 200.000 gebildet worden.
   Im Haushaltsjahr 2010 zeigt sich, dass die Instandhaltungsmaßnahmen, für die die Rückstellung gebildet wurde, tatsächlich nicht durchgeführt werden können. Der Stadt fehlt die notwendige Liquidität.

   Wie ist der Sachverhalt im Jahr 2010 buchhalterisch abzubilden?

Lösungshinweise

Aufgaben zu Kapitel 2

1. a. Ausgabe
   b. Einnahme
   c. Ausgabe
   d. Ausgabe
   e. Einzahlung, keine Einnahme

2. a. falsch
   b. falsch
   c. richtig
   d. falsch
   e. falsch
   f. falsch
   g. richtig

Aufgaben zu Abschnitt 5.2 „Geschäftsvorfälle und ihre bilanzielle Wirkung“:

1. Kauf eines Dienstwagens für EUR 26.000 gegen Banküberweisung: AT

2. Erwerb eines Computers für EUR 850 auf Ziel: APM

3. Umwandlung einer kurzfristigen Lieferantenverbindlichkeit in ein längerfristiges Darlehen (EUR 100.000): PT

4. Doppik City begleicht die Rechnung aus 2. per Banküberweisung: APMi

5. Verkauf von gebrauchten Büromöbeln zum Buchwert von EUR 750: AT

6. Erhalt einer Landeszuweisung für Investitionen von EUR 50.000: APM

Aufgaben zu Abschnitt 5.3.1 „Bestandskonten der Bilanz“:

1. „Fuhrpark“

S	0750 Fahrzeuge		H
AB	350.000	43.000	Abg.
Zug.	120.000	427.000	SB
	470.000	470.000	

2. „Verbindlichkeiten aus LuL“

S	3550 Verb. aus LuL		H
Abg.	310.000	240.000	AB
SB	355.000	425.000	Zug.
	665.000	665.000	

3. „Bankkonto“

S	Bank		H
AB	10.000	2.000	19.3.
27.3.	1.500	750	30.3
4.4.	500	3.500	3.4.
13.4.	2.700	500	8.4..
		1.800	11.4.
		850	15.4.
		5.300	SB
	14.700	14.700	

Aufgaben zu Abschnitt 5.3.6 „Buchungsbeispiele“:

1. „Kreissäge“

Bei Erwerb:

Soll		**an**			**Haben**
0710	Maschinen	an	3550	Verbindlichkeiten aus LuL	1.150

Bei Zahlung:

Soll			an			Haben
3550	Verbindlichkeiten aus LuL		an	1811	Bank A	1.150

2. „Software“

Soll			an			Haben
0130	DV-Software		an	1811	Bank A	25.000

3. „PKW“

Soll			an			Haben
0750	Fahrzeuge	14.000				
			an	3550	Verbindlichkeiten aus LuL	10.500
			an	0750	Fuhrpark	3.500

4. „Grünfläche“

Soll			an			Haben
0211	Grund und Boden (Grünflächen)		an	1811	Bank A	1.200.000

5. „Sondertilgung“

Soll			an			Haben
3251	Investitionskredite von Banken und Kreditinstituten	150.000				
			an	1811	Bank A	100.000
			an	1812	Bank B	50.000

6. „Auktion – PKW“

Soll			an			Haben
1870	Kasse	8.250	an	0750	Fahrzeuge	8.250

7. „Auktion – Aktenschränke“

Soll			an			Haben
1870	Kasse	1.200	an	0810	BGA	1.200

8. „Gebäudereinigung“

Soll			an			Haben
5231	Aufwendungen für Unterhaltung der Grundstücke, Gebäude etc.		an	1811	Bank A	4.000

9. „Zweckverband“

Soll		an			Haben
5313	Zuweisungen an ZV	an	1811	Bank A	25.000

10. „Porto“

Soll		an			Haben
5434	Porto	an	1811	Bank A	21.500

11. „Büromaterial“

Soll		an			Haben
5431	Büromaterial	an	1870	Kasse	13

12. „Stammbücher“

Bei Erwerb:

Soll		an			Haben
1540	Waren	an	3550	Verbindlichkeiten aus LuL	15.000

Bei Zahlung:

Soll		an			Haben
3550	Verbindlichkeiten aus LuL	an	1811	Bank A	15.000

Bei Entnahme der Stammbücher vom Lager (MES i. H. v. EUR 1.500):

Soll		an			Haben
5218	Aufwendungen für Waren	an	1540	Waren	1.500

13. „Bundeszuweisung“

Soll		an			Haben
1811	Bank A	an	4140	Zuweisungen vom Bund	30.000

14. „Miete“

Soll		an			Haben
1811	Bank A	an	4412	Mieten und Pachten	500

15. „Zinserträge“

Soll		an			Haben
1811	Bank A	an	4618	Zinserträge von übrigen Bereichen	10.000

16. „Verwaltungsgebühren“

Soll		an			Haben
1870	Kasse	an	4311	Verwaltungsgebühren	32

17. „Fortbildung“

Bei Rechnungseingang:

Soll		an			Haben
5412	Aufw. für Aus- und Fortbildung, Umschulung	an	3550	Verb. aus LuL gegen den privaten Bereich	2.000

Bei Zahlung*:*

Soll		an			Haben
3550	Verb. aus LuL gegen den privaten Bereich	an	1811	Bank A	2.000

18. „Reisekosten“

Soll		an			Haben
5413	Aufw. für übernommene Reisekosten	an	1811	Bank A	400

Aufgaben zu Abschnitt 5.4 „Finanzrechnung und Finanzrechnungskonten“

1. „In-House-Schulung“

Bei Erhalt der Rechnung:

Soll		an			Haben
5412	Aufwendungen für Aus- und Fortbildung, Umschulung	an	3550	Verbindlichkeiten aus LuL	25.000

Bei Zahlung:

Soll		an			Haben
3550	Verbindlichkeiten aus LuL	an	7412	Ausz. für Aus- und Fortbildung, Umschulung	25.000
				(Statistische Kontierung „Bank A“)	25.000

2. „Kinderfest“

Bei Lieferung und Erhalt der Rechnung:

Soll		an			Haben
5437	Gästebewirtung u. Repräsentation	an	3550	Verbindlichkeiten aus LuL	5.000

Bei Zahlung:

Soll		**an**			**Haben**
3550	Verbindlichkeiten aus LuL	an	7437	Gästebewirtung u. Repräsentation	5.000
				(Statistische Kontierung „Bank A")	5.000

3. „Sonderzuweisung"

Bei Bewilligung:

Soll		**an**			**Haben**
1692	Sonstige öffentlich-rechtliche Forderungen gegenüber dem öffentlichen Bereich	an	4141	Zuweisungen vom Land	100.000

Bei Erhalt:

Soll		**an**			**Haben**
6141	Zuweisungen für laufende Zwecke vom Land	an	1692	Sonstige öffentlich-rechtliche Forderungen gegenüber dem öffentlichen Bereich	100.000
(Statistische Kontierung „Bank A")					

4. „Grundsteuer"

Bei Erstellung und Versand:

Soll		**an**			**Haben**
1631	Steuerforderungen gegenüber dem privaten Bereich	an	4012	Grundsteuer B	500

Bei Erhalt:

Soll		**an**			**Haben**
6012	Grundsteuer B	an	1631	Steuerforderungen gegenüber dem privaten Bereich	100.000
(Statistische Kontierung „Bank A")					

5. „Spielbankabgabe"

Bei Erstellung und Versand:

Soll		**an**			**Haben**
1631	Steuerforderungen gegenüber dem privaten Bereich	an	4042	Abgaben von Spielbanken	120.000

Bei Zahlungseingang:

Soll		an			Haben
6042	Abgaben von Spielbanken	an	1631	Steuerforderungen gegenüber dem privaten Bereich	120.000
(Statistische Kontierung „Bank A")					

6. „Bäder- und Thermen GmbH"

Nach Abschluss des Vertrags:

Soll		an			Haben
1010	Anteile an verbundenen Unternehmen	an	3550	Verbindlichkeiten aus LuL gegen den privaten Bereich	900.000

Bei Zahlung:

Soll		an			Haben
3550	Verbindlichkeiten aus LuL gegen den privaten Bereich	an	7824	Ausz. für den Erwerb von Finanzanlagen (ohne Ausleihungen)	900.000
				(Statistische Kontierung „Bank A")	900.000

7. „Feuerwehrgebäude"

Buchung der Kreditaufnahme:

Soll			an			Haben
6915	Einz. aus Krediten	250.000	an	3210	Investitionskredite von verbundenen Unternehmen	250.000
(Statistische Kontierung „Bank A")		250.000				

Buchung bei Rechnungseingang:

Soll		an			Haben
0342	Gebäude, Aufbauten und Betriebsvorrichtungen bei sonstigen Gebäuden		3550	Verbindlichkeiten aus LuL gegen den privaten Bereich	250.000

Buchung bei Zahlung:

Soll		an			Haben
3550	Verbindlichkeiten aus LuL gegen den privaten Bereich		7832	Auszahlungen für die Abwicklung von Baumaßnahmen (Anbau Feuerwehrhaus)	250.000
				(Statistische Kontierung „Bank A")	250.000

Aufgaben zu Abschnitt 6.1 „Erträge“

1. „Hundesteuer“

Bei Erstellung und Versand des Bescheids:

Soll		an			Haben
1631	Steuerforderungen gegenüber dem privaten Bereich	an	4033	Hundesteuer	120

Bei Erhalt:

Soll		an			Haben
6033	Hundesteuer	an	1631	Steuerforderungen gegenüber dem privaten Bereich	120
(Statistische Kontierung „Bank A“)					

2. „Rettungswagen“ *Bei Erhalt der Zuweisung:*

Soll		an			Haben
6811	Investitionszuweisungen vom Land	an	2311	Sonderposten aus Zuweisungen vom Land	40.000
(Statistische Kontierung „Bank A“)					

Bei Kauf:

Soll		an			Haben
0750	Fahrzeuge	an	7826	Ausz. aus dem Erwerb von bewegl. Sachen des AV > EUR 410	120.000
				(Statistische Kontierung „Bank A“)	120.000

Abschreibung im Anschaffungsjahr (volle Jahres-AfA):

Soll		an			Haben
5762	Abschreibungen auf Fahrzeuge	an	0750	Fahrzeuge	12.000

Auflösung des Sonderpostens im Anschaffungsjahr:

Soll		an			Haben
2311	Sonderposten aus Zuweisungen vom Land	an	4161	Erträge aus der Auflösung von SoPo aus Zuw. v. Land	4.000

3. „Unbebautes Grundstück"

Nach dem notariellen Vertrag:

Soll			**an**			**Haben**
1710	Privatrechtliche Forderungen gegenüber dem privaten Bereich	150.000	an	0241	Grund und Boden (Sonstige unbebaute Grundstücke)	100.000
			an	4511	Erträge aus der Veräußerung von Grundstücken und Gebäuden	50.000

Bei Erhalt:

Soll		**an**			**Haben**
6821	Einzahlungen aus der Veräußerung von Grundstücken und Gebäuden (Statistische Kontierung „Bank A")	an	1710	Privatrechtliche Forderungen gegenüber dem privaten Bereich	150.000

4. „Beteiligung"

Nach dem notariellen Vertrag:

Soll			**an**			**Haben**
1710	Privatrechtliche Forderungen	5.000.000	an	1110	Beteiligungen	3.000.000
			an	4512	Erträge aus der Veräußerung von Finanzanlagen	2.000.000

Bei Zahlungseingang:

Soll		**an**			**Haben**
6822	Einzahlungen aus der Veräußerung von Finanzanlagen (Statistische Kontierung „Bank A")	an	1710	Privatrechtliche Forderungen	5.000.000

5. „Zweitwohnungssteuer"

Bei Erstellung und Versand des Bescheids:

Soll		**an**			**Haben**
1631	Steuerforderungen gegenüber dem privaten Bereich	an	4035	Zweitwohnungssteuer	500

Bei Erhalt:

Soll		**an**			**Haben**
6035	Zweitwohnungssteuer (Statistische Kontierung „Bank A")	an	1631	Steuerforderungen gegenüber dem privaten Bereich	500

6. „Kanalnetz"

Planmäßige Abschreibung auf das Kanalnetz

Abschreibungsbetrag = AHK/ND
EUR 1.800.000/50 = EUR 36.000

Buchung der Abschreibung:

Soll		an			Haben
5743	Abschreibungen auf Entwässerungs- und Abwasserbeseitigungsanlagen	an	0440	Entwässerungs- und Abwasserbeseitigungsanlagen	36.000

Buchung bei Versendung der Beitragsbescheide:

Soll		an			Haben
1621	Beitragsforderungen gegenüber dem privaten Bereich	an	2320	Sonderposten aus Beiträgen	980.000

Buchung der eingegangenen Zahlungen bis zum 31.12.2010

Soll			an			Haben
6321	Benutzungsgebühren Abwasserbeseitigung	820.000	an	1621	Beitragsforderungen gegenüber dem privaten Bereich	820.000
	(Statistische Kontierung „Bank A")	820.000				

Jährlicher Auflösungsbetrag (Sonderposten aus Beiträgen)

EUR 980.000/50 = EUR 19.600

Buchung der Auflösung zum Bilanzstichtag:

Soll		an			Haben
2320	Sonderposten aus Beiträgen		4321	Benutzungsgebühren Abwasserbeseitigung	19.600

7. „Kindergarten"

Buchung bei Rechnungseingang:

Soll		an			Haben
0312	Gebäude etc. (Kindertageseinrichtungen)		3550	Verbindlichkeiten aus LuL	200.000

Buchung bei Zahlung:

Soll		an			Haben
3550	Verbindlichkeiten aus LuL		7831	Auszahlungen für die Abwicklung von Baumaßnahmen	200.000
				(Statistische Kontierung „Bank A")	200.000

Buchung bei Eingang der Investitionszuweisung:

Soll			an			Haben
6811	Investitionszuweisungen vom Land	160.000	an	2311	Sonderposten aus Zuweisungen vom Land	160.000
	(Statistische Kontierung „Bank A“)	160.000				

Buchung der planmäßigen Abschreibung zum Abschlussstichtag:

Jährlicher Abschreibungsbetrag: EUR 200.000/20 = EUR 10.000
Abschreibungsbetrag im Anschaffungsjahr: EUR 10.000 x 0,5 = EUR 5.000

Soll		an		Haben
5731	Planmäßige Abschreibungen auf bebaute Grundstücke etc.	0312	Gebäude etc. mit Kindertageseinrichtungen	5.000

Buchung der planmäßigen Auflösung des Sonderpostens:

Jährlicher Auflösungsbetrag: EUR 160.000/20 = EUR 8.000
Auflösungsbetrag im Anschaffungsjahr: EUR 8.000 x 0,5 = EUR 4.000

Soll		an		Haben
2311	Sonderposten aus Zuweisungen vom Land	4161	Erträge aus der Auflösung von Sonderposten aus Zuweisungen vom Land	4.000

Aufgaben zu Abschnitt 6.2 „Aufwendungen“

1. „Dezemberlöhne“

Buchung bei Auszahlung der Löhne für die Mitarbeiter des Bauhofs:

Soll			an			Haben
5013	Löhne Arbeiter	25.000				
			an	3712	Abzuführende Lohn- und Kirchensteuer d. Beschäftigten	5.150
			an	3720	Verbindlichkeiten/SV	5.200
			an	7013	Ausz./Löhne der Arbeiter	14.650
					(Statistische Kontierung „Bank A“)	14.650

Buchung des Arbeitgeberanteils zur Sozialversicherung:

Soll		an			Haben
5033	Beiträge zur gesetzlichen SV/ Arbeiter				
		an	3720	Verbindlichkeiten/SV	5.200

Buchung der Überweisung von Steuern und Sozialversicherung im neuen Haushaltsjahr:

Soll		an			Haben
3712	Abzuführende Lohn- und Kirchensteuer d. Beschäftigten				
		an	7093	Lohnsteuer für Arbeiter	5.150
				(Statistische Kontierung „Bank A")	5.150

Soll		an			Haben
3720	Verbindlichkeiten/SV				
		an	7033	Beiträge zur gesetzlichen SV/Arbeiter	10.400
				(Statistische Kontierung „Bank A")	10.400

2. „Amateursportverein"

Bei Bewilligung:

Soll		an			Haben
5318	Zuschüsse an übrige Bereiche	an	3650	Verbindlichkeiten aus Transferleistungen gegen übrige Bereiche	1.500

Bei Zahlung:

Soll		an			Haben
3650	Verbindlichkeiten aus Transferleistungen gegen übrige Bereiche				
		an	7318	Zuschüsse an übrige Bereiche	1.500
				(Statistische Kontierung „Bank A")	1.500

3. „Unbebautes Grundstück"

Nach dem notariellen Vertrag:

Soll			an			Haben
1710	Privatrechtliche Forderungen gegenüber dem privaten Bereich	60.000				
5446	Verluste aus Abgang von immateriellen VG und VG des Sachanlagevermögens	40.000	an	0241	Grund und Boden (Sonstige unbebaute Grundstücke)	100.000

Bei Erhalt:

Soll		an			Haben
6821	Einzahlungen aus der Veräußerung von Grundstücken und Gebäuden	an	1710	Privatrechtliche Forderungen gegenüber dem privaten Bereich	60.000
	(Statistische Kontierung „Bank A“)				

4. „Gartenhandschuhe“

Bei Rechnungserhalt:

Soll		an			Haben
5416	Aufw. für Dienst- und Schutzkleidung, persönliche Ausrüstungsgegenstände	an	3550	Verbindlichkeiten aus LuL gegen den privaten Bereich	500

Bei Zahlung:

Soll		an			Haben
3550	Verbindlichkeiten aus LuL gegen den privaten Bereich				
		an	7416	Ausz. für Dienst- und Schutzkleidung, persönliche Ausrüstungsgegenstände	1.500
				(Statistische Kontierung „Bank A“)	1.500

5. „Wärmecontracting“

Bei Rechnungserhalt:

Soll		an			Haben
5221	Aufwendungen für „Wärmecontractingleistungen“				
		an	3510	Verbindlichkeiten aus LuL gegen verbundene Unternehmen	43.000

Bei Zahlung:

Soll		an			Haben
3510	Verbindlichkeiten aus LuL gegen verbundene Unternehmen				
		an	7221	Auszahlungen für „Wärmecontractingleistungen“	43.000
				(Statistische Kontierung „Bank A“)	43.000

6. „Gehaltsabrechnungen“

a) Die nachträglich festgestellten zusätzlichen Personalkosten in Höhe von EUR 1.200 stellen Personalaufwand des Haushaltsjahres 2009 dar. Sofern der Jahresabschluss für das Haushaltsjahr 2009 noch nicht aufgestellt wurde, ist die Rechnung dieses Jahres entsprechend zu korrigieren. Der Ressourcenverbrauch wird damit verursachungsgerecht dem Haushaltsjahr 2009 zugeordnet. Diese ergibt sich aus dem sog. Wertaufhellungsprinzip/-gebot (§§ 33 (1) Nr. 3 KomHVO, 91 (4) Nr. 3 GO bzw. § 252 (1) Nr. 4 HGB). Danach sind alle vorhersehbaren Risiken und Verluste, die bis zum Abschlussstichtag entstanden sind, zu berücksichtigen, selbst wenn diese erst zwischen dem Abschlussstichtag und dem Tag der Aufstellung des Jahresabschlusses bekannt geworden sind. Dies gilt auch für Gewinne, jedoch nur dann, wenn sie am Abschlussstichtag realisiert sind.

   Die Buchungen der Zahlungen sind vom Wertaufhellungsprinzip nicht betroffen, da für die Finanzrechnung das Kassenwirksamkeitsprinzip gilt.

b) Wenn der Jahresabschluss für das Haushaltsjahr 2009 bereits aufgestellt ist, gehen die EUR 1.200 als (periodenfremder) Personalaufwand in die Rechnung des Haushaltsjahres 2010 ein.

Aufgabe zu 6.3 „Sofortrabatte, Bezugskosten, Rücksendungen, Nachlässe und Skonti“

Buchung der Anzahlung (bereits gebucht):

Soll		an			Haben
0910	Geleistete Anzahlungen auf Sachanlagen				
		an	7826	Ausz. aus dem Erwerb von beweglichen Sachen des AV > EUR 410	20.000
				Statistische Kontierung „Bank A“)	20.000

Buchung bei Rechnungseingang:

Soll			an			Haben
0810	Betriebs- und Geschäftsausstattung	90.200				
			an	0910	Geleistete Anzahlungen auf Sachanlagen	20.000
			an	3550	Verbindlichkeiten aus LuL	70.200

Buchung des Skontonachlasses:

Soll		an			Haben
3550	Verbindlichkeiten aus LuL	an	08103	Skonti auf BGA	1.804

Buchung bei Zahlung:

Soll		an			Haben
3550	Verbindlichkeiten aus LuL	an	7826	Ausz. für den Erwerb von beweglichen Sachen des AV > EUR 410	68.396
				Statistische Kontierung „Bank A")	68.396

Umbuchung zum Bilanzstichtag:

Soll		an			Haben
08103	Skonti auf BGA	an	0810	BGA	1.804

Aufgaben zu 6.6 „Buchungen mit Vor- und Umsatzsteuer"

Die Buchungssätze lauten:

1. Verkauf eines Buches zum Preis von EUR 29 einschließlich 7 % Umsatzsteuer:

6411	Einzahlungen aus Verkauf (statistische Kontierung des Kassenkontos 1870)	29,00				
			an	4411	Erträge aus Verkauf	27,10
			an	3711	Umsatzsteuer	1,90

2. Lieferung und Überweisung von 1.000 Souvenirartikeln; der Nettobezugspreis beträgt EUR 1.000 (19 % Umsatzsteuer):

521	Aufwendungen für Fertigung, Vertrieb, Waren	1.000,00				
179	Vorsteuer	190,00				
			an	3550	Verb. aus LuL	1.190,00
3550	Verb. aus LuL	1.190,00				
			an	721	Auszahlungen für Fertigung, Vertrieb, Waren (statistische Kontierung des Bankkontos Bank „A")	1.190,00

3. Verkauf von 30 Souvenirs zum Bruttopreis von EUR 238 (19 % Umsatzsteuer):

6411	Einzahlungen aus Verkauf (statistische Kontierung des Kassenkontos 1870)	238,00				
			an	4411	Erträge aus Verkauf	200,00
			an	3711	Umsatzsteuer	38,00

4. Überweisung des Stundenlohns von insgesamt EUR 80 an eine studentische Aushilfe:

5019	Aufw. f. sonst. Beschäftigte	80,00				
			an	7019	Ausz. f. sonst. Beschäftigte (statistische Kontierung des Bankkontos Bank „A")	80,00

5. Barkauf eines Notebooks (EUR 714 einschließlich 19 % Umsatzsteuer) sowie einer Lagerbuchhaltungssoftware (EUR 119 einschließlich 19 % Umsatzsteuer), um die Lagerwirtschaft des Museumsshops künftig nicht mehr handschriftlich erledigen zu müssen:

081	Betriebs- und Geschäftsausstattung	600,00				
179	Vorsteuer	114,00				
			an	7826	Ausz. Erwerb v. beweglichen Sachen des AV > EUR 410 (statistische Kontierung des Kassenkontos 1870)	714,00

013	DV-Software	100,00				
179	Vorsteuer	19,00				
			an	7821	Ausz. Erwerb immaterielle VG (statistische Kontierung des Kassenkontos 1870)	119,00

6. Verkauf eines Bildbandes (Bruttopreis EUR 85,60 einschließlich 7 % Umsatzsteuer).

6411	Einzahlungen aus Verkauf (statistische Kontierung des Kassenkontos 1870)	85,60				
			an	4411	Erträge aus Verkauf	80,00
			an	3711	Umsatzsteuer	5,60

Wesentlichen Informationen der Umsatzsteuervoranmeldung sind:

Für den Monat Juli besteht der folgende Vorsteuerüberhang, der an das Finanzamt zu melden ist; das Vorsteuerguthaben wird vom Finanzamt erstattet:

Umsatzsteuerverbindlichkeiten	(Ausgangsrechnungen)	EUR	45,50
abzgl. Vorsteuerguthaben	(Eingangsrechnungen)	EUR	323,00
= Umsatzsteuer-Zahllast		**EUR**	**- 277,50**

Die negative Umsatzsteuer-Zahllast entspricht einem Vorsteuerüberhang bzw. -guthaben von EUR 277,50.

Zum Schluss des Umsatzsteuervoranmeldungszeitraum wird in diesem Fall der Saldo des Passivkontos „Umsatzsteuer“ (Sonstige Verbindlichkeit) auf das Aktivkonto „Vorsteuer“ (Forderung gegenüber dem Finanzamt) übertragen, um den ermittelten Vorsteuerüberhang in den Konten darzustellen. Der Buchungssatz lautet somit:

3711	Umsatzsteuer	45,50				
			an	179	Vorsteuer	45,50

S	179 Vorsteuer		H
xxxx	323,00	**45,50**	**3711**
VSt-Guth.	**277,50**		

S	3711 Umsatzsteuer		H
179	**45,50**	45,50	xxxx

Nach dieser Umbuchung ist das Umsatzsteuerkonto ausgeglichen. Auf dem Vorsteuerkonto ergibt sich als Saldo das vom Finanzamt zu erstattende Vorsteuer-Guthaben von EUR 277,50. Der Buchungssatz lautet bei Eingang der Erstattung:

6531	Einzahlungen aus Vorsteuerüberhang (statistische Kontierung des Bankkontos Bank „A“)	277,50			
			an 179	Vorsteuer	277,50

S	6531 Einz. VSt-Überhang		H
179	**277,50**		

S	179 Vorsteuer		
xxxx	323,00	45,50	3711
		277,50	**6531**

Nach Eingang und Buchung der Erstattung ist auch das Vorsteuerkonto ausgeglichen.

Aufgaben zu Abschnitt 7.2.2 „Abschreibungen“

1. „Abschreibungen PKW“

Jahr	Abschreibungsbetrag in EUR	Restbuchwert in EUR
01	5.000	20.000
02	5.000	15.000
03	5.000	10.000
04	5.000	5.000
05	5.000 oder 4.999	0 oder 1

Änderung des Abschreibungsplans bei Anschaffung des PKW im April 01 bzw. im November 01

Der Abschreibungsbetrag im Jahr der Anschaffung beträgt:
bei Anschaffung im April: 9/12 der vollen Jahresabschreibung (EUR 3.750)

bei Anschaffung im November: 2/12 der vollen Jahresabschreibung (EUR 833,33)

2. „Kehrmaschine“

Jährliche planmäßige Abschreibung:

EUR 17.500/10 = EUR 1.750

Buchung der Abschreibung:

Soll		an			Haben
5753	Abschreibungen auf Fahrzeuge	an	0750	Fahrzeuge	1.500

3. „Abschreibung nach Leistungseinheiten“

Abschreibungsbetrag je Leistungseinheit (km) = EUR 90.000 / 225.000 km
= 0,4 EUR/km

Jahresabschreibungsbeträge:

1. Jahr:	24.000 km	x	0,4 EUR/km	=	EUR 9.600
2. Jahr:	18.000 km	x	0,4 EUR/km	=	EUR 7.200
3. Jahr:	5.000 km	x	0,4 EUR/km	=	EUR 2.000
4 Jahr:	7.500 km	x	0,4 EUR/km	=	EUR 3.000
5. Jahr:	45.000 km	x	0,4 EUR/km	=	EUR 1.800

Der Restwert des LKWs am Ende des 5. Nutzungsjahres beträgt EUR 90.000 - EUR 9.600 - EUR 7.200 - EUR 2.000 - EUR 3.000 - EUR 1.800 = **EUR 50.200**

4. „Einbände für Familienstammbücher“

Da die Hälfte des Bestandes wertlos geworden ist, müssen 229 Einbände (= 458 / 2) außerplanmäßig abgeschrieben werden. Die Einbände werden mit den gewogenen durchschnittlichen Anschaffungskosten bewertet:

(850 x EUR 4 + 150 x EUR 4,40) / 1000 = EUR 4,06 pro Stück

Folglich sind 229 x EUR 4,06 = EUR 929,74 außerplanmäßig abzuschreiben.

Buchung der außerplanmäßigen Abschreibung:

Soll		an			Haben
5781	Abschreibungen auf das Umlaufvermögen	an	1540	Waren	929,74

5. „Mietforderung"

Buchung bei Kenntnis über die Gefährdung der Forderung (nach erfolglosem Mahnverfahren):

17115 Zweifelhafte privatrechtliche Forderungen gegenüber dem privaten Bereich

an 1711 Privatrechtliche Forderungen gegenüber dem privaten Bereich 3.000

Buchung der (vermutlich) uneinbringlichen Forderung:

54491 Einstellung in EWB

an 2110 EWB 1.500

Buchungen zum Jahresabschluss 2010:

8031 Abschlusskonto Ergebnisrechnung

an 54491 Einstellung in EWB 1.500

8021 Schlussbilanzkonto

17115 Zweifelhafte privatrechtliche Forderungen gegenüber dem privaten Bereich 3.000

2110 EWB

an 8021 Schlussbilanzkonto 1.500

Buchung in 2011

2110 EWB 1.500

5781 Abschreibungen auf das Umlaufvermögen 1.500

an 17115 Zweifelhafte privatrechtliche Forderungen gegenüber dem privaten Bereich 3.000

6. „Steuerforderung"

Zu a)

Buchung bei Kenntnis über die Gefährdung der Forderung:

16315 Zweifelhafte Steuerforderungen gegenüber dem privaten Bereich

an 1631 Steuerforderungen gegenüber dem privaten Bereich 40.000

Buchung der (vermutlich) uneinbringlichen Forderung:

54491 Einstellung in EWB

an 2110 EWB 20.000

Ermittlung der Pauschalwertabschreibung

PWB: (575.000 - 40.000 - 10.000) x 0,08 = 525.000 x 0,08 = 42.000

Buchung der Pauschalwertabschreibung:

54492 Einstellung in PWB

an 2120 PWB 42.000

Buchungen zum Jahresabschluss:

8031 Abschlusskonto Ergebnisrechnung

an 54491 Einstellung in EWB 25.000

8031 Abschlusskonto Ergebnisrechnung

an 54492 Einstellung in PWB 42.000

8021 Schlussbilanzkonto

an 1631 Steuerforderungen gegenüber dem privaten Bereich 575.000

16315 Zweifelhafte Steuerforderungen gegenüber dem privaten Bereich 50.000

2110 EWB

an 8021 Schlussbilanzkonto 25.000

2120 PWB

an 8021 Schlussbilanzkonto (SBK) 42.000

Zu b)

1.

2110 EWB 20.000

6013 Einzahlungen aus Gewerbesteuer 20.000
(statistische Kontierung des Finanzmittelkontos „Bank A")

an 16315 Zweifelhafte Steuerforderungen gegenüber dem privaten Bereich 40.000

2.

6013 Einzahlungen aus Gewerbesteuer
(statistische Kontierung des Finanzmittelkontos „Bank A") 25.000

		an	16315	Zweifelhafte Steuerforderungen gegenüber dem privaten Bereich		20.000
		an	4582	Erträge aus der Auflösung oder Herabsetzung von Wertberichtigungen auf Forderungen		5.000
2110	EWB				20.000	
		an	16315	Zweifelhafte Steuerforderungen gegenüber dem privaten Bereich		20.000

3.

5781	Abschreibung auf das Umlaufvermögen	5.000				
2110	EWB	20.000				
6013	Einzahlungen aus Gewerbesteuer (statistische Kontierung des Finanzmittelkontos „Bank A")	15.000				
			an	16315	Zweifelhafte Steuerforderungen gegenüber dem privaten Bereich	40.000

7. „Kulturhaus GmbH"

Ermittelter Gesamtunternehmenswert der Kulturhaus GmbH:

EUR 310.000

Derzeitiger Buchwert der 50%-igen Beteiligung von Doppik City:

EUR 340.000

Notwendigkeit einer außerordentlichen Abschreibung gemäß § 36 (6) KomHVO, da „voraussichtlich dauernde Wertminderung"

EUR 310.000 (Gesamtunternehmenswert) x 0,5 (Beteiligung) = EUR 155.000 (neuer Buchwert)

Abschreibungshöhe:

EUR 340.000 – EUR 155.000 = EUR 185.000

Buchung der außerordentlichen Abschreibung:

Soll		**an**			**Haben**
5771	Abschreibungen auf Finanzanlagen	an	1010	Anteile an verbundenen Unternehmen	185.000

8. „Grünflächenamt“

AB + Zugänge:

80 t + 100 t + 100 t + 200 t + 100 t = 580 t

Preis/t:

(80 x EUR 600 + 100 x EUR 800 + 100 x EUR 700 + 200 x EUR 850 + 100 x EUR 900) / 580t = EUR 458.000 / 580t = EUR 790/t (gewogener Durchschnittswert)

Abgänge:

120t + 130t + 190t + 90t = 530t

Bewerteter Verbrauch:

530t x EUR 790/t = EUR 418.700

Buchung der Abgänge/des Verbrauchs:

Soll		**an**			**Haben**
5211	Aufwendungen für Rohstoffe	an	1510	Rohstoffe	418.700

Bewertung des Endbestands:

Endbestand = AB + Zugänge – Abgänge = 80t + 500t – 530t = 50t

Marktpreis für Kieselsteine zum 31.12.2010 = EUR 700/t

Bestand zu Marktpreisen:

50t x EUR 700 = EUR 35.000

Wert zu historischen durchschnittlichen Anschaffungskosten:

50t x EUR 790 = EUR 39.500

Notwendige Abschreibung auf das Vorratsvermögen gemäß 36 (8) KomHVO

EUR 39.500 – EUR 35.000 = EUR 4.500

Buchung der außerplanmäßigen Abschreibung:

Soll		**an**			**Haben**
5781	Abschreibungen auf das Umlaufvermögen	an	1510	Rohstoffe	4.500

9. **„Druckmaschine“:**

Zunächst ist der Buchwert der Druckmaschine zum 30. April 2009 zu ermitteln:

- AHK von EUR 36.000
- Aktivierungsdatum am 1. Februar 2004
- Planmäßige Nutzungsdauer von 15 Jahren

Die jährlichen planmäßigen Abschreibungsbeträge betragen somit EUR 2.400 (EUR 36.000 / 15). Bis zum 30. April 2009 wurde die Druckmaschine 5 Jahre und 3 Monate genutzt und planmäßig abgeschrieben. Die kumulierten planmäßigen Abschreibungen betragen EUR 12.600 (EUR 2.400 / 12 = EUR 200 planmäßige Abschreibung pro Monat; EUR 200 x 63 Monate = EUR 12.600). Zum 30. April 2009 wird die Druckmaschine also mit einem Buchwert von EUR 23.400 in der Anlagenbuchhaltung geführt.

Da weder eine Reparatur des Bauteils noch eine Ersatzbeschaffung möglich erscheint, kann die Druckmaschine voraussichtlich dauerhaft nicht mehr genutzt werden. Es ist daher im Mai 2009 eine außerplanmäßige Abschreibung in Höhe des gesamten Restbuchwertes vorzunehmen:

5751	Abschreibungen auf Maschinen	23.400				
			an	071	Maschinen	23.400

Hinweise: Alternativ ist es denkbar, auch zunächst auf den Erinnerungswert von EUR 1 abzuschreiben (im individuellen Kontenplan einer Kommune sind für außerplanmäßige Abschreibungen gesonderte Aufwandskonten anzulegen!).
Der Buchwert der Druckmaschine beträgt zum 31. Mai 2009 EUR 0. Da bis zum Bilanzstichtag, 31. Dezember 2009, keine Veränderungen eingetreten sind (auch planmäßige Abschreibungen können nicht mehr vorgenommen werden), beträgt der Buchwert der Maschine auch zum Bilanzstichtag weiterhin EUR 0.

Die Reparatur in Höhe von EUR 5.900 am 1. Oktober 2010 ist ergebniswirksamer Erhaltungsaufwand, da die Maschine während ihrer planmäßigen Gesamtnutzungsdauer lediglich wieder in einem betriebsbereiten Zustand (zurück) versetzt wird (Hinweis: Durch diese Instandsetzung kann nicht von einer Verlängerung der wirtschaftlichen Nutzungsdauer nach § 36 (5) KomHVO ausgegangen werden). Es wird gebucht:

5233	Aufwendungen für Unterhaltung der Maschinen und technischen Anlagen	5.900				
			an	3550	Verb. aus LuL	5.900

Zudem ist durch Reparatur der Grund für die voraussichtlich dauernde Wertminderung der Druckmaschine entfallen, so dass eine Zuschreibung nach § 35 (8) GemHVO zu erfolgen hat.

Hierfür ist zunächst der Betrag der Zuschreibung zu ermitteln:

- Der Restbuchwert zum 30. April 2009 beträgt EUR 23.400.
- Der Zeitraum zwischen dem 30. April 2009 und 1. Oktober 2010 beträgt 1 Jahr und 5 Monate bzw. 17 Monate, so dass die zwischenzeitliche planmäßige Abschreibung EUR 3.400 (EUR 200 x 17) betragen hätte.
- Der fortgeführte Restbuchwert zum 30. September bzw. 1. Oktober 2010 hätte somit EUR 20.000 betragen.
- Insofern darf nicht in Höhe der zuvor vorgenommenen außerplanmäßigen Abschreibung von EUR 23.400 sondern nach § 36 (9) KomHVO lediglich bis zur Höhe des zum 1. Oktober 2010 fortgeführten Restbuchwerts von EUR 20.000 zugeschrieben werden.

Da die Druckmaschine nach der Reparatur wieder einwandfrei funktioniert, ist eine Zuschreibung in Höhe von EUR 20.000 als sachgerecht anzusehen. Es wird daher am 1. Oktober 2010 gebucht:

071	Maschinen	20.000				
			an	4581	Erträge aus Zuschreibungen	20.000

Durch die Zuschreibung weist die Druckmaschine am 1. Oktober 2010 nunmehr einen Buchwert von EUR 20.000 in der Anlagenbuchhaltung aus. Dieser Buchwert wird künftig planmäßig abgeschrieben, so dass der Restbuchwert der Maschine zum 31. Dezember 2010 EUR 19.400 (planmäßige Abschreibung pro Monat EUR 200 x 3 Monate) beträgt (auf eine Darstellung der Buchungssätze für die planmäßige Abschreibung wird an dieser Stelle verzichtet).

Aufgaben zu Abschnitt 7.2.4 „Zeitliche Abgrenzung von Aufwendungen und Erträgen“

1. „Versicherungsbeiträge für PKW“

Buchung bei direkter Periodenabgrenzung:

Soll			an			Haben
5441	Versicherungsbeiträge u.ä.	120				
1990	Sonstige aktive RAP	360				
			an	7441	Versicherungsbeiträge	480
					(Statistische Kontierung „Bank A“)	480

2. „Standgebühr“

Buchung bei direkter Periodenabgrenzung:

Soll			an			Haben
6412	Mieten und Pachten	2.400	an	4412	Mieten und Pachten	1.600
(Statistische Kontierung „Bank A“)		2.400		3990	Sonstige passive RAP	800

3. „Hundeübungsplatz“

Buchung bei direkter Periodenabgrenzung:

Soll			an			Haben
6412	Mieten und Pachten	60.000	an	4412	Mieten und Pachten	3.000
(Statistische Kontierung „Bank A“)		60.000		3990	Sonstige passive RAP	57.000

4. „Mietertrag für die städtische Wohnung“

Soll		an			Haben
1775	Andere sonstige Forderungen	an	4412	Mieten und Pachten	1.400

5. „Mietaufwand für die Werkstatthalle“

Soll		an			Haben
5421	Mieten, Pachten, Erbbauzinsen	an	3790	Andere sonstige Verbindlichkeiten	1.000

6. „Jahreszinsen“

Soll			an			Haben
5511	Zinsaufwand Land	2.000				
1990	Sonstige aktive RAP	6.000				
			an	7511	Zinszahlungen Land	8.000
					(Statistische Kontierung „Bank A“)	8.000

7. „Ausstehende Zinsgutschrift"

Soll			an			Haben
1775	Andere sonstige Forderungen		an	4618	Zinserträge von privaten Unternehmen	18.500

8. „Wartungsvertrag EDV-Anlage"

Soll			an			Haben
5233	Aufwand für Unterhaltung	1.800				
1990	Sonstige aktive RAP	600				
			an	7233	Auszahlung für Unterhaltung	2.400
					(Statistische Kontierung „Bank A")	2.400

Aufgaben zu 7.2.5 „Rückstellungen"

1. „Pensionsrückstellungen"

Soll			an			Haben
5051	Zuführungen zu Pensionsrückstellungen für Beschäftigte		an	2510	Pensionsrückstellungen für Beschäftigte	1.200.000

2. „Renovierung des Sozialamtes"

Soll			an			Haben
2710	Instandhaltungsrückstellungen	95.000				
			an	7231	Auszahlungen für Unterhaltung der Grundstücke, Gebäude und Gebäudeeinrichtungen	90.000
				4583	Erträge aus der Auflösung oder Herabsetzung von Rückstellungen	5.000
					(Statistische Kontierung „Bank A")	90.000

3. „Urlaubsrückstellung"

Soll			an			Haben
5071	Aufw. für Rückstellungen für noch nicht genommenen Urlaub		an	2810	Sonstige Rückstellungen für noch nicht genommenen Urlaub	180.000

4. „Altlasten“

Bei Rechnungseingang:

Soll			an			Haben
2610	Rückstellungen für Deponien und Altlasten	120.000				
5231	Aufw. für Unterhaltung der Grundstücke, Gebäude usw.	30.000				
			an	3550	Verbindlichkeiten aus LuL gegen den privaten Bereich	150.000

Bei Zahlung:

Soll			an			Haben
3550	Verbindlichkeiten aus LuL gegen den privaten Bereich	150.000	an	7231	Auszahlungen für Unterhaltung der Grund-stücke, Gebäude usw.	150.000
			an		(Statistische Kontierung „Bank A“)	150.000

5. „Prozesskostenrückstellungen“

Buchung der Rückstellungszuführung (nach erfolgreicher Erhebung der Klage):

5448	Aufwendungen zu Rückstellungen, soweit nicht unter anderen Aufwendungen erfassbar				
		an	2890	Andere sonstige Rückstellungen	20.000

Buchung der teilweisen Inanspruchnahme der Rückstellung:

2890	Andere sonstige Rückstellungen				20.000
		an	7499	Andere sonstige Auszahlung aus lfd. Verwaltungstätigkeit (statistische Kontierung des betreffenden Finanzmittelkontos)	18.500
		an	4583	Erträge aus der Auflösung oder Herabsetzung von Rückstellungen	1.500

Anmerkung:

Der Kontenplan von Gemeinden und Gemeindeverbände wird üblicherweise entsprechende spezielle Konten ausweisen (Rückstellungen für Prozessrisiken etc.).

6. „Schule“:

Die Rückstellung ist ergebnisneutral aufzulösen, indem gleichzeitig zur ertragswirksamen Auflösung der Rückstellung eine entsprechende aufwandswirksame Sonderabschreibung zur Wertkorrektur des betreffenden Postens des Anlagevermögens vorgenommen wird:

2710	Instandhaltungsrückstellungen			
	an	4583	Erträge aus der Auflösung oder Herabsetzung von Rückstellungen	200.000
573x	Außerplanmäßige Abschreibungen auf Gebäude, Aufbauten und Betriebsvorrichtungen bei Schulen			
	an	0322	Gebäude, Aufbauten und Betriebsvorrichtungen bei Schulen	200.000

Anmerkung:

Der Kontenplan von Gemeinden und Gemeindeverbände wird üblicherweise entsprechende spezielle Konten ausweisen (Außerplanmäßige Abschreibungen auf „...“).

Anlagen

Anlage 1: Auszüge aus der Kommunalhaushaltsverordnung Nordrhein-Westfalen (KomHVO NRW): §§ 1-10, 28-49

(Verordnung über das Haushaltswesen der Kommunen im Land Nordrhein-Westfalen vom 12. Dezember 2018)

Teil 1

Haushaltsplanung, Finanzplanung

§ 1 Bestandteile des Haushaltsplans und Anlagen

(1) Der Haushaltsplan besteht aus
1. dem Ergebnisplan,
2. dem Finanzplan,
3. den Teilplänen,
4. dem Haushaltssicherungskonzept, wenn ein solches erstellt werden muss oder fortzuschreiben ist.
(2) Dem Haushaltsplan sind als Anlagen beizufügen
1. der Vorbericht,
2. der Stellenplan,
3. der Haushaltsquerschnitt als je eine Übersicht über die Erträge und Aufwendungen, die Veranschlagung des ordentlichen Ergebnisses und des Teilergebnisses der Produktgruppen des Ergebnisplans sowie über den Saldo aus laufender Verwaltungstätigkeit, die Einzahlungen, die Auszahlungen, den Saldo aus Investitionstätigkeit, den Finanzierungsmittelüberschuss oder -fehlbetrag und die Verpflichtungsermächtigungen der Produktgruppen des Finanzplans nach § 3,
4. eine Übersicht über den voraussichtlichen Stand der Verbindlichkeiten aus Krediten für Investitionen und aus Liquiditätskrediten und der ihnen wirtschaftlich gleichkommenden Rechtsgeschäfte sowie der Verpflichtungen aus Bürgschaften, Gewährverträgen und der ihnen wirtschaftlich gleichkommenden Rechtsgeschäfte, jeweils bezogen auf den Beginn des Vorjahres sowie auf den Beginn und das Ende des Haushaltsjahres,
5. eine Übersicht über die Entwicklung des Eigenkapitals,
6. eine Übersicht über die aus Verpflichtungsermächtigungen in den einzelnen Jahren voraussichtlich fällig werdenden Auszahlungen werden Auszahlungen in den Jahren fällig, auf die sich der Finanzplan noch nicht erstreckt, ist die voraussichtliche Deckung des Zahlungsmittelbedarfs dieser Jahre gesondert darzustellen,
7. die Ergebnisrechnung, die Finanzrechnung und die Bilanz des Vorvorjahres; soweit der betreffende Jahresabschluss noch nicht festgestellt wurde, reicht der von der Hauptverwaltungsbeamtin oder dem Hauptverwaltungsbeamten bestätigte Entwurf,
8. die Wirtschaftspläne und neuesten Jahresabschlüsse der Sondervermögen, für die Sonderrechnungen geführt werden,
9. die Wirtschaftspläne und neuesten Jahresabschlüsse der Unternehmen und Einrichtungen mit eigener Rechtspersönlichkeit, an denen die Kommune mit mehr als 20 Prozent unmittelbar oder mittelbar beteiligt ist, an die Stelle der Wirtschaftspläne und Jahresabschlüsse kann eine kurz gefasste Übersicht über die Wirtschaftslage und die voraussichtliche Entwicklung der Unternehmen und Einrichtungen treten,
10. in den kreisfreien Städten die Übersichten mit bezirksbezogenen Haushaltsangaben.
Für die Vorlage der Anlagen gemäß Nummer 7 kann die Aufsichtsbehörde in begründeten Einzelfällen bis zum Haushaltsjahr 2021 Ausnahmen zulassen.
(3) Den im Haushaltsplan für das Haushaltsjahr zu veranschlagenden Erträgen und Aufwendungen sowie Einzahlungen und Auszahlungen sind die Ergebnisse der Rechnung des Vorvorjahres und die Haushaltspositionen des Vorjahres voranzustellen und die Planungspositionen der dem Haushaltsjahr folgenden drei Jahre anzufügen (mittelfristige Ergebnis- und Finanzplanung).

§ 2 Ergebnisplan

(1) Der Ergebnisplan enthält in Form des vorgegebenen Musters nach § 133 Absatz 3 der Gemeindeordnung:
die ordentlichen Erträge:
1. Steuern und ähnliche Abgaben,
2. Zuwendungen und allgemeine Umlagen,
3. sonstige Transfererträge,
4. öffentlich-rechtliche Leistungsentgelte,
5. privatrechtliche Leistungsentgelte,
6. Kostenerstattungen und Kostenumlagen,
7. sonstige ordentliche Erträge,
8. aktivierte Eigenleistungen,
9. Bestandsveränderungen,
die ordentlichen Aufwendungen:
10. Personalaufwendungen,
11. Versorgungsaufwendungen,
12. Aufwendungen für Sach- und Dienstleistungen,
13. bilanzielle Abschreibungen,
14. Transferaufwendungen,
15. sonstige ordentliche Aufwendungen,
außerdem:
16. Finanzerträge,
17. Zinsen und sonstige Finanzaufwendungen
und:
18. außerordentliche Erträge,
19. außerordentliche Aufwendungen.
(2) Im Ergebnisplan sind für jedes Haushaltsjahr
1. der Saldo aus der Summe der ordentlichen Erträge und der Summe der ordentlichen Aufwendungen als ordentliches Ergebnis,
2. der Saldo aus den Finanzerträgen und den Zinsen und sonstigen Finanzaufwendungen als Finanzergebnis,
3. die Summe aus dem ordentlichen Ergebnis und dem Finanzergebnis als Ergebnis der laufenden Verwaltungstätigkeit,
4. der Saldo aus den außerordentlichen Erträgen und den außerordentlichen Aufwendungen als außerordentliches Ergebnis,
5. die Summe aus Ergebnis der laufenden Verwaltungstätigkeit und außerordentlichem Ergebnis als Jahresergebnis
auszuweisen.
(3) Die Zuordnung von Erträgen und Aufwendungen zu den Positionen des Ergebnisplans ist auf der Grundlage des vom für Kommunales zuständigen Ministerium bekannt gegebenen Kontierungsplans vorzunehmen.

§ 3 Finanzplan

(1) Der Finanzplan enthält in Form des vorgegebenen Musters nach § 133 Absatz 3 der Gemeindeordnung:
die Einzahlungen aus laufender Verwaltungstätigkeit:
1. Steuern und ähnliche Abgaben,
2. Zuwendungen und allgemeine Umlagen,
3. sonstige Transfereinzahlungen,
4. öffentlich-rechtliche Leistungsentgelte,
5. privatrechtliche Leistungsentgelte,
6. Kostenerstattungen und Kostenumlagen,
7. sonstige Einzahlungen,
8. Zinsen und sonstige Finanzeinzahlungen,

die Auszahlungen aus laufender Verwaltungstätigkeit:
9. Personalauszahlungen,
10. Versorgungsauszahlungen,
11. Auszahlungen für Sach- und Dienstleistungen,
12. Zinsen und sonstige Finanzauszahlungen,
13. Transferauszahlungen,
14. sonstige Auszahlungen,
aus Investitionstätigkeit
die Einzahlungen:
15. aus Zuwendungen für Investitionsmaßnahmen,
16. aus der Veräußerung von Sachanlagen,
17. aus der Veräußerung von Finanzanlagen,
18. von Beiträgen und ähnlichen Entgelten und
19. sonstige Investitionseinzahlungen,
die Auszahlungen:
20. für den Erwerb von Grundstücken und Gebäuden,
21. für Baumaßnahmen,
22. für den Erwerb von beweglichem Anlagevermögen,
23. für den Erwerb von Finanzanlagen,
24. von aktivierbaren Zuwendungen und
25. sonstige Investitionsauszahlungen,
aus Finanzierungstätigkeit:
26. Einzahlungen aus der Aufnahme von Krediten für Investitionen und diesen wirtschaftlich gleichkommenden Rechtsverhältnissen,
27. Einzahlungen aus der Aufnahme von Krediten zur Liquiditätssicherung,
28. Auszahlungen für die Tilgung von Krediten für Investitionen und diesen wirtschaftlich gleichkommenden Rechtsverhältnissen,
29. Auszahlungen für die Tilgung von Krediten zur Liquiditätssicherung.
(2) Im Finanzplan sind für jedes Haushaltsjahr
1. der Zahlungsmittelsaldo aus den Ein- und Auszahlungen aus laufender Verwaltungstätigkeit als Saldo aus laufender Verwaltungstätigkeit,
2. der Saldo aus den Ein- und Auszahlungen aus Investitionstätigkeit als Saldo aus Investitionstätigkeit,
3. die Summe der Salden nach den Nummern 1 und 2 als Finanzmittelüberschuss oder Finanzmittelfehlbetrag,
4. der Saldo aus den Ein- und Auszahlungen aus Finanzierungstätigkeit als Saldo aus Finanzierungstätigkeit,
5. die Summe aus Finanzmittelüberschuss oder Finanzmittelfehlbetrag und aus dem Saldo nach Nummer 4,
6. die Summe nach Nummer 5 und dem Bestand am Anfang des Haushaltsjahres als Bestand an Finanzmitteln am Ende des Haushaltsjahres
auszuweisen.
(3) Die Zuordnung von Einzahlungen und Auszahlungen zu den Positionen des Finanzplans ist auf der Grundlage des vom für Kommunales zuständigen Ministerium bekannt gegebenen Kontierungsplans vorzunehmen.

§ 4 Teilpläne, Budgets

(1) Der Haushaltsplan ist in Teilpläne zu gliedern. Die Teilpläne sind produktorientiert zu bilden. Sie bestehen aus einem Teilergebnisplan und einem Teilfinanzplan. Sie werden nach Produktbereichen oder nach Verantwortungsbereichen (Budgets) unter Beachtung des vom für Kommunales zuständigen Ministerium bekannt gegebenen Produktrahmens aufgestellt.
(2) Die Aufstellung der Teilpläne ist nach folgenden Maßgaben vorzunehmen:
1. Werden Teilpläne nach Produktbereichen aufgestellt, sollen dazu die Ziele und soweit möglich die Kennzahlen zur Messung der Zielerreichung, die Produktgruppen und die wesentlichen Produkte beschrieben werden.

2. Werden Teilpläne nach Produktgruppen oder nach Produkten aufgestellt, sollen dazu die Ziele und die Kennzahlen zur Messung der Zielerreichung beschrieben werden. Diesen Teilplänen sind die Produktbereiche nach Absatz 1 voranzustellen, deren Teilergebnispläne die Summen der Erträge und der Aufwendungen und deren Teilfinanzpläne die Summen der Einzahlungen und der Auszahlungen für Investitionen ausweisen müssen.
3. Werden Teilpläne nach örtlichen Verantwortungsbereichen aufgestellt, sollen dazu die Aufgaben und die dafür gebildeten Produkte sowie die Ziele und die Kennzahlen zur Messung der Zielerreichung beschrieben werden. Diesen Teilplänen sind in einer Übersicht die Produktbereiche nach Absatz 1 voranzustellen, deren Teilergebnispläne die Summen der Erträge und der Aufwendungen und deren Teilfinanzpläne die Summen der Einzahlungen und der Auszahlungen für Investitionen ausweisen müssen.
(3) Die Teilergebnispläne sind entsprechend § 2 aufzustellen. Für jeden Teilergebnisplan ist ein Jahresergebnis entsprechend § 2 Absatz 2 darzustellen. Soweit Erträge und Aufwendungen aus internen Leistungsbeziehungen für die Haushaltsbewirtschaftung erfasst werden, sind diese zusätzlich abzubilden.
(4) Für die Teilfinanzpläne gilt § 3 entsprechend, soweit die dort enthaltenen Einzahlungen und Auszahlungen nicht zentral im Haushalt oder einem Teilfinanzplan veranschlagt sind. Abweichend von Satz 1 kann die Darstellung im Teilfinanzplan auf § 3 Absatz 1 Nummern 15 bis 19 und Nummern 20 bis 25 unter Angabe des Saldos aus § 3 Absatz 2 Nummer 2 beschränkt werden. Die Investitionen sind einzeln oberhalb der vom Vertretungsorgan festgelegten Wertgrenze unter Angabe der Ein- und Auszahlungen sowie der jeweiligen Investitionssumme und der Verpflichtungsermächtigungen für die Folgejahre darzustellen.
(5) Die zur Ausführung des Haushaltsplans getroffenen Bewirtschaftungsregelungen sind in den Teilplänen oder in der Haushaltssatzung auszuweisen.
(6) Eine Position im Teilergebnisplan oder im Teilfinanzplan, die keinen Betrag ausweist, kann entfallen, es sei denn, im Vorjahr oder im Vorvorjahr wurde unter dieser Position ein Betrag ausgewiesen oder in der mittelfristigen Ergebnis- und Finanzplanung soll unter dieser Position ein Betrag ausgewiesen werden.

§ 5 Haushaltssicherungskonzept

Im Haushaltssicherungskonzept gemäß § 76 der Gemeindeordnung sind die Ausgangslage, die Ursachen der entstandenen Fehlentwicklung und deren vorgesehene Beseitigung zu beschreiben. Das Haushaltssicherungskonzept soll die schnellstmögliche Wiedererlangung des Haushaltsausgleichs gewährleisten und darstellen, wie nach Umsetzung der darin enthaltenen Maßnahmen der Haushalt so gesteuert werden kann, dass er in Zukunft dauerhaft ausgeglichen sein wird.

§ 6 Berücksichtigung von Orientierungsdaten im Haushaltsplan

Bei der Aufstellung und Fortschreibung der Ergebnis- und Finanzplanung sollen die vom für Kommunales zuständigen Ministerium bekannt gegebenen Orientierungsdaten berücksichtigt werden.

§ 7 Vorbericht

(1) Der Vorbericht soll einen Überblick über die Eckpunkte des Haushaltsplans geben. Die Entwicklung und die aktuelle Lage der Kommune sind anhand der im Haushaltsplan enthaltenen Informationen und der Ergebnis- und Finanzdaten darzustellen.
(2) Der Vorbericht soll unter Berücksichtigung der nachfolgenden Gliederung Aussagen enthalten über:
1. welche wesentlichen Ziele und Strategien die Kommune verfolgt und welche Änderungen gegenüber dem Vorjahr eintreten werden,
2. wie sich die wesentlichen Erträge, Aufwendungen, Einzahlungen und Auszahlungen, das Vermögen, die Verbindlichkeiten und die Zinsbelastungen sowie die Verpflichtungen aus Bürgschaften, Gewährverträgen und ihnen wirtschaftlich gleichkommenden Rechtsgeschäften in den beiden dem

Haushaltsjahr vorangegangenen Haushaltsjahren entwickelt haben und voraussichtlich im mittelfristigen Ergebnis- und Finanzplanungszeitraums entwickeln werden,
3. wie sich das Jahresergebnis und das Eigenkapital im Haushaltsjahr und in den dem Haushaltsjahr folgenden drei Jahren entwickeln werden und in welchem Verhältnis diese Entwicklung zum Deckungsbedarf des Finanzplans steht,
4. welche wesentlichen Investitionen, Instandsetzungs- und Erhaltungsmaßnahmen im Haushaltsjahr geplant sind und welche Auswirkungen sich hieraus für die Haushalte der folgenden Jahre ergeben,
5. wie sich der Saldo aus laufender Verwaltungstätigkeit und aus Finanzierungstätigkeit entwickeln wird unter besonderer Angabe der Entwicklung der Kredite zur Liquiditätssicherung inklusive eines darzustellenden Abbaupfades,
6. wenn ein Haushaltssicherungskonzept aufgestellt wurde, wie die für das Haushaltsjahr vorgesehenen Maßnahmen im Haushaltsplan verwirklicht werden und wie sich diese auf die künftige Entwicklung der Ertrags-, Finanz- und Vermögenslage auswirken,
7. welche wesentlichen haushaltswirtschaftlichen Belastungen sich insbesondere aus der Eigenkapitalausstattung und der Verlustabdeckung für andere Organisationseinheiten und Vermögensmassen, aus Umlagen, aus Straßenentwässerungskostenanteilen, der Übernahme von Bürgschaften und anderen Sicherheiten sowie Gewährverträgen ergeben werden oder zu erwarten sind aus
   a) den Sondervermögen der Kommune, für die aufgrund gesetzlicher Vorschriften Sonderrechnungen geführt werden,
   b) den Formen interkommunaler Zusammenarbeit, an denen die Kommune beteiligt ist, und
   c) den unmittelbaren und mittelbaren Beteiligungen der Kommune an Unternehmen in einer Rechtsform des öffentlichen und privaten Rechts.

§ 8 Stellenplan

(1) Der Stellenplan hat die im Haushaltsjahr erforderlichen Stellen der Beamtinnen und Beamten und der nicht nur vorübergehend beschäftigten Bediensteten auszuweisen. Stellen von Beamtinnen und Beamten in Einrichtungen von Sondervermögen, für die Sonderrechnungen geführt werden, sind gesondert aufzuführen.
(2) Im Stellenplan ist ferner für jede Besoldungs- und Entgeltgruppe die Gesamtzahl der Stellen für das Vorjahr sowie der am 30. Juni des Vorjahres besetzten Stellen anzugeben. Wesentliche Abweichungen vom Stellenplan des Vorjahres sowie geplante zukünftige Veränderungen sind zu erläutern.
(3) Dem Stellenplan ist beizufügen:
1. eine Übersicht über die vorgesehene Aufteilung der Stellen des Stellenplans auf die Produktbereiche, soweit diese nicht auszugsweise den einzelnen Teilplänen beigefügt sind,
2. eine Übersicht über die vorgesehene Zahl der Nachwuchskräfte und der informatorisch beschäftigten Dienstkräfte.

§ 9 Haushaltsplan für zwei Jahre

(1) Werden in der Haushaltssatzung Ermächtigungen für zwei Haushaltsjahre ausgesprochen, sind im Ergebnisplan die Erträge und Aufwendungen und im Finanzplan die Einzahlungen, Auszahlungen und Verpflichtungsermächtigungen für jedes der beiden Haushaltsjahre getrennt aufzuführen.
(2) Die Fortschreibung der mittelfristigen Ergebnis- und Finanzplanung im ersten Haushaltsjahr ist dem Vertretungsorgan vor Beginn des zweiten Haushaltsjahres vorzulegen.
(3) Anlagen nach § 1 Absatz 2 Nummer 8 bis 10, die nach der Beschlussfassung über die Haushaltssatzung nach Absatz 1 erstellt worden sind, müssen der Fortschreibung nach Absatz 2 beigefügt werden.

§ 10 Nachtragshaushaltsplan

(1) Der Nachtragshaushaltsplan muss alle erheblichen Änderungen der Erträge und Aufwendungen und der Einzahlungen und Auszahlungen, die zum Zeitpunkt seiner Aufstellung übersehbar sind, einschließlich der bereits geleisteten oder angeordneten über- und außerplanmäßigen Aufwendungen und Auszahlungen, sowie die damit zusammenhängenden Änderungen der Ziele und Kennzahlen enthalten.

(2) Enthält der Nachtragshaushaltsplan neue Verpflichtungsermächtigungen, so sind deren Auswirkungen auf die mittelfristige Finanzplanung anzugeben, die Übersicht nach § 1 Absatz 2 Nummer 6 ist zu ergänzen.

Teil 4

Buchführung, Inventar, Zahlungsabwicklung

§ 28 Buchführung

(1) Alle Geschäftsvorfälle sowie die Vermögens- und Schuldenlage sind nach dem System der doppelten Buchführung und unter Beachtung der Grundsätze ordnungsmäßiger Buchführung in den Büchern klar ersichtlich und nachprüfbar aufzuzeichnen. Die Bücher müssen Auswertungen nach der Haushaltsgliederung, nach der sachlichen Ordnung sowie in zeitlicher Ordnung zulassen.
(2) Die Eintragungen in die Bücher müssen vollständig, richtig, zeitgerecht und geordnet vorgenommen werden, so dass die Geschäftsvorfälle in ihrer Entstehung und Abwicklung nachvollziehbar sind. Eine Eintragung oder eine Aufzeichnung in den Büchern darf nicht in einer Weise verändert werden, dass der ursprüngliche Inhalt nicht mehr feststellbar ist. Auch solche Veränderungen dürfen nicht vorgenommen werden, deren Beschaffenheit es ungewiss lässt, ob sie ursprünglich oder erst später gemacht worden sind.
(3) Den Buchungen sind Belege, durch die der Nachweis der richtigen und vollständigen Ermittlung der Ansprüche und Verpflichtungen zu erbringen ist, zu Grunde zu legen (begründende Unterlagen). Die Buchungsbelege müssen Hinweise enthalten, die eine Verbindung zu den Eintragungen in den Büchern herstellen.
(4) Aus den Buchungen der zahlungswirksamen Geschäftsvorfälle sind die Zahlungen für den Ausweis in der Finanzrechnung durch eine von der Kommune bestimmte Buchungsmethode zu ermitteln. Die Ermittlung darf nicht durch eine indirekte Rückrechnung aus dem in der Ergebnisrechnung ausgewiesenen Jahresergebnis erfolgen.
(5) Bei der Buchführung mit Hilfe automatisierter Datenverarbeitung (DV-Buchführung) muss unter Beachtung der Grundsätze zur ordnungsmäßigen Führung und Aufbewahrung von Büchern, Aufzeichnungen und Unterlagen in elektronischer Form sowie zum Datenzugriff (GoBD) sichergestellt werden, dass
1. fachlich geprüfte Programme und freigegebene Verfahren eingesetzt werden,
2. die Daten vollständig und richtig erfasst, eingegeben, verarbeitet und ausgegeben werden,
3. nachvollziehbar dokumentiert ist, wer, wann, welche Daten eingegeben oder verändert hat,
4. in das automatisierte Verfahren nicht unbefugt eingegriffen werden kann,
5. die gespeicherten Daten nicht verloren gehen und nicht unbefugt verändert werden können,
6. die gespeicherten Daten bis zum Ablauf der Aufbewahrungsfristen jederzeit in angemessener Frist lesbar und maschinell auswertbar sind,
7. Berichtigungen der Bücher protokolliert und die Protokolle wie Belege aufbewahrt werden,
8. elektronische Signaturen mindestens während der Dauer der Aufbewahrungsfristen nachprüfbar sind,
9. die Unterlagen, die für den Nachweis der richtigen und vollständigen Ermittlung der Ansprüche oder Zahlungsverpflichtungen sowie für die ordnungsgemäße Abwicklung der Buchführung und des Zahlungsverkehrs erforderlich sind, einschließlich eines Verzeichnisses über den Aufbau der Datensätze und die Dokumentation der eingesetzten Programme und Verfahren bis zum Ablauf der Aufbewahrungsfrist verfügbar bleiben, § 59 bleibt unberührt,
10. die Verwaltung von Informationssystemen und automatisierten Verfahren von der fachlichen Sachbearbeitung und der Erledigung von Aufgaben der Finanzbuchhaltung verantwortlich abgegrenzt wird.
(6) Für durchlaufende Finanzmittel sowie andere haushaltsfremde Vorgänge sind gesonderte Nachweise zu führen.
(7) Der Buchführung ist der vom für Kommunales zuständigen Ministerium bekannt gegebene Kontenrahmen zu Grunde zu legen. Der Kontenrahmen kann bei Bedarf ergänzt werden. Die eingerichteten Konten sind in einem Verzeichnis (Kontenplan) aufzuführen.

§ 29 Inventar, Inventur

(1) Für die Aufstellung des Inventars und die Durchführung der Inventur gemäß § 91 Absatz 1 und 2 der Gemeindeordnung gilt:
1. Vermögensgegenstände des Sachanlagevermögens sowie Roh-, Hilfs- und Betriebsstoffe können, wenn sie regelmäßig ersetzt werden und ihr Gesamtwert für die Kommune von nachrangiger Bedeutung ist, mit einer gleichbleibenden Menge und einem gleichbleibenden Wert (Festwert) angesetzt werden, sofern ihr Bestand in seiner Größe, seinem Wert und seiner Zusammensetzung nur geringen Veränderungen unterliegt, jedoch ist in der Regel alle fünf Jahre eine körperliche Bestandsaufnahme durchzuführen;
2. wird für Aufwuchs ein pauschaliertes Festwertverfahren angewendet, ist eine Revision nach zehn Jahren und eine Neuberechnung des Forsteinrichtungswerks alle 20 Jahre durchzuführen und
3. gleichartige Vermögensgegenstände des Vorratsvermögens sowie andere gleichartige oder annähernd gleichwertige bewegliche Vermögensgegenstände und Schulden können jeweils zu einer Gruppe zusammengefasst und mit dem gewogenen Durchschnittswert angesetzt werden.
(2) Die Hauptverwaltungsbeamtin oder der Hauptverwaltungsbeamte regelt das Nähere über die Durchführung der Inventur.
(3) Das Verfahren und die Ergebnisse der Inventur sind so zu dokumentieren, dass diese für sachverständige Dritte in angemessener Zeit nachvollziehbar sind.

§ 30 Inventurvereinfachungsverfahren

(1) Bei der Aufstellung des Inventars darf der Bestand der Vermögensgegenstände nach Art, Menge und Wert auch mit Hilfe anerkannter mathematisch-statistischer Methoden auf Grund von Stichproben ermittelt werden. Das Verfahren muss den Grundsätzen ordnungsmäßiger Buchführung entsprechen. Der Aussagewert des auf diese Weise aufgestellten Inventars muss dem Aussagewert eines auf Grund einer körperlichen Bestandsaufnahme aufgestellten Inventars gleichkommen.
(2) Bei der Aufstellung des Inventars für den Schluss eines Haushaltsjahres bedarf es einer körperlichen Bestandsaufnahme der Vermögensgegenstände für diesen Zeitpunkt nicht, soweit durch Anwendung eines den Grundsätzen ordnungsmäßiger Buchführung entsprechenden anderen Verfahrens gesichert ist, dass der Bestand der Vermögensgegenstände nach Art, Menge und Wert auch ohne die körperliche Bestandsaufnahme für diesen Zeitpunkt festgestellt werden kann. Bei Anwendung des Buchinventurverfahrens soll das Intervall für die körperliche Bestandsaufnahme bei körperlichen beweglichen Vermögensgegenständen des Anlagevermögens fünf Jahre und bei körperlichen unbeweglichen Vermögensgegenständen des Anlagevermögens zehn Jahre nicht überschreiten.
(3) In dem Inventar für den Schluss eines Haushaltsjahres brauchen Vermögensgegenstände nicht verzeichnet zu werden, wenn
1. die Kommune ihren Bestand auf Grund einer körperlichen Bestandsaufnahme oder auf Grund eines nach Absatz 2 zulässigen anderen Verfahrens nach Art, Menge und Wert in einem besonderen Inventar verzeichnet hat, das für einen Tag innerhalb der letzten drei Monate vor oder der ersten beiden Monate nach dem Schluss des Haushaltsjahres aufgestellt ist, und
2. auf Grund des besonderen Inventars durch Anwendung eines den Grundsätzen ordnungsmäßiger Buchführung entsprechenden Fortschreibungs- oder Rückrechnungsverfahrens gesichert ist, dass der am Schluss des Haushaltsjahres vorhandene Bestand der Vermögensgegenstände für diesen Zeitpunkt ordnungsgemäß bewertet werden kann.
(4) Die Hauptverwaltungsbeamtin oder der Hauptverwaltungsbeamte kann für bewegliche Gegenstände des Sachanlagevermögens, deren Anschaffungs- oder Herstellungskosten im Einzelnen wertmäßig den Betrag von 800 Euro ohne Umsatzsteuer nicht überschreiten, Befreiungen von § 91 Absatz 1 und 2 der Gemeindeordnung vorsehen.
(5) Sofern Vorratsbestände von Roh-, Hilfs- und Betriebsstoffen, Waren sowie unfertige und fertige Erzeugnisse bereits dem Lager entnommen sind, gelten sie als verbraucht und dürfen nicht erfasst und bewertet werden.

§ 31 Zahlungsabwicklung, Liquiditätsplanung

(1) Zur Zahlungsabwicklung gehören die Annahme von Einzahlungen, die Leistung von Auszahlungen und die Verwaltung der Finanzmittel. Jeder Zahlungsvorgang ist zu erfassen und zu dokumentieren, dabei sind die durchlaufenden und die fremden Finanzmittel nach § 15 Absatz 1 gesondert zu erfassen.
(2) Jeder Zahlungsanspruch und jede Zahlungsverpflichtung sind auf ihren Grund und ihre Höhe zu prüfen und festzustellen (sachliche und rechnerische Feststellung). Die Hauptverwaltungsbeamtin oder der Hauptverwaltungsbeamte regelt die Befugnis für die sachliche und rechnerische Feststellung.
(3) Zahlungsabwicklung und Buchführung dürfen nicht von demselben Beschäftigten wahrgenommen werden. Beschäftigten, denen die Buchführung oder die Abwicklung von Zahlungen obliegt, darf die Befugnis zur sachlichen und rechnerischen Feststellung nur übertragen werden, wenn und soweit der Sachverhalt nur von ihnen beurteilt werden kann. Zahlungsaufträge sind von zwei Beschäftigten freizugeben.
(4) Die Finanzmittelkonten sind am Schluss des Buchungstages oder vor Beginn des folgenden Buchungstages mit den Bankkonten abzugleichen. Am Ende des Haushaltsjahres sind sie für die Aufstellung des Jahresabschlusses abzuschließen und der Bestand an Finanzmitteln ist festzustellen.
(5) Die Zahlungsabwicklung ist mindestens einmal jährlich unvermutet zu prüfen. Überwacht die örtliche Rechnungsprüfung dauernd die Zahlungsabwicklung, kann von der unvermuteten Prüfung abgesehen werden.
(6) Die Kommune hat ihre Zahlungsfähigkeit durch eine angemessene Liquiditätsplanung unter Einbeziehung der im Finanzplan ausgewiesenen Einzahlungen und Auszahlungen sicherzustellen.

§ 32 Sicherheitsstandards und interne Aufsicht

(1) Um die ordnungsgemäße Erledigung der Aufgaben der Finanzbuchhaltung unter besonderer Berücksichtigung des Umgangs mit Zahlungsmitteln sowie die Verwahrung und Verwaltung von Wertgegenständen sicherzustellen, sind von der Hauptverwaltungsbeamtin oder dem Hauptverwaltungsbeamten nähere Vorschriften unter Berücksichtigung der örtlichen Gegebenheiten zu erlassen. Die Vorschriften können ein Weisungsrecht oder einen Zustimmungsvorbehalt der Hauptverwaltungsbeamtin oder des Hauptverwaltungsbeamten vorsehen, müssen inhaltlich hinreichend bestimmt sein und bedürfen der Schriftform. Sie sind dem Vertretungsorgan zur Kenntnis zu geben.
(2) Die örtlichen Vorschriften nach Absatz 1 müssen mindestens Bestimmungen in Ausführung des § 23 Absatz 1 und der §§ 28, 31 und 59 sowie über
1. die Aufbau- und Ablauforganisation der Finanzbuchhaltung (Geschäftsablauf) mit Festlegungen über
   1.1 sachbezogene Verantwortlichkeiten,
   1.2 schriftliche Unterschriftsbefugnisse oder elektronische Signaturen mit Angabe von Form und Umfang,
   1.3 zentrale oder dezentrale Erledigung der Zahlungsabwicklung mit Festlegung eines Verantwortlichen für die Sicherstellung der Zahlungsfähigkeit,
   1.4 Buchungsverfahren mit und ohne Zahlungsabwicklung sowie die Identifikation von Buchungen,
   1.5 die tägliche Abstimmung der Konten mit Ermittlung der Liquidität,
   1.6 die Jahresabstimmung der Konten für den Jahresabschluss,
   1.7 die Behandlung von Kleinbeträgen,
   1.8 Stundung, Niederschlagung und Erlass von Ansprüchen der Kommune,
   1.9 Mahn- und Vollstreckungsverfahren mit Festlegung einer zentralen Stelle sowie gegebenenfalls weiterer Stellen mit deren abweichend davon festgelegten Einzelzuständigkeiten,
2. den Einsatz von automatisierter Datenverarbeitung in der Finanzbuchhaltung mit Festlegungen über
   2.1 die Freigabe von Verfahren,
   2.2 Berechtigungen im Verfahren,
   2.3 Dokumentation der eingegebenen Daten und ihrer Veränderungen,
   2.4 Identifikationen innerhalb der sachlichen und zeitlichen Buchung,
   2.5 Nachprüfbarkeit von elektronischen Signaturen,
   2.6 Sicherung und Kontrolle der Verfahren,

2.7 die Abgrenzung der Verwaltung von Informationssystemen und automatisierten Verfahren von der fachlichen Sachbearbeitung und der Erledigung der Aufgaben der Finanzbuchhaltung,
3. die Verwaltung der Zahlungsmittel mit Festlegungen über
3.1 Einrichtung von Bankkonten,
3.2 Unterschriften von zwei Beschäftigten im Bankverkehr,
3.3 Aufbewahrung, Beförderung und Entgegennahme von Zahlungsmitteln durch Beschäftigte und Automaten,
3.4 Einsatz von Geldkarte, Debitkarte oder Kreditkarte sowie Schecks,
3.5 Anlage nicht benötigter Zahlungsmittel,
3.6 Aufnahme und Rückzahlung von Krediten zur Liquiditätssicherung,
3.7 die durchlaufende Zahlungsabwicklung und fremde Finanzmittel,
3.8 die Bereitstellung von Liquidität im Rahmen eines Liquiditätsverbundes, wenn ein solcher eingerichtet ist,
4. die Sicherheit und Überwachung der Finanzbuchhaltung mit Festlegungen über
4.1 ein Verbot bestimmter Tätigkeiten in Personalunion,
4.2 die Sicherheitseinrichtungen,
4.3 die Aufsicht und Kontrolle über Buchführung und Zahlungsabwicklung,
4.4 regelmäßige und unvermutete Prüfungen,
4.5 die Beteiligung der örtlichen Rechnungsprüfung und der Kämmerin oder des Kämmerers,
5. die sichere Verwahrung und die Verwaltung von Wertgegenständen sowie von Unterlagen nach § 59

enthalten.

(3) Beschäftigte, denen die Abwicklung von Zahlungen obliegt, können mit der Stundung, Niederschlagung und dem Erlass von kommunalen Ansprüchen beauftragt werden, wenn dies der Verwaltungsvereinfachung dient und eine ordnungsgemäße Erledigung gewährleistet ist.

(4) Die Hauptverwaltungsbeamtin oder der Hauptverwaltungsbeamte hat die Aufsicht über die Finanzbuchhaltung. Sie oder er kann die Aufsicht einer Beigeordneten oder einem Beigeordneten oder einer oder einem sonstigen Beschäftigten übertragen, der oder dem nicht die Abwicklung von Zahlungen obliegt. Ist eine Kämmerin oder ein Kämmerer bestellt, so hat sie oder er die Aufsicht über die Finanzbuchhaltung, sofern sie oder er nicht nach § 93 Absatz 2 der Gemeindeordnung als Verantwortliche oder als Verantwortlicher für die Finanzbuchhaltung bestellt ist.

Teil 5

Vermögen und Schulden

§ 33 Allgemeine Bewertungsanforderungen

(1) Die Bewertung des im Jahresabschluss auszuweisenden Vermögens und der Schulden ist unter Beachtung der Grundsätze ordnungsmäßiger Buchführung vorzunehmen. Dabei gilt insbesondere:
1. Die Wertansätze der Eröffnungsbilanz des Haushaltsjahres müssen mit denen der Schlussbilanz des vorhergehenden Haushaltsjahres übereinstimmen.
2. Die Vermögensgegenstände und die Schulden sind zum Abschlussstichtag einzeln zu bewerten.
3. Es ist wirklichkeitsgetreu zu bewerten, namentlich sind alle vorhersehbaren Risiken und Verluste, die bis zum Abschlussstichtag entstanden sind, zu berücksichtigen, selbst wenn diese erst zwischen dem Abschlussstichtag und dem Tag der Aufstellung des Jahresabschlusses bekannt geworden sind; Risiken und Verluste, für deren Verwirklichung im Hinblick auf die besonderen Verhältnisse der öffentlichen Haushaltswirtschaft nur eine geringe Wahrscheinlichkeit spricht, bleiben außer Betracht. Gewinne sind nur zu berücksichtigen, wenn sie am Abschlussstichtag realisiert sind.
4. Im Haushaltsjahr entstandene Aufwendungen und erzielte Erträge sind unabhängig von den Zeitpunkten der entsprechenden Zahlungen im Jahresabschluss zu berücksichtigen.
5. Die auf den vorhergehenden Jahresabschluss angewandten Bewertungsmethoden sollen beibehalten werden.

(2) Von den Grundsätzen des Absatzes 1 darf nur in begründeten Ausnahmefällen abgewichen werden.

§ 34 Wertansätze für Vermögensgegenstände

(1) Ein Vermögensgegenstand ist in die Bilanz aufzunehmen, wenn die Kommune das wirtschaftliche Eigentum daran innehat und dieser selbstständig verwertbar ist. Als Anlagevermögen sind nur die Gegenstände auszuweisen, die dazu bestimmt sind, dauernd der Aufgabenerfüllung der Kommune zu dienen.
(2) Anschaffungskosten sind die Aufwendungen, die geleistet werden, um einen Vermögensgegenstand zu erwerben und ihn in einen betriebsbereiten Zustand zu versetzen, soweit sie dem Vermögensgegenstand einzeln zugeordnet werden können. Zu den Anschaffungskosten gehören auch die Nebenkosten sowie die nachträglichen Anschaffungskosten. Minderungen des Anschaffungspreises sind abzusetzen.
(3) Herstellungskosten sind die Aufwendungen, die durch den Verbrauch von Gütern und die Inanspruchnahme von Diensten für die Herstellung eines Vermögensgegenstands, seine Erweiterung oder für eine über seinen ursprünglichen Zustand hinausgehende wesentliche Verbesserung entstehen. Dazu gehören die Materialkosten, die Fertigungskosten und die Sonderkosten der Fertigung. Bei der Berechnung der Herstellungskosten dürfen auch angemessene Teile der notwendigen Materialgemeinkosten, der notwendigen Fertigungsgemeinkosten und des Wertverzehrs des Anlagevermögens, soweit er durch die Fertigung veranlasst ist, eingerechnet werden. Kosten der allgemeinen Verwaltung sowie Aufwendungen für soziale Einrichtungen der Verwaltung, für freiwillige soziale Leistungen und für betriebliche Altersversorgung brauchen nicht eingerechnet zu werden. Aufwendungen im Sinne der Sätze 3 und 4 dürfen nur insoweit berücksichtigt werden, als sie auf den Zeitraum der Herstellung entfallen.
(4) Zinsen für Fremdkapital gehören nicht zu den Herstellungskosten. Zinsen für Fremdkapital, welches zur Finanzierung der Herstellung eines Vermögensgegenstands verwendet wird, dürfen als Herstellungskosten angesetzt werden, soweit sie auf den Zeitraum der Herstellung entfallen.
(5) Forderungen sind mit dem Nominalbetrag anzusetzen. Soweit ein Ausfallrisiko besteht, ist der Nominalbetrag entweder durch Einzel- oder durch Pauschalwert- oder durch pauschale Einzelwertberichtigung zu vermindern.

§ 35 Bewertungsvereinfachungsverfahren

Soweit es den Grundsätzen ordnungsmäßiger Buchführung entspricht, kann für den Wertansatz gleichartiger Vermögensgegenstände des Vorratsvermögens unterstellt werden, dass die zuerst oder die zuletzt angeschafften oder hergestellten Vermögensgegenstände zuerst verbraucht oder veräußert worden sind. § 29 Absatz 1 Nummer 1 und 3 sind auch auf den Jahresabschluss anwendbar.

§ 35a Bildung von Bewertungseinheiten

Werden Kredite gemäß § 86 Absatz 1 Satz 4 der Gemeindeordnung aufgenommen, kann § 254 des Handelsgesetzbuchs angewandt werden. Sofern hiervon Gebrauch gemacht wird, sind § 88 Absatz 1 der Gemeindeordnung, § 33 Absatz 1 Nummer 2 und 3, § 36 Absatz 1 dieser Verordnung und § 256a des Handelsgesetzbuchs in dem Umfang und für den Zeitraum nicht anzuwenden, in dem die gegenläufigen Wertänderungen oder Zahlungsströme sich ausgleichen.

§ 36 Abschreibungen und Zuschreibungen

(1) Bei Vermögensgegenständen des Anlagevermögens, deren Nutzung zeitlich begrenzt ist, sind die Anschaffungs- oder Herstellungskosten um planmäßige Abschreibungen zu vermindern. Die Anschaffungs- oder Herstellungskosten sollen dazu linear auf die Haushaltsjahre verteilt werden, in denen der Vermögensgegenstand voraussichtlich genutzt wird. Die degressive Abschreibung oder die Leistungsabschreibung können dann angewandt werden, wenn dies dem tatsächlichen Ressourcenverbrauch besser entspricht.
(2) Bei Gebäuden dürfen für das Bauwerk und für die mit ihm verbundenen Gebäudeteile (Komponenten) Dach und Fenster unterschiedliche Nutzungsdauern bestimmt werden (Komponentenansatz). Darüber hinaus dürfen weitere Komponenten gebildet werden, soweit es sich um mit dem Gebäude verbundene physische Gebäudebestandteile handelt und deren Wert im Einzelnen mindestens 5 Prozent des Neubauwertes beträgt. Bei Straßen, Wegen und Plätzen in bituminöser Bauweise mit Unter-

bau dürfen für die Komponenten Deckschicht und Unterbau unterschiedliche Nutzungsdauern bestimmt werden. Für alle anderen Vermögensgegenstände ist die Anwendung des Komponentenansatzes ausgeschlossen.
(3) Vermögensgegenstände des Anlagevermögens, deren Anschaffungs- oder Herstellungskosten wertmäßig den Betrag von 800 Euro ohne Umsatzsteuer nicht übersteigen, die selbstständig genutzt werden können und einer Abnutzung unterliegen, können unmittelbar als Aufwand verbucht werden. In diesem Fall wird die Auszahlung der laufenden Verwaltungstätigkeit zugeordnet.
(4) Für die Bestimmung der wirtschaftlichen Nutzungsdauer von abnutzbaren Vermögensgegenständen ist die vom für Kommunales zuständigen Ministerium bekannt gegebene Abschreibungstabelle für Kommunen zu Grunde zu legen. Innerhalb des dort vorgegebenen Rahmens ist unter Berücksichtigung der tatsächlichen örtlichen Verhältnisse die Bestimmung der jeweiligen Nutzungsdauer so vorzunehmen, dass eine Stetigkeit für zukünftige Festlegungen von Abschreibungen gewährleistet wird. Eine Übersicht über die örtlich festgelegten Nutzungsdauern der Vermögensgegenstände (Abschreibungstabelle) sowie ihre nachträglichen Änderungen sind der Aufsichtsbehörde auf Anforderung vorzulegen.

(5) Wird, soweit nicht von der Möglichkeit des Absatzes 2 Gebrauch gemacht wird, durch Erhaltung oder Instandsetzung eines Vermögensgegenstandes des Anlagevermögens oder einer Komponente desselben, die im Sinne des Absatzes 2 als erheblich einzustufen wäre, eine Verlängerung seiner wirtschaftlichen Nutzungsdauer erreicht, ist er neu zu bewerten und die Restnutzungsdauer neu zu bestimmen. Entsprechend ist zu verfahren, wenn in Folge einer voraussichtlich dauernden Wertminderung eine Verkürzung eintritt.
(6) Außerplanmäßige Abschreibungen sind bei einer voraussichtlich dauernden Wertminderung eines Vermögensgegenstandes des Anlagevermögens vorzunehmen, um diesen mit dem niedrigeren Wert anzusetzen, der diesem am Abschlussstichtag beizulegen ist. Bei Finanzanlagen können außerplanmäßige Abschreibungen auch bei einer voraussichtlich nicht dauernden Wertminderung vorgenommen werden. Außerplanmäßige Abschreibungen sind im Anhang zu erläutern.
(7) Bei einer voraussichtlich dauernden Wertminderung von Grund und Boden durch die Anschaffung oder Herstellung von Infrastrukturvermögen können außerplanmäßige Abschreibungen bis zur Inbetriebnahme der Vermögensgegenstände linear auf den Zeitraum verteilt werden, in dem die Vermögensgegenstände angeschafft oder hergestellt werden. Absatz 6 Satz 3 gilt entsprechend.
(8) Bei Vermögensgegenständen des Umlaufvermögens sind Abschreibungen vorzunehmen, um diese mit einem niedrigeren Wert anzusetzen, der sich aus einem beizulegenden Wert am Abschlussstichtag ergibt.
(9) Stellt sich in einem späteren Haushaltsjahr heraus, dass die Gründe für eine Wertminderung eines Vermögensgegenstandes des Anlagevermögens nicht mehr bestehen, so ist der Betrag der Abschreibung im Umfang der Werterhöhung unter Berücksichtigung der Abschreibungen, die inzwischen vorzunehmen gewesen wären, zuzuschreiben. Zuschreibungen sind im Anhang zu erläutern.

§ 37 Wertansätze für Rückstellungen

(1) Pensionsverpflichtungen nach den beamtenrechtlichen Vorschriften sind als Rückstellung anzusetzen. Zu den Rückstellungen nach Satz 1 gehören bestehende Versorgungsansprüche sowie sämtliche Anwartschaften und andere fortgeltende Ansprüche nach dem Ausscheiden aus dem Dienst. Für die Rückstellungen ist im Teilwertverfahren der Barwert zu ermitteln. Der Berechnung ist ein Rechnungszinsfuß von 5 Prozent zu Grunde zu legen. Der Barwert für Ansprüche auf Beihilfen nach § 75 des Gesetz über die Beamtinnen und Beamten des Landes Nordrhein-Westfalen sowie andere Ansprüche außerhalb des Beamtenversorgungsgesetz für das Land Nordrhein-Westfalen kann als prozentualer Anteil der Rückstellungen für Versorgungsbezüge nach Satz 1 ermittelt werden. Der Prozentsatz nach Satz 5 ist aus dem Verhältnis des Volumens der gezahlten Leistungen nach Satz 5 zu dem Volumen der gezahlten Versorgungsbezüge zu ermitteln. Er bemisst sich nach dem Durchschnitt dieser Leistungen in den drei dem Jahresabschluss vorangehenden Haushaltsjahren. Die Ermittlung des Prozentsatzes ist mindestens alle fünf Jahre vorzunehmen. Abweichend kann der Barwert für die gesamten zukünftigen Ansprüche nach Satz 5 auf Grundlage des Durchschnitts dieser Leistungen im vorgenannten Zeitraum ermittelt werden.

(2) Soweit auf Grund einer allgemeinen Besoldungsanpassung Zuführungen zu den Rückstellungen nach Absatz 1 erforderlich sind, können diese Beträge ratierlich über die drei auf das Jahr der Anpassung folgenden Haushaltsjahre in der Ergebnisplanung beziehungsweise der Ergebnisrechnung verteilt werden.
(3) Für die Rekultivierung und Nachsorge von Deponien sind Rückstellungen in Höhe der zu erwartenden Gesamtkosten zum Zeitpunkt der Rekultivierungs- und Nachsorgemaßnahmen anzusetzen. Das gilt entsprechend für die Sanierung von Altlasten.
(4) Für unterlassene Instandhaltung von Sachanlagen sind Rückstellungen anzusetzen, wenn die Nachholung der Instandhaltung hinreichend konkret beabsichtigt ist und als bisher unterlassen bewertet werden muss. Die vorgesehenen Maßnahmen müssen am Abschlussstichtag einzeln bestimmt und wertmäßig beziffert sein.
(5) Für Verpflichtungen, die dem Grunde oder der Höhe nach zum Abschlussstichtag noch nicht genau bekannt sind, müssen Rückstellungen angesetzt werden, sofern der zu leistende Betrag nicht geringfügig ist. Es muss wahrscheinlich sein, dass eine Verbindlichkeit zukünftig entsteht, die wirtschaftliche Ursache vor dem Abschlussstichtag liegt und die zukünftige Inanspruchnahme voraussichtlich erfolgen wird. Ferner können Rückstellungen gebildet werden für unbestimmte Aufwendungen in künftigen Haushaltsjahren für die erhöhte Heranziehung zu Umlagen nach § 56 Kreisordnung für das Land Nordrhein-Westfalen, § 22 Landschaftsverbandsordnung für das Land Nordrhein-Westfalen, § 2 Städteregion Aachen Gesetz, § 19 des Gesetzes über den Regionalverband Ruhr aufgrund von ungewöhnlich hohen Steuereinzahlungen des Haushaltsjahres, die in die Berechnungen der Umlagegrundlage nach dem jeweils geltenden Gesetz zur Regelung der Zuweisungen des Landes Nordrhein-Westfalen an die Gemeinden und Gemeindeverbände einbezogen werden.
(6) Für drohende Verluste aus schwebenden Geschäften und aus laufenden Verfahren müssen Rückstellungen angesetzt werden, sofern der voraussichtliche Verlust nicht geringfügig sein wird.
(7) Sonstige Rückstellungen dürfen nur gebildet werden, soweit diese durch Gesetz oder Verordnung zugelassen sind. Rückstellungen sind aufzulösen, wenn der Grund hierfür entfallen ist.

Teil 6

Jahresabschluss

§ 38 Jahresabschluss

(1) Die Kommune hat zum Schluss eines jeden Haushaltsjahres einen Jahresabschluss unter Beachtung der Grundsätze ordnungsmäßiger Buchführung und der in dieser Verordnung enthaltenen Maßgaben aufzustellen. Der Jahresabschluss besteht aus
1. der Ergebnisrechnung,
2. der Finanzrechnung,
3. den Teilrechnungen,
4. der Bilanz und
5. dem Anhang.

(2) Dem Jahresabschluss ist ein Lagebericht nach § 49 beizufügen. Sofern eine Kommune von der größenabhängigen Befreiung im Zusammenhang mit der Erstellung des Gesamtabschlusses und des Gesamtlageberichtes Gebrauch macht, sind in den Anhang des kommunalen Jahresabschlusses Angaben zu Erträgen und Aufwendungen mit den einzubeziehenden vollkonsolidierungspflichtigen verselbständigten Aufgabenbereichen aufzunehmen.

§ 39 Ergebnisrechnung

(1) In der Ergebnisrechnung sind die dem Haushaltsjahr zuzurechnenden Erträge und Aufwendungen getrennt von einander nachzuweisen. Dabei dürfen Aufwendungen nicht mit Erträgen verrechnet werden, soweit durch Gesetz oder Verordnung nichts anderes zugelassen ist. Für die Aufstellung der Ergebnisrechnung gilt § 2 entsprechend.
(2) Den in der Ergebnisrechnung nachzuweisenden Ist-Ergebnissen sind die Ergebnisse der Rechnung des Vorjahres und die fortgeschriebenen Planansätze des Haushaltsjahres voranzustellen sowie ein

Plan-/Ist-Vergleich anzufügen, der die nach § 22 Absatz 1 übertragenen Ermächtigungen gesondert auszuweisen hat.
(3) Erträge und Aufwendungen, die unmittelbar mit der allgemeinen Rücklage verrechnet werden, sind nachrichtlich nach dem Jahresergebnis auszuweisen.

§ 40 Finanzrechnung

In der Finanzrechnung sind die im Haushaltsjahr eingegangenen Einzahlungen und geleisteten Auszahlungen getrennt voneinander nachzuweisen. Dabei dürfen Auszahlungen nicht mit Einzahlungen verrechnet werden, soweit durch Gesetz oder Verordnung nicht anderes zugelassen ist. Für die Aufstellung der Finanzrechnung finden § 3 und § 39 Absatz 2 entsprechende Anwendung. In dieser Aufstellung sind die Zahlungen aus der Aufnahme und der Tilgung von Krediten zur Liquiditätssicherung gesondert auszuweisen. Fremde Finanzmittel nach § 15 Absatz 1 sind darin in Höhe der Änderung ihres Bestandes gesondert vor den gesamten liquiden Mitteln auszuweisen.

§ 41 Teilrechnungen

(1) Entsprechend den gemäß § 4 aufgestellten Teilplänen sind Teilrechnungen, gegliedert in Teilergebnisrechnung und Teilfinanzrechnung, aufzustellen. § 39 Absatz 2 findet entsprechende Anwendung.
(2) Die Teilrechnungen sind jeweils um Ist-Zahlen zu den in den Teilplänen ausgewiesenen Leistungsmengen und Kennzahlen zu ergänzen.

§ 42 Bilanz

(1) Die Bilanz hat sämtliche Vermögensgegenstände als Anlage- oder Umlaufvermögen, das Eigenkapital und die Schulden sowie die Rechnungsabgrenzungsposten zu enthalten und ist entsprechend den Absätzen 3 und 4 zu gliedern, soweit in der Gemeindeordnung oder in dieser Verordnung nichts anderes bestimmt ist.
(2) In der Bilanz dürfen Posten auf der Aktivseite nicht mit Posten auf der Passivseite sowie Grundstücksrechte nicht mit Grundstückslasten verrechnet werden.
(3) Die Aktivseite der Bilanz ist mindestens in die Posten

1. Anlagevermögen,
  1.1 Immaterielle Vermögensgegenstände,
  1.2 Sachanlagen,
    1.2.1 Unbebaute Grundstücke und grundstücksgleiche Rechte,
      1.2.1.1 Grünflächen,
      1.2.1.2 Ackerland,
      1.2.1.3 Wald, Forsten,
      1.2.1.4 Sonstige unbebaute Grundstücke,
    1.2.2 Bebaute Grundstücke und grundstücksgleiche Rechte,
      1.2.2.1 Kinder- und Jugendeinrichtungen,
      1.2.2.2 Schulen,
      1.2.2.3 Wohnbauten,
      1.2.2.4 Sonstige Dienst-, Geschäfts- und Betriebsgebäude,
    1.2.3 Infrastrukturvermögen,
      1.2.3.1 Grund und Boden des Infrastrukturvermögens,
      1.2.3.2 Brücken und Tunnel,
      1.2.3.3 Gleisanlagen mit Streckenausrüstung und Sicherheitsanlagen,
      1.2.3.4 Entwässerungs- und Abwasserbeseitigungsanlagen,
      1.2.3.5 Straßennetz mit Wegen, Plätzen und Verkehrslenkungsanlagen,
      1.2.3.6 Sonstige Bauten des Infrastrukturvermögens,
    1.2.4 Bauten auf fremdem Grund und Boden,
    1.2.5 Kunstgegenstände, Kulturdenkmäler,
    1.2.6 Maschinen und technische Anlagen, Fahrzeuge,
    1.2.7 Betriebs- und Geschäftsausstattung,
    1.2.8 Geleistete Anzahlungen, Anlagen im Bau,

1.3 Finanzanlagen,
1.3.1 Anteile an verbundenen Unternehmen,
1.3.2 Beteiligungen,
1.3.3 Sondervermögen,
1.3.4 Wertpapiere des Anlagevermögens,
1.3.5 Ausleihungen,
1.3.5.1 an verbundene Unternehmen,
1.3.5.2 an Beteiligungen,
1.3.5.3 an Sondervermögen,
1.3.5.4 Sonstige Ausleihungen,
2. Umlaufvermögen,
2.1 Vorräte,
2.1.1 Roh-, Hilfs- und Betriebsstoffe, Waren,
2.1.2 Geleistete Anzahlungen,
2.2 Forderungen und sonstige Vermögensgegenstände,
2.2.1 Öffentlich-rechtliche Forderungen und Forderungen aus Transferleistungen,
2.2.2 Privatrechtliche Forderungen,
2.2.3 Sonstige Vermögensgegenstände,
2.3 Wertpapiere des Umlaufvermögens,
2.4 Liquide Mittel,
3. Aktive Rechnungsabgrenzung,
zu gliedern und nach Maßgabe des § 44 Absatz 7 um den Posten
4. Nicht durch Eigenkapital gedeckter Fehlbetrag
zu ergänzen.
(4) Die Passivseite der Bilanz ist mindestens in die Posten
1. Eigenkapital,
1.1 Allgemeine Rücklage,
1.2 Sonderrücklagen,
1.3 Ausgleichsrücklage,
1.4 Jahresüberschuss/Jahresfehlbetrag,
2. Sonderposten,
2.1 für Zuwendungen,
2.2 für Beiträge,
2.3 für den Gebührenausgleich,
2.4 Sonstige Sonderposten,
3. Rückstellungen,
3.1 Pensionsrückstellungen,
3.2 Rückstellungen für Deponien und Altlasten,
3.3 Instandhaltungsrückstellungen,
3.4 Sonstige Rückstellungen nach § 37 Absatz 5 und 6,
4. Verbindlichkeiten,
4.1 Anleihen,
4.1.1 für Investitionen,
4.1.2 zur Liquiditätssicherung,
4.2 Verbindlichkeiten aus Krediten für Investitionen,
4.2.1 von verbundenen Unternehmen,
4.2.2 von Beteiligungen,
4.2.3 von Sondervermögen,
4.2.4 vom öffentlichen Bereich,
4.2.5 von Kreditinstituten,
4.3 Verbindlichkeiten aus Krediten zur Liquiditätssicherung,
4.4 Verbindlichkeiten aus Vorgängen, die Kreditaufnahmen wirtschaftlich gleichkommen,
4.5 Verbindlichkeiten aus Lieferungen und Leistungen,
4.6 Verbindlichkeiten aus Transferleistungen,

4.7 Sonstige Verbindlichkeiten,
4.8 Erhaltene Anzahlungen,
5. Passive Rechnungsabgrenzung
zu gliedern.

(5) In der Bilanz ist zu jedem Posten nach den Absätzen 3 und 4 der Betrag des Vorjahres anzugeben. Sind die Beträge nicht vergleichbar, ist dies im Anhang zu erläutern. Ein Posten der Bilanz, der keinen Betrag ausweist, kann entfallen, es sei denn, dass im vorhergehenden Haushaltsjahr unter diesem Posten ein Betrag ausgewiesen wurde.

(6) Neue Posten dürfen hinzugefügt werden, wenn ihr Inhalt nicht von einem vorgeschriebenen Posten der Absätze 3 und 4 erfasst wird. Dies gilt nicht für Wertberichtigungen zu Forderungen. Werden Posten hinzugefügt, ist dies im Anhang anzugeben.

(7) Die vorgeschriebenen Posten der Bilanz dürfen zusammengefasst werden, wenn sie einen Betrag enthalten, der für die Vermittlung eines den tatsächlichen Verhältnissen entsprechenden Bildes der Vermögens- und Schuldenlage der Kommune nicht erheblich ist oder dadurch die Klarheit der Darstellung vergrößert wird. Die Zusammenfassung von Posten der Bilanz ist im Anhang anzugeben. Dies gilt auch für die Mitzugehörigkeit zu anderen Posten, wenn Vermögensgegenstände oder Schulden unter mehrere Posten der Bilanz fallen.

(8) Die Zuordnung von Wertansätzen für Vermögensgegenstände und Schulden zu den Posten der Bilanz ist auf der Grundlage des vom für Kommunales zuständigen Ministerium bekannt gegebenen Kontierungsplans vorzunehmen.

§ 43 Rechnungsabgrenzungsposten

(1) Als aktive Rechnungsabgrenzungsposten sind vor dem Abschlussstichtag geleistete Ausgaben, soweit sie Aufwand für eine bestimmte Zeit nach diesem Tag darstellen, anzusetzen. Satz 1 gilt entsprechend, wenn Sachzuwendungen geleistet werden.

(2) Ist der Rückzahlungsbetrag einer Verbindlichkeit höher als der Auszahlungsbetrag, so darf der Unterschiedsbetrag in den aktiven Rechnungsabgrenzungsposten aufgenommen werden. Der Unterschiedsbetrag ist durch planmäßige jährliche Abschreibungen aufzulösen, die auf die gesamte Laufzeit der Verbindlichkeit verteilt werden können.

(3) Als passive Rechnungsabgrenzungsposten sind vor dem Abschlussstichtag eingegangene Einnahmen, soweit sie einen Ertrag für eine bestimmte Zeit nach diesem Tag darstellen, anzusetzen. Satz 1 gilt entsprechend, wenn erhaltene Zuwendungen für Investitionen an Dritte weitergeleitet werden.

§ 44 Weitere Vorschriften zu einzelnen Bilanzposten

(1) Immaterielle Vermögensgegenstände des Anlagevermögens, die nicht entgeltlich erworben oder selbst hergestellt wurden, dürfen nicht aktiviert werden.

(2) Bei geleisteten Zuwendungen für Vermögensgegenstände, an denen die Kommune das wirtschaftliche Eigentum hat, sind die Vermögensgegenstände zu aktivieren. Ist kein Vermögensgegenstand zu aktivieren, jedoch die geleistete Zuwendung mit einer mehrjährigen, zeitbezogenen Gegenleistungsverpflichtung verbunden, ist diese als Rechnungsabgrenzungsposten zu aktivieren und entsprechend der Erfüllung der Gegenleistungsverpflichtung aufzulösen. Besteht eine mengenbezogene Gegenleistungsverpflichtung, ist diese als immaterieller Vermögensgegenstand des Anlagevermögens zu bilanzieren. Ein Rechnungsabgrenzungsposten ist auch bei einer Sachzuwendung zu bilden.

(3) Erträge und Aufwendungen aus dem Abgang und der Veräußerung von Vermögensgegenständen nach § 90 Absatz 3 Satz 1 der Gemeindeordnung sowie aus Wertveränderungen von Finanzanlagen sind unmittelbar mit der allgemeinen Rücklage zu verrechnen. Die Verrechnungen sind im Anhang zu erläutern.

(4) Erhaltene Zuwendungen für die Anschaffung oder Herstellung von Vermögensgegenständen, deren ertragswirksame Auflösung durch den Zuwendungsgeber ausgeschlossen wurde, sind in Höhe des noch nicht aktivierten Anteils der Vermögensgegenstände in einer Sonderrücklage zu passivieren. Diese Sonderrücklage kann auch gebildet werden, um die vom Vertretungsorgan beschlossene Anschaffung oder Herstellung von Vermögensgegenständen zu sichern. In dem Jahr, in dem die vorgesehenen Vermögensgegenstände betriebsbereit sind, ist die Sonderrücklage durch Umschichtung in

die allgemeine Rücklage insoweit aufzulösen. Sonstige Sonderrücklagen dürfen nur gebildet werden, soweit diese durch Gesetz oder Verordnung zugelassen sind.
(5) Für erhaltene und zweckentsprechend verwendete Zuwendungen und Beiträge für Investitionen sind Sonderposten auf der Passivseite zwischen dem Eigenkapital und den Rückstellungen anzusetzen. Die Auflösung der Sonderposten ist entsprechend der Abnutzung des geförderten Vermögensgegenstandes vorzunehmen. Werden erhaltene Zuwendungen für Investitionen an Dritte weitergeleitet, darf ein Sonderposten nur gebildet werden, wenn die Kommune die geförderten Vermögensgegenstände nach Absatz 2 Satz 1 zu aktivieren hat.
(6) Kostenüberdeckungen der kostenrechnenden Einrichtungen am Ende eines Kalkulationszeitraumes, die nach § 6 des Kommunalabgabengesetzes für das Land Nordrhein-Westfalen ausgeglichen werden müssen, sind als Sonderposten für den Gebührenausgleich anzusetzen. Kostenunterdeckungen, die ausgeglichen werden sollen, sind im Anhang anzugeben.
(7) Ergibt sich in der Bilanz ein Überschuss der Passivposten über die Aktivposten, ist der entsprechende Betrag auf der Aktivseite der Bilanz unter der Bezeichnung „Nicht durch Eigenkapital gedeckter Fehlbetrag" gesondert auszuweisen.

§ 45 Anhang

(1) Im Anhang sind zu den Posten der Bilanz die verwendeten Bilanzierungs- und Bewertungsmethoden anzugeben. Die Positionen der Ergebnisrechnung und die in der Finanzrechnung nachzuweisenden Einzahlungen und Auszahlungen aus der Investitionstätigkeit und der Finanzierungstätigkeit sind zu erläutern. Die Anwendung von Vereinfachungsregelungen und Schätzungen ist zu beschreiben. Die Erläuterungen sind so zu fassen, dass sachverständige Dritte die Sachverhalte beurteilen können.
(2) Gesondert anzugeben und zu erläutern sind:
1. Besondere Umstände, die dazu führen, dass der Jahresabschluss nicht ein den tatsächlichen Verhältnissen entsprechendes Bild der Vermögens-, Schulden-, Ertrags- und Finanzlage der Kommune vermittelt,
2. die Verringerung der allgemeinen Rücklage und ihre Auswirkungen auf die weitere Entwicklung des Eigenkapitals innerhalb der auf das abgelaufene Haushaltsjahr bezogenen mittelfristigen Ergebnis- und Finanzplanung,
3. Abweichungen vom Grundsatz der Einzelbewertung und von bisher angewandten Bewertungs- und Bilanzierungsmethoden,
4. die Vermögensgegenstände des Anlagevermögens, für die Rückstellungen für unterlassene Instandhaltung gebildet worden sind, unter Angabe des Rückstellungsbetrages,
5. die Aufgliederung des Postens „Sonstige Rückstellungen" entsprechend § 37 Absatz 5 und 6, sofern es sich um wesentliche Beträge handelt,
6. Abweichungen von der standardmäßig vorgesehenen linearen Abschreibung sowie von der örtlichen Abschreibungstabelle bei der Festlegung der Nutzungsdauer von Vermögensgegenständen,
7. noch nicht erhobene Beiträge aus fertiggestellten Erschließungsmaßnahmen,
8. bei Fremdwährungen der Kurs der Währungsumrechnung,
9. die Verpflichtungen aus Leasingverträgen,
10. Name und Sitz anderer Unternehmen, die Höhe des Anteils am Kapital, das Eigenkapital und das Ergebnis des letzten Geschäftsjahrs dieser Unternehmen, für das ein Jahresabschluss vorliegt, soweit es sich um Beteiligungen im Sinne des § 271 Absatz 1 des Handelsgesetzbuchs handelt,
11. bei Anwendung des § 35a,
a) mit welchem Betrag jeweils Vermögensgegenstände, Schulden, schwebende Geschäfte und mit hoher Wahrscheinlichkeit erwartete Transaktionen zur Absicherung welcher Risiken in welche Arten von Bewertungseinheiten einbezogen sind sowie die Höhe der mit Bewertungseinheiten abgesicherten Risiken,
b) für die jeweils abgesicherten Risiken, warum, in welchem Umfang und für welchen Zeitraum sich die gegenläufigen Wertänderungen oder Zahlungsströme künftig voraussichtlich ausgleichen einschließlich der Methode der Ermittlung,
c) eine Erläuterung der mit hoher Wahrscheinlichkeit erwarteten Transaktionen, die in Bewertungseinheiten einbezogen wurden,
soweit die Angaben nicht im Lagebericht gemacht werden.

Im Anhang ist anzugeben, ob und für welchen Zeitraum ein gültiger Gleichstellungsplan gemäß § 5 des Gesetzes zur Gleichstellung von Frauen und Männern für das Land Nordrhein-Westfalen vorliegt. Zu erläutern sind auch die im Verbindlichkeitenspiegel auszuweisenden Haftungsverhältnisse sowie alle Sachverhalte, aus denen sich künftig erhebliche finanzielle Verpflichtungen ergeben können, und weitere wichtige Angaben, soweit sie nach Vorschriften der Gemeindeordnung oder dieser Verordnung für den Anhang vorgesehen sind.
(3) Dem Anhang ist ein Anlagenspiegel, ein Forderungsspiegel und ein Verbindlichkeitenspiegel nach den §§ 46 bis 48 sowie ein Eigenkapitalspiegel und eine Übersicht über die in das folgende Jahr übertragenen Haushaltsermächtigungen beizufügen.
(4) Kommunen, die ausschließlich Beteiligungen ohne beherrschenden Einfluss halten und somit von der Aufstellung eines Gesamtabschlusses und eines Beteiligungsberichtes befreit sind, müssen eine Übersicht sämtlicher verselbstständigter Aufgabenbereiche in öffentlich-rechtlicher und privatrechtlicher Form beifügen. Die Übersicht muss die Angaben nach § 117 Absatz 2 Gemeindeordnung enthalten.

§ 46 Anlagenspiegel

(1) Im Anlagenspiegel ist die Entwicklung der Posten des Anlagevermögens darzustellen.
(2) Im Anhang ist die Entwicklung der einzelnen Posten des Anlagevermögens in einer gesonderten Aufgliederung darzustellen. Dabei sind, ausgehend von den gesamten Anschaffungs- und Herstellungskosten, die Zugänge, Abgänge, Umbuchungen und Zuschreibungen des Geschäftsjahrs sowie die Abschreibungen gesondert aufzuführen. Zu den Abschreibungen sind gesondert folgende Angaben zu machen:
1. die Abschreibungen in ihrer gesamten Höhe zu Beginn und Ende des Geschäftsjahrs,
2. die im Laufe des Geschäftsjahrs vorgenommenen Abschreibungen und
3. Änderungen in den Abschreibungen in ihrer gesamten Höhe im Zusammenhang mit Zu- und Abgängen sowie Umbuchungen im Laufe des Geschäftsjahrs.

Sind in die Herstellungskosten Zinsen für Fremdkapital einbezogen worden, ist für jeden Posten des Anlagevermögens anzugeben, welcher Betrag an Zinsen im Geschäftsjahr aktiviert worden ist.

§ 47 Forderungsspiegel

(1) Im Forderungsspiegel sind die Forderungen der Kommune nachzuweisen. Er ist mindestens entsprechend § 42 Absatz 3 Nummer 2.2.1 und 2.2.2 zu gliedern.
(2) Zu den Posten nach Absatz 1 Satz 2 ist jeweils der Gesamtbetrag am Abschlussstichtag unter Angabe der Restlaufzeit, gegliedert in Betragsangaben für Forderungen mit Restlaufzeiten bis zu einem Jahr, von einem bis fünf Jahren und von mehr als fünf Jahren sowie der Gesamtbetrag am vorherigen Abschlussstichtag anzugeben.

§ 48 Verbindlichkeitenspiegel

(1) Im Verbindlichkeitenspiegel sind die Verbindlichkeiten der Kommune nachzuweisen. Er ist mindestens entsprechend § 42 Absatz 4 Nummer 4 zu gliedern. Nachrichtlich sind die Haftungsverhältnisse aus der Bestellung von Sicherheiten, gegliedert nach Arten und unter Angabe des jeweiligen Gesamtbetrages, auszuweisen.
(2) Zu den Posten nach Absatz 1 Satz 1 sind jeweils der Gesamtbetrag am Abschlussstichtag unter Angabe der Restlaufzeit, gegliedert in Betragsangaben für Verbindlichkeiten mit Restlaufzeiten bis zu einem Jahr, von einem bis zu fünf Jahren und von mehr als fünf Jahren sowie der Gesamtbetrag am vorherigen Abschlussstichtag anzugeben.

§ 49 Lagebericht

Der Lagebericht ist so zu fassen, dass ein den tatsächlichen Verhältnissen entsprechendes Bild der Vermögens-, Schulden-, Ertrags- und Finanzlage der Kommune vermittelt wird. Dazu ist ein Überblick über die wichtigen Ergebnisse des Jahresabschlusses und Rechenschaft über die Haushaltswirtschaft im abgelaufenen Jahr zu geben. Über Vorgänge von besonderer Bedeutung, auch solcher, die nach Schluss des Haushaltsjahres eingetreten sind, ist zu berichten. Außerdem hat der Lagebericht eine ausgewogene und umfassende, dem Umfang der kommunalen Aufgabenerfüllung entsprechende

Analyse der Haushaltswirtschaft und der Vermögens-, Schulden-, Ertrags- und Finanzlage der Kommune zu enthalten. In die Analyse sollen produktorientierte Ziele und Kennzahlen, soweit sie bedeutsam für das Bild der Vermögens-, Schulden-, Ertrags- und Finanzlage der Kommune sind, einbezogen und unter Bezugnahme auf die im Jahresabschluss enthaltenen Ergebnisse erläutert werden. Auch ist auf die Chancen und Risiken für die künftige Entwicklung der Kommune einzugehen, zu Grunde liegende Annahmen sind anzugeben.

Anlage 2: Auszüge aus dem Handelsgesetzbuch (HGB): §§ 238-256, 264, 266, 271, 275, 277, 284, 285, 289, 321, 322

(Handelsgesetzbuch in der im Bundesgesetzblatt Teil III, Gliederungsnummer 4100-1, veröffentlichten
bereinigten Fassung, das zuletzt durch Artikel 3 des Gesetzes vom 12. Dezember 2019 (BGBl. I S. 2637) geändert worden ist)

Drittes Buch Handelsbücher

Erster Abschnitt Vorschriften für alle Kaufleute
Buchführung. Inventar Erster Unterabschnitt

HGB § 238 Buchführungspflicht

(1) Jeder Kaufmann ist verpflichtet, Bücher zu führen und in diesen seine Handelsgeschäfte und die Lage seines Vermögens nach den Grundsätzen ordnungsmäßiger Buchführung ersichtlich zu machen. Die Buchführung muß so beschaffen sein, daß sie einem sachverständigen Dritten innerhalb angemessener Zeit einen Überblick über die Geschäftsvorfälle und über die Lage des Unternehmens vermitteln kann. Die Geschäftsvorfälle müssen sich in ihrer Entstehung und Abwicklung verfolgen lassen.
(2) Der Kaufmann ist verpflichtet, eine mit der Urschrift übereinstimmende Wiedergabe der abgesandten Handelsbriefe (Kopie, Abdruck, Abschrift oder sonstige Wiedergabe des Wortlauts auf einem Schrift-, Bild- oder anderen Datenträger) zurückzubehalten.

HGB § 239 Führung der Handelsbücher

(1) Bei der Führung der Handelsbücher und bei den sonst erforderlichen Aufzeichnungen hat sich der Kaufmann einer lebenden Sprache zu bedienen. Werden Abkürzungen, Ziffern, Buchstaben oder Symbole verwendet, muß im Einzelfall deren Bedeutung eindeutig festliegen.
(2) Die Eintragungen in Büchern und die sonst erforderlichen Aufzeichnungen müssen vollständig, richtig, zeitgerecht und geordnet vorgenommen werden.
(3) Eine Eintragung oder eine Aufzeichnung darf nicht in einer Weise verändert werden, daß der ursprüngliche Inhalt nicht mehr feststellbar ist. Auch solche Veränderungen dürfen nicht vorgenommen werden, deren Beschaffenheit es ungewiß läßt, ob sie ursprünglich oder erst später gemacht worden sind.
(4) Die Handelsbücher und die sonst erforderlichen Aufzeichnungen können auch in der geordneten Ablage von Belegen bestehen oder auf Datenträgern geführt werden, soweit diese Formen der Buchführung einschließlich des dabei angewandten Verfahrens den Grundsätzen ordnungsmäßiger Buchführung entsprechen. Bei der Führung der Handelsbücher und der sonst erforderlichen Aufzeichnungen auf Datenträgern muß insbesondere sichergestellt sein, daß die Daten während der Dauer der Aufbewahrungsfrist verfügbar sind und jederzeit innerhalb angemessener Frist lesbar gemacht werden können. Absätze 1 bis 3 gelten sinngemäß.

HGB § 240 Inventar

(1) Jeder Kaufmann hat zu Beginn seines Handelsgewerbes seine Grundstücke, seine Forderungen und Schulden, den Betrag seines baren Geldes sowie seine sonstigen Vermögensgegenstände genau zu verzeichnen und dabei den Wert der einzelnen Vermögensgegenstände und Schulden anzugeben.
(2) Er hat demnächst für den Schluß eines jeden Geschäftsjahrs ein solches Inventar aufzustellen. Die Dauer des Geschäftsjahrs darf zwölf Monate nicht überschreiten. Die Aufstellung des Inventars ist innerhalb der einem ordnungsmäßigen Geschäftsgang entsprechenden Zeit zu bewirken.
(3) Vermögensgegenstände des Sachanlagevermögens sowie Roh-, Hilfs- und Betriebsstoffe können, wenn sie regelmäßig ersetzt werden und ihr Gesamtwert für das Unternehmen von nachrangiger Bedeutung ist, mit einer gleichbleibenden Menge und einem gleichbleibenden Wert angesetzt werden,

sofern ihr Bestand in seiner Größe, seinem Wert und seiner Zusammensetzung nur geringen Veränderungen unterliegt. Jedoch ist in der Regel alle drei Jahre eine körperliche Bestandsaufnahme durchzuführen.
(4) Gleichartige Vermögensgegenstände des Vorratsvermögens sowie andere gleichartige oder annähernd gleichwertige bewegliche Vermögensgegenstände und Schulden können jeweils zu einer Gruppe zusammengefaßt und mit dem gewogenen Durchschnittswert angesetzt werden.

HGB § 241 Inventurvereinfachungsverfahren

1) Bei der Aufstellung des Inventars darf der Bestand der Vermögensgegenstände nach Art, Menge und Wert auch mit Hilfe anerkannter mathematisch-statistischer Methoden auf Grund von Stichproben ermittelt werden. Das Verfahren muß den Grundsätzen ordnungsmäßiger Buchführung entsprechen. Der Aussagewert des auf diese Weise aufgestellten Inventars muß dem Aussagewert eines auf Grund einer körperlichen Bestandsaufnahme aufgestellten Inventars gleichkommen.
(2) Bei der Aufstellung des Inventars für den Schluß eines Geschäftsjahrs bedarf es einer körperlichen Bestandsaufnahme der Vermögensgegenstände für diesen Zeitpunkt nicht, soweit durch Anwendung eines den Grundsätzen ordnungsmäßiger Buchführung entsprechenden anderen Verfahrens gesichert ist, daß der Bestand der Vermögensgegenstände nach Art, Menge und Wert auch ohne die körperliche Bestandsaufnahme für diesen Zeitpunkt festgestellt werden kann.
(3) In dem Inventar für den Schluß eines Geschäftsjahrs brauchen Vermögensgegenstände nicht verzeichnet zu werden, wenn
1. der Kaufmann ihren Bestand auf Grund einer körperlichen Bestandsaufnahme oder auf Grund eines nach Absatz 2 zulässigen anderen Verfahrens nach Art, Menge und Wert in einem besonderen Inventar verzeichnet hat, das für einen Tag innerhalb der letzten drei Monate vor oder der ersten beiden Monate nach dem Schluß des Geschäftsjahrs aufgestellt ist, und
2. auf Grund des besonderen Inventars durch Anwendung eines den Grundsätzen ordnungsmäßiger Buchführung entsprechenden Fortschreibungs- oder Rückrechnungsverfahrens gesichert ist, daß der am Schluß des Geschäftsjahrs vorhandene Bestand der Vermögensgegenstände für diesen Zeitpunkt ordnungsgemäß bewertet werden kann.

HGB § 241a Befreiung von der Pflicht zur Buchführung und Erstellung eines Inventars

Einzelkaufleute, die an den Abschlussstichtagen von zwei aufeinander folgenden Geschäftsjahren nicht mehr als jeweils 600 000 Euro Umsatzerlöse und jeweils 60 000 Euro Jahresüberschuss aufweisen, brauchen die §§ 238 bis 241 nicht anzuwenden. Im Fall der Neugründung treten die Rechtsfolgen schon ein, wenn die Werte des Satzes 1 am ersten Abschlussstichtag nach der Neugründung nicht überschritten werden.
Fußnote
(+++ § 241a Satz 1: Zur Anwendung vgl. Art. 76 HGBEG +++)

Zweiter Unterabschnitt Eröffnungsbilanz. Jahresabschluss

Erster Titel Allgemeine Vorschriften

HGB § 242 Pflicht zur Aufstellung

(1) Der Kaufmann hat zu Beginn seines Handelsgewerbes und für den Schluß eines jeden Geschäftsjahrseinen das Verhältnis seines Vermögens und seiner Schulden darstellenden Abschluß (Eröffnungsbilanz, Bilanz) aufzustellen. Auf die Eröffnungsbilanz sind die für den Jahresabschluß geltenden Vorschriften entsprechend anzuwenden, soweit sie sich auf die Bilanz beziehen.
(2) Er hat für den Schluß eines jeden Geschäftsjahrs eine Gegenüberstellung der Aufwendungen und Erträge des Geschäftsjahrs (Gewinn- und Verlustrechnung) aufzustellen.
(3) Die Bilanz und die Gewinn- und Verlustrechnung bilden den Jahresabschluß.
(4) Die Absätze 1 bis 3 sind auf Einzelkaufleute im Sinn des § 241a nicht anzuwenden. Im Fall der Neugründung treten die Rechtsfolgen nach Satz 1 schon ein, wenn die Werte des § 241a Satz 1 am ersten Abschlussstichtag nach der Neugründung nicht überschritten werden.

HGB § 243 Aufstellungsgrundsatz

(1) Der Jahresabschluß ist nach den Grundsätzen ordnungsmäßiger Buchführung aufzustellen.
(2) Er muß klar und übersichtlich sein.
(3) Der Jahresabschluß ist innerhalb der einem ordnungsmäßigen Geschäftsgang entsprechenden Zeit aufzustellen.

HGB § 244 Sprache. Währungseinheit

Der Jahresabschluß ist in deutscher Sprache und in Euro aufzustellen.

HGB § 245 Unterzeichnung

Der Jahresabschluß ist vom Kaufmann unter Angabe des Datums zu unterzeichnen. Sind mehrere persönlichhaftende Gesellschafter vorhanden, so haben sie alle zu unterzeichnen.

Zweiter Titel Ansatzvorschriften

HGB § 246 Vollständigkeit. Verrechnungsverbot

(1) Der Jahresabschluss hat sämtliche Vermögensgegenstände, Schulden, Rechnungsabgrenzungsposten sowie Aufwendungen und Erträge zu enthalten, soweit gesetzlich nichts anderes bestimmt ist. Vermögensgegenstände sind in der Bilanz des Eigentümers aufzunehmen; ist ein Vermögensgegenstand nicht dem Eigentümer, sondern einem anderen wirtschaftlich zuzurechnen, hat dieser ihn in seiner Bilanz auszuweisen. Schulden sind in die Bilanz des Schuldners aufzunehmen. Der Unterschiedsbetrag, um den die für die Übernahme eines Unternehmens bewirkte Gegenleistung den Wert der einzelnen Vermögensgegenstände des Unternehmens abzüglich der Schulden im Zeitpunkt der Übernahme übersteigt (entgeltlich erworbener Geschäfts- oder Firmenwert), gilt als zeitlich begrenzt nutzbarer Vermögensgegenstand.
(2) Posten der Aktivseite dürfen nicht mit Posten der Passivseite, Aufwendungen nicht mit Erträgen, Grundstücksrechte nicht mit Grundstückslasten verrechnet werden. Vermögensgegenstände, die dem Zugriff aller übrigen Gläubiger entzogen sind und ausschließlich der Erfüllung von Schulden aus Altersversorgungsverpflichtungen oder vergleichbaren langfristig fälligen Verpflichtungen dienen, sind mit diesen Schulden zu verrechnen; entsprechend ist mit den zugehörigen Aufwendungen und Erträgen aus der Abzinsung und aus dem zu verrechnenden Vermögen zu verfahren. Übersteigt der beizulegende Zeitwert der Vermögensgegenstände den Betrag der Schulden, ist der übersteigende Betrag unter einem gesonderten Posten zu aktivieren.
(3) Die auf den vorhergehenden Jahresabschluss angewandten Ansatzmethoden sind beizubehalten. § 252 Abs. 2 ist entsprechend anzuwenden.

HGB§ 247 Inhalt der Bilanz

(1) In der Bilanz sind das Anlage- und das Umlaufvermögen, das Eigenkapital, die Schulden sowie die Rechnungsabgrenzungsposten gesondert auszuweisen und hinreichend aufzugliedern.
(2) Beim Anlagevermögen sind nur die Gegenstände auszuweisen, die bestimmt sind, dauernd dem Geschäftsbetrieb zu dienen.
(3) (weggefallen)

HGB § 248 Bilanzierungsverbote und -wahlrechte

(1) In die Bilanz dürfen nicht als Aktivposten aufgenommen werden:
1. Aufwendungen für die Gründung eines Unternehmens,
2. Aufwendungen für die Beschaffung des Eigenkapitals und
3. Aufwendungen für den Abschluss von Versicherungsverträgen.

(2) Selbst geschaffene immaterielle Vermögensgegenstände des Anlagevermögens können als Aktivposten in die Bilanz aufgenommen werden. Nicht aufgenommen werden dürfen selbst geschaffene Marken, Drucktitel, Verlagsrechte, Kundenlisten oder vergleichbare immaterielle Vermögensgegenstände des Anlagevermögens.

HGB § 249 Rückstellungen

(1) Rückstellungen sind für ungewisse Verbindlichkeiten und für drohende Verluste aus schwebenden Geschäften zu bilden. Ferner sind Rückstellungen zu bilden für

1. im Geschäftsjahr unterlassene Aufwendungen für Instandhaltung, die im folgenden Geschäftsjahr innerhalb von drei Monaten, oder für Abraumbeseitigung, die im folgenden Geschäftsjahr nachgeholt werden,
2. Gewährleistungen, die ohne rechtliche Verpflichtung erbracht werden.

(2) Für andere als die in Absatz 1 bezeichneten Zwecke dürfen Rückstellungen nicht gebildet werden. Rückstellungen dürfen nur aufgelöst werden, soweit der Grund hierfür entfallen ist.

HGB § 250 Rechnungsabgrenzungsposten

(1) Als Rechnungsabgrenzungsposten sind auf der Aktivseite Ausgaben vor dem Abschlußstichtag auszuweisen, soweit sie Aufwand für eine bestimmte Zeit nach diesem Tag darstellen.
(2) Auf der Passivseite sind als Rechnungsabgrenzungsposten Einnahmen vor dem Abschlußstichtag auszuweisen, soweit sie Ertrag für eine bestimmte Zeit nach diesem Tag darstellen.
(3) Ist der Erfüllungsbetrag einer Verbindlichkeit höher als der Ausgabebetrag, so darf der Unterschiedsbetrag in den Rechnungsabgrenzungsposten auf der Aktivseite aufgenommen werden. Der Unterschiedsbetrag ist durch planmäßige jährliche Abschreibungen zu tilgen, die auf die gesamte Laufzeit der Verbindlichkeit verteilt werden können.

HGB § 251 Haftungsverhältnisse

Unter der Bilanz sind, sofern sie nicht auf der Passivseite auszuweisen sind, Verbindlichkeiten aus der Begebung und Übertragung von Wechseln, aus Bürgschaften, Wechsel- und Scheckbürgschaften und aus Gewährleistungsverträgen sowie Haftungsverhältnisse aus der Bestellung von Sicherheiten für fremde Verbindlichkeiten zu vermerken; sie dürfen in einem Betrag angegeben werden. Haftungsverhältnisse sind auch anzugeben, wenn ihnen gleichwertige Rückgriffsforderungen gegenüberstehen.

Dritter Titel Bewertungsvorschriften

HGB § 252 Allgemeine Bewertungsgrundsätze

(1) Bei der Bewertung der im Jahresabschluß ausgewiesenen Vermögensgegenstände und Schulden gilt insbesondere folgendes:

1. Die Wertansätze in der Eröffnungsbilanz des Geschäftsjahrs müssen mit denen der Schlußbilanz des vorhergehenden Geschäftsjahrs übereinstimmen.
2. Bei der Bewertung ist von der Fortführung der Unternehmenstätigkeit auszugehen, sofern dem nicht tatsächliche oder rechtliche Gegebenheiten entgegenstehen.
3. Die Vermögensgegenstände und Schulden sind zum Abschlußstichtag einzeln zu bewerten.
4. Es ist vorsichtig zu bewerten, namentlich sind alle vorhersehbaren Risiken und Verluste, die bis zum Abschlußstichtag entstanden sind, zu berücksichtigen, selbst wenn diese erst zwischen dem Abschlußstichtag und dem Tag der Aufstellung des Jahresabschlusses bekanntgeworden sind; Gewinne sind nur zu berücksichtigen, wenn sie am Abschlußstichtag realisiert sind.
5. Aufwendungen und Erträge des Geschäftsjahrs sind unabhängig von den Zeitpunkten der entsprechenden Zahlungen im Jahresabschluß zu berücksichtigen.
6. Die auf den vorhergehenden Jahresabschluss angewandten Bewertungsmethoden sind beizubehalten.

(2) Von den Grundsätzen des Absatzes 1 darf nur in begründeten Ausnahmefällen abgewichen werden.

HGB § 253 Zugangs- und Folgebewertung

(1) Vermögensgegenstände sind höchstens mit den Anschaffungs- oder Herstellungskosten, vermindert um die Abschreibungen nach den Absätzen 3 bis 5, anzusetzen. Verbindlichkeiten sind zu ihrem

Erfüllungsbetrag und Rückstellungen in Höhe des nach vernünftiger kaufmännischer Beurteilung notwendigen Erfüllungsbetrages anzusetzen. Soweit sich die Höhe von Altersversorgungsverpflichtungen ausschließlich nach dem beizulegenden Zeitwert von Wertpapieren im Sinn des § 266 Abs. 2 A. III. 5 bestimmt, sind Rückstellungen hierfür zum beizulegenden Zeitwert dieser Wertpapiere anzusetzen, soweit er einen garantierten Mindestbetrag übersteigt. Nach § 246 Abs. 2 Satz 2 zu verrechnende Vermögensgegenstände sind mit ihrem beizulegenden Zeitwert zu bewerten. Kleinstkapitalgesellschaften (§ 267a) dürfen eine Bewertung zum beizulegenden Zeitwert nur vornehmen, wenn sie von keiner der in § 264 Absatz 1 Satz 5, § 266 Absatz 1 Satz 4, § 275 Absatz 5 und § 326 Absatz 2 vorgesehenen Erleichterungen Gebrauch machen. Macht eine Kleinstkapitalgesellschaft von mindestens einer der in Satz 5 genannten Erleichterungen Gebrauch, erfolgt die Bewertung der Vermögensgegenstände nach Satz 1, auch soweit eine Verrechnung nach § 246 Absatz 2 Satz 2 vorgesehen ist.
(2) Rückstellungen mit einer Restlaufzeit von mehr als einem Jahr sind abzuzinsen mit dem ihrer Restlaufzeit entsprechenden durchschnittlichen Marktzinssatz, der sich im Falle von Rückstellungen für Altersversorgungsverpflichtungen aus den vergangenen zehn Geschäftsjahren und im Falle sonstiger Rückstellungen aus den vergangenen sieben Geschäftsjahren ergibt. Abweichend von Satz 1 dürfen Rückstellungen für Altersversorgungsverpflichtungen oder vergleichbare langfristig fällige Verpflichtungen pauschal mit dem durchschnittlichen Marktzinssatz abgezinst werden, der sich bei einer angenommenen Restlaufzeit von 15 Jahren ergibt. Die Sätze 1 und 2 gelten entsprechend für auf Rentenverpflichtungen beruhende Verbindlichkeiten, für die eine Gegenleistung nicht mehr zu erwarten ist. Der nach den Sätzen 1 und 2 anzuwendende Abzinsungszinssatz wird von der Deutschen Bundesbank nach Maßgabe einer Rechtsverordnung ermittelt und monatlich bekannt gegeben. In der Rechtsverordnung nach Satz 4, die nicht der Zustimmung des Bundesrates bedarf, bestimmt das Bundesministerium der Justiz und für Verbraucherschutz im Benehmen mit der Deutschen Bundesbank das Nähere zur Ermittlung der Abzinsungszinssätze, insbesondere die Ermittlungsmethodik und deren Grundlagen, sowie die Form der Bekanntgabe.
(3) Bei Vermögensgegenständen des Anlagevermögens, deren Nutzung zeitlich begrenzt ist, sind die Anschaffungs- oder die Herstellungskosten um planmäßige Abschreibungen zu vermindern. Der Plan muss die Anschaffungs- oder Herstellungskosten auf die Geschäftsjahre verteilen, in denen der Vermögensgegenstand voraussichtlich genutzt werden kann. Kann in Ausnahmefällen die voraussichtliche Nutzungsdauer eines selbst geschaffenen immateriellen Vermögensgegenstands des Anlagevermögens nicht verlässlich geschätzt werden, sind planmäßige Abschreibungen auf die Herstellungskosten über einen Zeitraum von zehn Jahren vorzunehmen. Satz 3 findet auf einen entgeltlich erworbenen Geschäfts- oder Firmenwert entsprechende Anwendung. Ohne Rücksicht darauf, ob ihre Nutzung zeitlich begrenzt ist, sind bei Vermögensgegenständen des Anlagevermögens bei voraussichtlich dauernder Wertminderung außerplanmäßige Abschreibungen vorzunehmen, um diese mit dem niedrigeren Wert anzusetzen, der ihnen am Abschlussstichtag beizulegen ist. Bei Finanzanlagen können außerplanmäßige Abschreibungen auch bei voraussichtlich nicht dauernder Wertminderung vorgenommen werden.
(4) Bei Vermögensgegenständen des Umlaufvermögens sind Abschreibungen vorzunehmen, um diese mit einem niedrigeren Wert anzusetzen, der sich aus einem Börsen- oder Marktpreis am Abschlussstichtag ergibt. Ist ein Börsen- oder Marktpreis nicht festzustellen und übersteigen die Anschaffungs- oder Herstellungskosten den Wert, der den Vermögensgegenständen am Abschlussstichtag beizulegen ist, so ist auf diesen Wert abzuschreiben.
(5) Ein niedrigerer Wertansatz nach Absatz 3 Satz 5 oder 6 und Absatz 4 darf nicht beibehalten werden, wenn die Gründe dafür nicht mehr bestehen. Ein niedrigerer Wertansatz eines entgeltlich erworbenen Geschäfts- oder Firmenwertes ist beizubehalten.
(6) Im Falle von Rückstellungen für Altersversorgungsverpflichtungen ist der Unterschiedsbetrag zwischen dem Ansatz der Rückstellungen nach Maßgabe des entsprechenden durchschnittlichen Marktzinssatzes aus den vergangenen zehn Geschäftsjahren und dem Ansatz der Rückstellungen nach Maßgabe des entsprechenden durchschnittlichen Marktzinssatzes aus den vergangenen sieben Geschäftsjahren in jedem Geschäftsjahr zu ermitteln. Gewinne dürfen nur ausgeschüttet werden, wenn die nach der Ausschüttung verbleibenden frei verfügbaren Rücklagen zuzüglich eines Gewinnvor-

trags und abzüglich eines Verlustvortrags mindestens dem Unterschiedsbetrag nach Satz 1 entsprechen. Der Unterschiedsbetrag nach Satz 1 ist in jedem Geschäftsjahr im Anhang oder unter der Bilanz darzustellen.

Fußnote

(+++ § 253 Abs. 3 Satz 3 u. 4: Zur erstmaligen Anwendung vgl. Art. 75 Abs. 4 HGBEG +++)

HGB § 254 Bildung von Bewertungseinheiten

Werden Vermögensgegenstände, Schulden, schwebende Geschäfte oder mit hoher Wahrscheinlichkeit erwartete Transaktionen zum Ausgleich gegenläufiger Wertänderungen oder Zahlungsströme aus dem Eintritt vergleichbarer Risiken mit Finanzinstrumenten zusammengefasst (Bewertungseinheit), sind § 249 Abs. 1, § 252 Abs. 1 Nr. 3 und 4, § 253 Abs. 1 Satz 1 und § 256a in dem Umfang und für den Zeitraum nicht anzuwenden, in dem die gegenläufigen Wertänderungen oder Zahlungsströme sich ausgleichen. Als Finanzinstrumente im Sinn des Satzes 1 gelten auch Termingeschäfte über den Erwerb oder die Veräußerung von Waren.

HGB § 255 Bewertungsmaßstäbe

(1) Anschaffungskosten sind die Aufwendungen, die geleistet werden, um einen Vermögensgegenstand zu erwerben und ihn in einen betriebsbereiten Zustand zu versetzen, soweit sie dem Vermögensgegenstand einzeln zugeordnet werden können. Zu den Anschaffungskosten gehören auch die Nebenkosten sowie die nachträglichen Anschaffungskosten. Anschaffungspreisminderungen, die dem Vermögensgegenstand einzeln zugeordnet werden können, sind abzusetzen.
(2) Herstellungskosten sind die Aufwendungen, die durch den Verbrauch von Gütern und die Inanspruchnahme von Diensten für die Herstellung eines Vermögensgegenstands, seine Erweiterung oder für eine über seinen ursprünglichen Zustand hinausgehende wesentliche Verbesserung entstehen. Dazu gehören die Materialkosten, die Fertigungskosten und die Sonderkosten der Fertigung sowie angemessene Teile der Materialgemeinkosten, der Fertigungsgemeinkosten und des Werteverzehrs des Anlagevermögens, soweit dieser durch die Fertigung veranlasst ist. Bei der Berechnung der Herstellungskosten dürfen angemessene Teile der Kosten der allgemeinen Verwaltung sowie angemessene Aufwendungen für soziale Einrichtungen des Betriebs, für freiwillige soziale Leistungen und für die betriebliche Altersversorgung einbezogen werden, soweit diese auf den Zeitraum der Herstellung entfallen. Forschungs- und Vertriebskosten dürfen nicht einbezogen werden.
(2a) Herstellungskosten eines selbst geschaffenen immateriellen Vermögensgegenstands des Anlagevermögens sind die bei dessen Entwicklung anfallenden Aufwendungen nach Absatz 2. Entwicklung ist die Anwendung von Forschungsergebnissen oder von anderem Wissen für die Neuentwicklung von Gütern oder Verfahren oder die Weiterentwicklung von Gütern oder Verfahren mittels wesentlicher Änderungen. Forschung ist die eigenständige und planmäßige Suche nach neuen wissenschaftlichen oder technischen Erkenntnissen oder Erfahrungen allgemeiner Art, über deren technische Verwertbarkeit und wirtschaftliche Erfolgsaussichten grundsätzlich keine Aussagen gemacht werden können. Können Forschung und Entwicklung nicht verlässlich voneinander unterschieden werden, ist eine Aktivierung ausgeschlossen.
(3) Zinsen für Fremdkapital gehören nicht zu den Herstellungskosten. Zinsen für Fremdkapital, das zur Finanzierung der Herstellung eines Vermögensgegenstands verwendet wird, dürfen angesetzt werden, soweit sie auf den Zeitraum der Herstellung entfallen; in diesem Falle gelten sie als Herstellungskosten des Vermögensgegenstands.
(4) Der beizulegende Zeitwert entspricht dem Marktpreis. Soweit kein aktiver Markt besteht, anhand dessen sich der Marktpreis ermitteln lässt, ist der beizulegende Zeitwert mit Hilfe allgemein anerkannter Bewertungsmethoden zu bestimmen. Lässt sich der beizulegende Zeitwert weder nach Satz 1 noch nach Satz 2 ermitteln, sind die Anschaffungs- oder Herstellungskosten gemäß § 253 Abs. 4 fortzuführen. Der zuletzt nach Satz 1 oder 2 ermittelte beizulegende Zeitwert gilt als Anschaffungs- oder Herstellungskosten im Sinn des Satzes 3.

Fußnote

(+++ § 255: Zur Anwendung vgl. Art. 75 Abs. 1 HGBEG +++)

HGB § 256 Bewertungsvereinfachungsverfahren

Soweit es den Grundsätzen ordnungsmäßiger Buchführung entspricht, kann für den Wertansatz gleichartiger Vermögensgegenstände des Vorratsvermögens unterstellt werden, daß die zuerst oder daß die zuletzt angeschafften oder hergestellten Vermögensgegenstände zuerst verbraucht oder veräußert worden sind. § 240 Abs. 3 und 4 ist auch auf den Jahresabschluß anwendbar.

HGB § 256a Währungsumrechnung

Auf fremde Währung lautende Vermögensgegenstände und Verbindlichkeiten sind zum Devisenkassamittelkurs am Abschlussstichtag umzurechnen. Bei einer Restlaufzeit von einem Jahr oder weniger sind § 253 Abs. 1 Satz 1 und § 252 Abs. 1 Nr. 4 Halbsatz 2 nicht anzuwenden.

Zweiter Abschnitt Ergänzende Vorschriften für Kapitalgesellschaften

(Aktiengesellschaften, Kommanditgesellschaften auf Aktien und Gesellschaften mit beschränkter Haftung) sowie bestimmte Personenhandelsgesellschaften

Erster Unterabschnitt Jahresabschluss der Kapitalgesellschaft und Lagebericht

Erster Titel Allgemeine Vorschriften

HGB § 264 Pflicht zur Aufstellung

(1) Die gesetzlichen Vertreter einer Kapitalgesellschaft haben den Jahresabschluß (§ 242) um einen Anhang zu erweitern, der mit der Bilanz und der Gewinn- und Verlustrechnung eine Einheit bildet, sowie einen Lagebericht aufzustellen. Die gesetzlichen Vertreter einer kapitalmarktorientierten Kapitalgesellschaft, die nicht zur Aufstellung eines Konzernabschlusses verpflichtet ist, haben den Jahresabschluss um eine Kapitalflussrechnung und einen Eigenkapitalspiegel zu erweitern, die mit der Bilanz, Gewinn- und Verlustrechnung und dem Anhang eine Einheit bilden; sie können den Jahresabschluss um eine Segmentberichterstattung erweitern. Der Jahresabschluß und der Lagebericht sind von den gesetzlichen Vertretern in den ersten drei Monaten des Geschäftsjahrs für das vergangene Geschäftsjahr aufzustellen. Kleine Kapitalgesellschaften (§ 267 Abs.
1) brauchen den Lagebericht nicht aufzustellen; sie dürfen den Jahresabschluß auch später aufstellen, wenn dies einem ordnungsgemäßen Geschäftsgang entspricht, jedoch innerhalb der ersten sechs Monate des Geschäftsjahres. Kleinstkapitalgesellschaften (§ 267a) brauchen den Jahresabschluss nicht um einen Anhang zu erweitern, wenn sie

1. die in § 268 Absatz 7 genannten Angaben,
2. die in § 285 Nummer 9 Buchstabe c genannten Angaben und
3. im Falle einer Aktiengesellschaft die in § 160 Absatz 3 Satz 2 des Aktiengesetzes genannten Angaben unter der Bilanz angeben.

(1a) In dem Jahresabschluss sind die Firma, der Sitz, das Registergericht und die Nummer, unter der die Gesellschaft in das Handelsregister eingetragen ist, anzugeben. Befindet sich die Gesellschaft in Liquidation oder Abwicklung, ist auch diese Tatsache anzugeben.

(2) Der Jahresabschluß der Kapitalgesellschaft hat unter Beachtung der Grundsätze ordnungsmäßiger Buchführung ein den tatsächlichen Verhältnissen entsprechendes Bild der Vermögens-, Finanz- und Ertragslage der Kapitalgesellschaft zu vermitteln. Führen besondere Umstände dazu, daß der Jahresabschluß ein den tatsächlichen Verhältnissen entsprechendes Bild im Sinne des Satzes 1 nicht vermittelt, so sind im Anhang zusätzliche Angaben zu machen. Die gesetzlichen Vertreter einer Kapitalgesellschaft, die Inlandsemittent im Sinne des § 2 Absatz 14 des Wertpapierhandelsgesetzes und keine Kapitalgesellschaft im Sinne des § 327a ist, haben bei der Unterzeichnung schriftlich zu versichern, dass nach bestem Wissen der Jahresabschluss ein den tatsächlichen Verhältnissen entsprechendes Bild im Sinne des Satzes 1 vermittelt oder der Anhang Angaben nach Satz 2 enthält. Macht eine Kleinstkapitalgesellschaft von der Erleichterung nach Absatz 1 Satz 5 Gebrauch, sind nach Satz 2 erforderliche zusätzliche Angaben unter der Bilanz zu machen. Es wird vermutet, dass ein unter Berücksichtigung der Erleichterungen für Kleinstkapitalgesellschaften aufgestellter Jahresabschluss den Erfordernissen des Satzes 1 entspricht.

(3) Eine Kapitalgesellschaft, die als Tochterunternehmen in den Konzernabschluss eines Mutterunternehmens mit Sitz in einem Mitgliedstaat der Europäischen Union oder einem anderen Vertragsstaat des Abkommens über den Europäischen Wirtschaftsraum einbezogen ist, braucht die Vorschriften dieses Unterabschnitts und des Dritten und Vierten Unterabschnitts dieses Abschnitts nicht anzuwenden, wenn alle folgenden Voraussetzungen erfüllt sind:

1. alle Gesellschafter des Tochterunternehmens haben der Befreiung für das jeweilige Geschäftsjahr zugestimmt;
2. das Mutterunternehmen hat sich bereit erklärt, für die von dem Tochterunternehmen bis zum Abschlussstichtag eingegangenen Verpflichtungen im folgenden Geschäftsjahr einzustehen;
3. der Konzernabschluss und der Konzernlagebericht des Mutterunternehmens sind nach den Rechtsvorschriften des Staates, in dem das Mutterunternehmen seinen Sitz hat, und im Einklang mit folgenden Richtlinien aufgestellt und geprüft worden:
   a) Richtlinie 2013/34/EU des Europäischen Parlaments und des Rates vom 26. Juni 2013 über den Jahresabschluss, den konsolidierten Abschluss und damit verbundene Berichte von Unternehmen bestimmter Rechtsformen und zur Änderung der Richtlinie 2006/43/EG des Europäischen Parlaments und des Rates und zur Aufhebung der Richtlinien 78/660/EWG und 83/349/EWG des Rates (ABl. L 182 vom 29.6.2013, S. 19), die zuletzt durch die Richtlinie 2014/102/EU (ABl. L 334 vom 21.11.2014, S. 86) geändert worden ist,
   b) Richtlinie 2006/43/EG des Europäischen Parlaments und des Rates vom 17. Mai 2006 über Abschlussprüfungen von Jahresabschlüssen und konsolidierten Abschlüssen, zur Änderung der Richtlinien 78/660/EWG und 83/349/EWG des Rates und zur Aufhebung der Richtlinie 84/253/EWG des Rates (ABl. L 157 vom 9.6.2006, S. 87), die durch die Richtlinie 2013/34/EU (ABl. L 182 vom 29.6.2013, S. 19) geändert worden ist;
4. die Befreiung des Tochterunternehmens ist im Anhang des Konzernabschlusses des Mutterunternehmensangegeben und
5. für das Tochterunternehmen sind nach § 325 Absatz 1 bis 1b offengelegt worden:
   a) der Beschluss nach Nummer 1,
   b) die Erklärung nach Nummer 2,
   c) der Konzernabschluss,
   d) der Konzernlagebericht und
   e) der Bestätigungsvermerk zum Konzernabschluss und Konzernlagebericht des Mutterunternehmens nach Nummer 3.

Hat bereits das Mutterunternehmen einzelne oder alle der in Satz 1 Nummer 5 bezeichneten Unterlagen offengelegt, braucht das Tochterunternehmen die betreffenden Unterlagen nicht erneut offenzulegen, wenn sie im Bundesanzeiger unter dem Tochterunternehmen auffindbar sind; § 326 Absatz 2 ist auf diese Offenlegung nicht anzuwenden. Satz 2 gilt nur dann, wenn das Mutterunternehmen die betreffende Unterlage in deutscher oder in englischer Sprache offengelegt hat oder das Tochterunternehmen zusätzlich eine beglaubigte Übersetzung dieser Unterlage in deutscher Sprache nach § 325 Absatz 1 bis 1b offenlegt.

(4) Absatz 3 ist nicht anzuwenden, wenn eine Kapitalgesellschaft das Tochterunternehmen eines Mutterunternehmens ist, das einen Konzernabschluss nach den Vorschriften des Publizitätsgesetzes aufgestellt hat, und wenn in diesem Konzernabschluss von dem Wahlrecht des § 13 Absatz 3 Satz 1 des Publizitätsgesetzes Gebrauch gemacht worden ist; § 314 Absatz 3 bleibt unberührt.

Fußnote

(+++ § 264: Zur Anwendung vgl. Art. 75 Abs. 1 HGBEG +++)

(+++ § 264 Abs. 1 Satz 4, Abs. 3 u. 4: Zur Anwendung vgl. § 46 Satz 2 KAGB u. § 135 Abs. 2 Satz 2 KAGB +++)

Zweiter Titel

Bilanz

HGB § 266 Gliederung der Bilanz

(1) Die Bilanz ist in Kontoform aufzustellen. Dabei haben mittelgroße und große Kapitalgesellschaften (§ 267 Absatz 2 und 3) auf der Aktivseite die in Absatz 2 und auf der Passivseite die in Absatz 3 bezeichneten Posten gesondert und in der vorgeschriebenen Reihenfolge auszuweisen. Kleine Kapitalgesellschaften (§ 267 Abs. 1) brauchen nur eine verkürzte Bilanz aufzustellen, in die nur die in den Absätzen 2 und 3 mit Buchstaben und römischen Zahlen bezeichneten Posten gesondert und in der vorgeschriebenen Reihenfolge aufgenommen werden. Kleinstkapitalgesellschaften (§ 267a) brauchen nur eine verkürzte Bilanz aufzustellen, in die nur die in den Absätzen 2 und 3 mit Buchstaben bezeichneten Posten gesondert und in der vorgeschriebenen Reihenfolge aufgenommen werden.

(2) Aktivseite

A. Anlagevermögen:

- I. Immaterielle Vermögensgegenstände:
  1. Selbst geschaffene gewerbliche Schutzrechte und ähnliche Rechte und Werte;
  2. entgeltlich erworbene Konzessionen, gewerbliche Schutzrechte und ähnliche Rechte und Werte sowie Lizenzen an solchen Rechten und Werten;
  3. Geschäfts- oder Firmenwert;
  4. geleistete Anzahlungen;
- II. Sachanlagen:
  1. Grundstücke, grundstücksgleiche Rechte und Bauten einschließlich der Bauten auf fremden Grundstücken;
  2. technische Anlagen und Maschinen;
  3. andere Anlagen, Betriebs- und Geschäftsausstattung;
  4. geleistete Anzahlungen und Anlagen im Bau;
- III. Finanzanlagen:
  1. Anteile an verbundenen Unternehmen;
  2. Ausleihungen an verbundene Unternehmen;
  3. Beteiligungen;
  4. Ausleihungen an Unternehmen, mit denen ein Beteiligungsverhältnis besteht;
  5. Wertpapiere des Anlagevermögens;
  6. sonstige Ausleihungen.

B. Umlaufvermögen:

- I. Vorräte:
  1. Roh-, Hilfs- und Betriebsstoffe;
  2. unfertige Erzeugnisse, unfertige Leistungen;
  3. fertige Erzeugnisse und Waren;
  4. geleistete Anzahlungen;
- II. Forderungen und sonstige Vermögensgegenstände:
  1. Forderungen aus Lieferungen und Leistungen;
  2. Forderungen gegen verbundene Unternehmen;
  3. Forderungen gegen Unternehmen, mit denen ein Beteiligungsverhältnis besteht;
  4. sonstige Vermögensgegenstände;
- III. Wertpapiere:
  1. Anteile an verbundenen Unternehmen;
  2. sonstige Wertpapiere;
- IV. Kassenbestand, Bundesbankguthaben, Guthaben bei Kreditinstituten und Schecks.

C. Rechnungsabgrenzungsposten.

D. Aktive latente Steuern.

E. Aktiver Unterschiedsbetrag aus der Vermögensverrechnung.

(3) Passivseite

A. Eigenkapital:

- I. Gezeichnetes Kapital;

II. Kapitalrücklage;
III. Gewinnrücklagen:
1. gesetzliche Rücklage;
2. Rücklage für Anteile an einem herrschenden oder mehrheitlich beteiligten Unternehmen;
3. satzungsmäßige Rücklagen;
4. andere Gewinnrücklagen;
IV. Gewinnvortrag/Verlustvortrag;
V. Jahresüberschuß/Jahresfehlbetrag.
B. Rückstellungen:
1. Rückstellungen für Pensionen und ähnliche Verpflichtungen;
2. Steuerrückstellungen;
3. sonstige Rückstellungen.
C. Verbindlichkeiten:
1. Anleihen
davon konvertibel;
2. Verbindlichkeiten gegenüber Kreditinstituten;
3. erhaltene Anzahlungen auf Bestellungen;
4. Verbindlichkeiten aus Lieferungen und Leistungen;
5. Verbindlichkeiten aus der Annahme gezogener Wechsel und der Ausstellung eigener Wechsel;
6. Verbindlichkeiten gegenüber verbundenen Unternehmen;
7. Verbindlichkeiten gegenüber Unternehmen, mit denen ein Beteiligungsverhältnis besteht;
8. sonstige Verbindlichkeiten,
davon aus Steuern,
davon im Rahmen der sozialen Sicherheit.
D. Rechnungsabgrenzungsposten.
E. Passive latente Steuern.

HGB § 271 Beteiligungen. Verbundene Unternehmen

(1) Beteiligungen sind Anteile an anderen Unternehmen, die bestimmt sind, dem eigenen Geschäftsbetrieb durch Herstellung einer dauernden Verbindung zu jenen Unternehmen zu dienen. Dabei ist es unerheblich, ob die Anteile in Wertpapieren verbrieft sind oder nicht. Eine Beteiligung wird vermutet, wenn die Anteile an einem Unternehmen insgesamt den fünften Teil des Nennkapitals dieses Unternehmens oder, falls ein Nennkapital nicht vorhanden ist, den fünften Teil der Summe aller Kapitalanteile an diesem Unternehmen überschreiten. Auf die Berechnung ist § 16 Abs. 2 und 4 des Aktiengesetzes entsprechend anzuwenden. Die Mitgliedschaft in einer eingetragenen Genossenschaft gilt nicht als Beteiligung im Sinne dieses Buches.
(2) Verbundene Unternehmen im Sinne dieses Buches sind solche Unternehmen, die als Mutter- oder Tochterunternehmen (§ 290) in den Konzernabschluß eines Mutterunternehmens nach den Vorschriften über die Vollkonsolidierung einzubeziehen sind, das als oberstes Mutterunternehmen den am weitestgehenden Konzernabschluß nach dem Zweiten Unterabschnitt aufzustellen hat, auch wenn die Aufstellung unterbleibt, oder das einen befreienden Konzernabschluß nach den §§ 291 oder 292 aufstellt oder aufstellen könnte; Tochterunternehmen, die nach § 296 nicht einbezogen werden, sind ebenfalls verbundene Unternehmen.
Fußnote
(+++ § 271: Zur Anwendung vgl. Art. 75 Abs. 1 HGBEG +++)

Dritter Titel

Gewinn- und Verlustrechnung

HGB § 275 Gliederung

(1) Die Gewinn- und Verlustrechnung ist in Staffelform nach dem Gesamtkostenverfahren oder dem Umsatzkostenverfahren aufzustellen. Dabei sind die in Absatz 2 oder 3 bezeichneten Posten in der angegebenen Reihenfolge gesondert auszuweisen.

(2) Bei Anwendung des Gesamtkostenverfahrens sind auszuweisen:

1. Umsatzerlöse
2. Erhöhung oder Verminderung des Bestands an fertigen und unfertigen Erzeugnissen
3. andere aktivierte Eigenleistungen
4. sonstige betriebliche Erträge
5. Materialaufwand:
   a) Aufwendungen für Roh-, Hilfs- und Betriebsstoffe und für bezogene Waren
   b) Aufwendungen für bezogene Leistungen
6. Personalaufwand:
   a) Löhne und Gehälter
   b) soziale Abgaben und Aufwendungen für Altersversorgung und für Unterstützung, davon für Altersversorgung
7. Abschreibungen:
   a) auf immaterielle Vermögensgegenstände des Anlagevermögens und Sachanlagen
   b) auf Vermögensgegenstände des Umlaufvermögens, soweit diese die in der Kapitalgesellschaft üblichen Abschreibungen überschreiten
8. sonstige betriebliche Aufwendungen
9. Erträge aus Beteiligungen,
   davon aus verbundenen Unternehmen
10. Erträge aus anderen Wertpapieren und Ausleihungen des Finanzanlagevermögens,
    davon aus verbundenen Unternehmen
11. sonstige Zinsen und ähnliche Erträge,
    davon aus verbundenen Unternehmen
12. Abschreibungen auf Finanzanlagen und auf Wertpapiere des Umlaufvermögens
13. Zinsen und ähnliche Aufwendungen,
    davon an verbundene Unternehmen
14. Steuern vom Einkommen und vom Ertrag
15. Ergebnis nach Steuern
16. sonstige Steuern
17. Jahresüberschuss/Jahresfehlbetrag.

(3) Bei Anwendung des Umsatzkostenverfahrens sind auszuweisen:

1. Umsatzerlöse
2. Herstellungskosten der zur Erzielung der Umsatzerlöse erbrachten Leistungen
3. Bruttoergebnis vom Umsatz
4. Vertriebskosten
5. allgemeine Verwaltungskosten
6. sonstige betriebliche Erträge
7. sonstige betriebliche Aufwendungen
8. Erträge aus Beteiligungen,
   davon aus verbundenen Unternehmen
9. Erträge aus anderen Wertpapieren und Ausleihungen des Finanzanlagevermögens,
   davon aus verbundenen Unternehmen
10. sonstige Zinsen und ähnliche Erträge,
    davon aus verbundenen Unternehmen
11. Abschreibungen auf Finanzanlagen und auf Wertpapiere des Umlaufvermögens
12. Zinsen und ähnliche Aufwendungen,
    davon an verbundene Unternehmen
13. Steuern vom Einkommen und vom Ertrag
14. Ergebnis nach Steuern
15. sonstige Steuern
16. Jahresüberschuss/Jahresfehlbetrag.

(4) Veränderungen der Kapital- und Gewinnrücklagen dürfen in der Gewinn- und Verlustrechnung erst nach dem Posten "Jahresüberschuß/Jahresfehlbetrag" ausgewiesen werden.

(5) Kleinstkapitalgesellschaften (§ 267a) können anstelle der Staffelungen nach den Absätzen 2 und 3 die Gewinn- und Verlustrechnung wie folgt darstellen:

1. Umsatzerlöse,
2. sonstige Erträge,
3. Materialaufwand,
4. Personalaufwand,
5. Abschreibungen,
6. sonstige Aufwendungen,
7. Steuern,
8. Jahresüberschuss/Jahresfehlbetrag.

Fußnote
(+++ § 275: Zur Anwendung vgl. Art. 75 Abs. 1 HGBEG +++)

HGB § 277 Vorschriften zu einzelnen Posten der Gewinn- und Verlustrechnung

(1) Als Umsatzerlöse sind die Erlöse aus dem Verkauf und der Vermietung oder Verpachtung von Produkten sowie aus der Erbringung von Dienstleistungen der Kapitalgesellschaft nach Abzug von Erlösschmälerungen und der Umsatzsteuer sowie sonstiger direkt mit dem Umsatz verbundener Steuern auszuweisen.
(2) Als Bestandsveränderungen sind sowohl Änderungen der Menge als auch solche des Wertes zu berücksichtigen; Abschreibungen jedoch nur, soweit diese die in der Kapitalgesellschaft sonst üblichen Abschreibungen nicht überschreiten.
(3) Außerplanmäßige Abschreibungen nach § 253 Absatz 3 Satz 5 und 6 sind jeweils gesondert auszuweisen oder im Anhang anzugeben. Erträge und Aufwendungen aus Verlustübernahme und auf Grund einer Gewinngemeinschaft, eines Gewinnabführungs- oder eines Teilgewinnabführungsvertrags erhaltene oder abgeführte Gewinne sind jeweils gesondert unter entsprechender Bezeichnung auszuweisen.
(4) (weggefallen)
(5) Erträge aus der Abzinsung sind in der Gewinn- und Verlustrechnung gesondert unter dem Posten „Sonstige Zinsen und ähnliche Erträge" und Aufwendungen gesondert unter dem Posten „Zinsen und ähnliche Aufwendungen" auszuweisen. Erträge aus der Währungsumrechnung sind in der Gewinn- und Verlustrechnung gesondert unter dem Posten „Sonstige betriebliche Erträge" und Aufwendungen aus der Währungsumrechnung gesondert unter dem Posten „Sonstige betriebliche Aufwendungen" auszuweisen.

Fußnote
(+++ § 277 Abs. 1: Zur Anwendung vgl. Art. 75 Abs. 2 HGBEG +++)
(+++ § 277 Abs. 3 u. 4: Zur Anwendung vgl. Art. 75 Abs. 1 HGBEG +++)

Fünfter Titel

Anhang

HGB § 284 Erläuterung der Bilanz und der Gewinn- und Verlustrechnung

(1) In den Anhang sind diejenigen Angaben aufzunehmen, die zu den einzelnen Posten der Bilanz oder der Gewinn- und Verlustrechnung vorgeschrieben sind; sie sind in der Reihenfolge der einzelnen Posten der Bilanz und der Gewinn- und Verlustrechnung darzustellen. Im Anhang sind auch die Angaben zu machen, die in Ausübung eines Wahlrechts nicht in die Bilanz oder in die Gewinn- und Verlustrechnung aufgenommen wurden.
(2) Im Anhang müssen
1. die auf die Posten der Bilanz und der Gewinn- und Verlustrechnung angewandten Bilanzierungs- und Bewertungsmethoden angegeben werden;
2. Abweichungen von Bilanzierungs- und Bewertungsmethoden angegeben und begründet werden; deren Einfluß auf die Vermögens-, Finanz- und Ertragslage ist gesondert darzustellen;
3. bei Anwendung einer Bewertungsmethode nach § 240 Abs. 4, § 256 Satz 1 die Unterschiedsbeträge pauschal für die jeweilige Gruppe ausgewiesen werden, wenn die Bewertung im Vergleich zu einer

Bewertung auf der Grundlage des letzten vor dem Abschlußstichtag bekannten Börsenkurses oder Marktpreises einen erheblichen Unterschied aufweist;
4. Angaben über die Einbeziehung von Zinsen für Fremdkapital in die Herstellungskosten gemacht werden.
(3) Im Anhang ist die Entwicklung der einzelnen Posten des Anlagevermögens in einer gesonderten Aufgliederung darzustellen. Dabei sind, ausgehend von den gesamten Anschaffungs- und Herstellungskosten, die
Zugänge, Abgänge, Umbuchungen und Zuschreibungen des Geschäftsjahrs sowie die Abschreibungen gesondert
aufzuführen. Zu den Abschreibungen sind gesondert folgende Angaben zu machen:
1. die Abschreibungen in ihrer gesamten Höhe zu Beginn und Ende des Geschäftsjahrs,
2. die im Laufe des Geschäftsjahrs vorgenommenen Abschreibungen und
3. Änderungen in den Abschreibungen in ihrer gesamten Höhe im Zusammenhang mit Zu- und Abgängen
sowie Umbuchungen im Laufe des Geschäftsjahrs.
Sind in die Herstellungskosten Zinsen für Fremdkapital einbezogen worden, ist für jeden Posten des Anlagevermögens anzugeben, welcher Betrag an Zinsen im Geschäftsjahr aktiviert worden ist.
Fußnote
(+++ § 284: Zur Anwendung vgl. Art. 75 Abs. 1 HGBEG +++)

HGB § 285 Sonstige Pflichtangaben

Ferner sind im Anhang anzugeben:
1. zu den in der Bilanz ausgewiesenen Verbindlichkeiten
   a) der Gesamtbetrag der Verbindlichkeiten mit einer Restlaufzeit von mehr als fünf Jahren,
   b) der Gesamtbetrag der Verbindlichkeiten, die durch Pfandrechte oder ähnliche Rechte gesichert sind, unter Angabe von Art und Form der Sicherheiten;
2. die Aufgliederung der in Nummer 1 verlangten Angaben für jeden Posten der Verbindlichkeiten nach dem vorgeschriebenen Gliederungsschema;
3. Art und Zweck sowie Risiken, Vorteile und finanzielle Auswirkungen von nicht in der Bilanz enthaltenen Geschäften, soweit die Risiken und Vorteile wesentlich sind und die Offenlegung für die Beurteilung der Finanzlage des Unternehmens erforderlich ist;
3a. der Gesamtbetrag der sonstigen finanziellen Verpflichtungen, die nicht in der Bilanz enthalten sind und die nicht nach § 268 Absatz 7 oder Nummer 3 anzugeben sind, sofern diese Angabe für die Beurteilung der Finanzlage von Bedeutung ist; davon sind Verpflichtungen betreffend die Altersversorgung und Verpflichtungen gegenüber verbundenen oder assoziierten Unternehmen jeweils gesondert anzugeben;
4. die Aufgliederung der Umsatzerlöse nach Tätigkeitsbereichen sowie nach geografisch bestimmten Märkten, soweit sich unter Berücksichtigung der Organisation des Verkaufs, der Vermietung oder Verpachtung von Produkten und der Erbringung von Dienstleistungen der Kapitalgesellschaft die Tätigkeitsbereiche und geografisch bestimmten Märkte untereinander erheblich unterscheiden;
5. (weggefallen)
6. (weggefallen)
7. die durchschnittliche Zahl der während des Geschäftsjahrs beschäftigten Arbeitnehmer getrennt nach Gruppen;
8. bei Anwendung des Umsatzkostenverfahrens (§ 275 Abs. 3)
   a) der Materialaufwand des Geschäftsjahrs, gegliedert nach § 275 Abs. 2 Nr. 5,
   b) der Personalaufwand des Geschäftsjahrs, gegliedert nach § 275 Abs. 2 Nr. 6;
9. für die Mitglieder des Geschäftsführungsorgans, eines Aufsichtsrats, eines Beirats oder einer ähnlichen Einrichtung jeweils für jede Personengruppe
   a) die für die Tätigkeit im Geschäftsjahr gewährten Gesamtbezüge (Gehälter, Gewinnbeteiligungen, Bezugsrechte und sonstige aktienbasierte Vergütungen, Aufwandsentschädigungen, Versicherungsentgelte, Provisionen und Nebenleistungen jeder Art). In die Gesamtbezüge sind auch Bezüge einzurechnen, die nicht ausgezahlt, sondern in Ansprüche anderer Art umgewandelt oder

zur Erhöhung anderer Ansprüche verwendet werden. Außer den Bezügen für das Geschäftsjahr sind die weiteren Bezüge anzugeben, die im Geschäftsjahr gewährt, bisher aber in keinem Jahresabschluss angegeben worden sind. Bezugsrechte und sonstige aktienbasierte Vergütungen sind mit ihrer Anzahl und dem beizulegenden Zeitwert zum Zeitpunkt ihrer Gewährung anzugeben; spätere Wertveränderungen, die auf einer Änderung der Ausübungsbedingungen beruhen, sind zu berücksichtigen;

b) die Gesamtbezüge (Abfindungen, Ruhegehälter, Hinterbliebenenbezüge und Leistungen verwandter Art) der früheren Mitglieder der bezeichneten Organe und ihrer Hinterbliebenen. Buchstabe a Satz 2 und 3 ist entsprechend anzuwenden. Ferner ist der Betrag der für diese Personengruppe gebildeten Rückstellungen für laufende Pensionen und Anwartschaften auf Pensionen und der Betrag der für diese Verpflichtungen nicht gebildeten Rückstellungen anzugeben;

c) die gewährten Vorschüsse und Kredite unter Angabe der Zinssätze, der wesentlichen Bedingungen und der gegebenenfalls im Geschäftsjahr zurückgezahlten oder erlassenen Beträge sowie die zugunsten dieser Personen eingegangenen Haftungsverhältnisse;

10. alle Mitglieder des Geschäftsführungsorgans und eines Aufsichtsrats, auch wenn sie im Geschäftsjahr oder später ausgeschieden sind, mit dem Familiennamen und mindestens einem ausgeschriebenen Vornamen, einschließlich des ausgeübten Berufs und bei börsennotierten Gesellschaften auch der Mitgliedschaft in Aufsichtsräten und anderen Kontrollgremien im Sinne des § 125 Abs. 1 Satz 5 des Aktiengesetzes. Der Vorsitzende eines Aufsichtsrats, seine Stellvertreter und ein etwaiger Vorsitzender des Geschäftsführungsorgans sind als solche zu bezeichnen;
11. Name und Sitz anderer Unternehmen, die Höhe des Anteils am Kapital, das Eigenkapital und das Ergebnis des letzten Geschäftsjahrs dieser Unternehmen, für das ein Jahresabschluss vorliegt, soweit es sich um Beteiligungen im Sinne des § 271 Absatz 1 handelt oder ein solcher Anteil von einer Person für Rechnung der Kapitalgesellschaft gehalten wird;

11a. Name, Sitz und Rechtsform der Unternehmen, deren unbeschränkt haftender Gesellschafter die Kapitalgesellschaft ist;

11b. von börsennotierten Kapitalgesellschaften sind alle Beteiligungen an großen Kapitalgesellschaft en anzugeben, die 5 Prozent der Stimmrechte überschreiten;

12. Rückstellungen, die in der Bilanz unter dem Posten "sonstige Rückstellungen" nicht gesondert ausgewiesen werden, sind zu erläutern, wenn sie einen nicht unerheblichen Umfang haben;
13. jeweils eine Erläuterung des Zeitraums, über den ein entgeltlich erworbener Geschäfts- oder Firmenwert abgeschrieben wird;
14. Name und Sitz des Mutterunternehmens der Kapitalgesellschaft, das den Konzernabschluss für den größten Kreis von Unternehmen aufstellt, sowie der Ort, wo der von diesem Mutterunternehmen aufgestellte Konzernabschluss erhältlich ist;

14a. Name und Sitz des Mutterunternehmens der Kapitalgesellschaft, das den Konzernabschluss für den kleinsten Kreis von Unternehmen aufstellt, sowie der Ort, wo der von diesem Mutterunternehmen aufgestellte Konzernabschluss erhältlich ist;

15. soweit es sich um den Anhang des Jahresabschlusses einer Personenhandelsgesellschaft im Sinne des § 264a Abs. 1 handelt, Name und Sitz der Gesellschaften, die persönlich haftende Gesellschafter sind, sowie deren gezeichnetes Kapital;

15a. das Bestehen von Genussscheinen, Genussrechten, Wandelschuldverschreibungen, Optionsscheinen, Optionen, Besserungsscheinen oder vergleichbaren Wertpapieren oder Rechten, unter Angabe der Anzahl und der Rechte, die sie verbriefen;

16. dass die nach § 161 des Aktiengesetzes vorgeschriebene Erklärung abgegeben und wo sie öffentlich zugänglich gemacht worden ist;
17. das von dem Abschlussprüfer für das Geschäftsjahr berechnete Gesamthonorar, aufgeschlüsselt in das Honorar für
    a) die Abschlussprüfungsleistungen,
    b) andere Bestätigungsleistungen,
    c) Steuerberatungsleistungen,
    d) sonstige Leistungen,
    soweit die Angaben nicht in einem das Unternehmen einbeziehenden Konzernabschluss enthalten sind;

18. für zu den Finanzanlagen (§ 266 Abs. 2 A. III.) gehörende Finanzinstrumente, die über ihrem beizulegenden Zeitwert ausgewiesen werden, da eine außerplanmäßige Abschreibung nach § 253 Absatz 3 Satz 6 unterblieben ist,
    a) der Buchwert und der beizulegende Zeitwert der einzelnen Vermögensgegenstände oder angemessener Gruppierungen sowie
    b) die Gründe für das Unterlassen der Abschreibung einschließlich der Anhaltspunkte, die darauf hindeuten, dass die Wertminderung voraussichtlich nicht von Dauer ist;
19. für jede Kategorie nicht zum beizulegenden Zeitwert bilanzierter derivativer Finanzinstrumente
    a) deren Art und Umfang,
    b) deren beizulegender Zeitwert, soweit er sich nach § 255 Abs. 4 verlässlich ermitteln lässt, unter Angabe der angewandten Bewertungsmethode,
    c) deren Buchwert und der Bilanzposten, in welchem der Buchwert, soweit vorhanden, erfasst ist, sowie
    d) die Gründe dafür, warum der beizulegende Zeitwert nicht bestimmt werden kann;
20. für mit dem beizulegenden Zeitwert bewertete Finanzinstrumente
    a) die grundlegenden Annahmen, die der Bestimmung des beizulegenden Zeitwertes mit Hilfe allgemein anerkannter Bewertungsmethoden zugrunde gelegt wurden, sowie
    b) Umfang und Art jeder Kategorie derivativer Finanzinstrumente einschließlich der wesentlichen Bedingungen, welche die Höhe, den Zeitpunkt und die Sicherheit künftiger Zahlungsströme beeinflussen können;
21. zumindest die nicht zu marktüblichen Bedingungen zustande gekommenen Geschäfte, soweit sie wesentlich sind, mit nahe stehenden Unternehmen und Personen, einschließlich Angaben zur Art der Beziehung, zum Wert der Geschäfte sowie weiterer Angaben, die für die Beurteilung der Finanzlage notwendig sind; ausgenommen sind Geschäfte mit und zwischen mittel- oder unmittelbar in 100-prozentigem Anteilsbesitz stehenden in einen Konzernabschluss einbezogenen Unternehmen; Angaben über Geschäfte können nach Geschäftsarten zusammengefasst werden, sofern die getrennte Angabe für die Beurteilung der Auswirkungen auf die Finanzlage nicht notwendig ist;
22. im Fall der Aktivierung nach § 248 Abs. 2 der Gesamtbetrag der Forschungs- und Entwicklungskosten des Geschäftsjahrs sowie der davon auf die selbst geschaffenen immateriellen Vermögensgegenstände des Anlagevermögens entfallende Betrag;
23. bei Anwendung des § 254,
    a) mit welchem Betrag jeweils Vermögensgegenstände, Schulden, schwebende Geschäfte und mit hoher Wahrscheinlichkeit erwartete Transaktionen zur Absicherung welcher Risiken in welche Arten von Bewertungseinheiten einbezogen sind sowie die Höhe der mit Bewertungseinheiten abgesicherten Risiken,
    b) für die jeweils abgesicherten Risiken, warum, in welchem Umfang und für welchen Zeitraum sich die gegenläufigen Wertänderungen oder Zahlungsströme künftig voraussichtlich ausgleichen einschließlich der Methode der Ermittlung,
    c) eine Erläuterung der mit hoher Wahrscheinlichkeit erwarteten Transaktionen, die in Bewertungseinheiten einbezogen wurden, soweit die Angaben nicht im Lagebericht gemacht werden;
24. zu den Rückstellungen für Pensionen und ähnliche Verpflichtungen das angewandte versicherungsmathematische Berechnungsverfahren sowie die grundlegenden Annahmen der Berechnung, wie Zinssatz, erwartete Lohn- und Gehaltssteigerungen und zugrunde gelegte Sterbetafeln;
25. im Fall der Verrechnung von Vermögensgegenständen und Schulden nach § 246 Abs. 2 Satz 2 die Anschaffungskosten und der beizulegende Zeitwert der verrechneten Vermögensgegenstände, der Erfüllungsbetrag der verrechneten Schulden sowie die verrechneten Aufwendungen und Erträge; Nummer 20 Buchstabe a ist entsprechend anzuwenden;
26. zu Anteilen an Sondervermögen im Sinn des § 1 Absatz 10 des Kapitalanlagegesetzbuchs oder Anlageaktien an Investmentaktiengesellschaften mit veränderlichem Kapital im Sinn der §§ 108 bis 123 des Kapitalanlagegesetzbuchs oder vergleichbaren EU-Investmentvermögen oder vergleichbaren ausländischen Investmentvermögen von mehr als dem zehnten Teil, aufgegliedert nach Anlagezielen, deren Wert im Sinn der §§ 168, 278 des Kapitalanlagegesetzbuchs oder des § 36 des Investmentgesetzes in der bis zum 21. Juli 2013 geltenden Fassung oder vergleichbarer

ausländischer Vorschriften über die Ermittlung des Marktwertes, die Differenz zum Buchwert und die für das Geschäftsjahr erfolgte Ausschüttung sowie Beschränkungen in der Möglichkeit der täglichen Rückgabe; darüber hinaus die Gründe dafür, dass eine Abschreibung gemäß § 253 Absatz 3 Satz 6 unterblieben ist, einschließlich der Anhaltspunkte, die darauf hindeuten, dass die Wertminderung voraussichtlich nicht von Dauer ist; Nummer 18 ist insoweit nicht anzuwenden;
27. für nach § 268 Abs. 7 im Anhang ausgewiesene Verbindlichkeiten und Haftungsverhältnisse die Gründe der Einschätzung des Risikos der Inanspruchnahme;
28. der Gesamtbetrag der Beträge im Sinn des § 268 Abs. 8, aufgegliedert in Beträge aus der Aktivierung selbst geschaffener immaterieller Vermögensgegenstände des Anlagevermögens, Beträge aus der Aktivierung latenter Steuern und aus der Aktivierung von Vermögensgegenständen zum beizulegenden Zeitwert;
29. auf welchen Differenzen oder steuerlichen Verlustvorträgen die latenten Steuern beruhen und mit welchen Steuersätzen die Bewertung erfolgt ist;
30. wenn latente Steuerschulden in der Bilanz angesetzt werden, die latenten Steuersalden am Ende des Geschäftsjahrs und die im Laufe des Geschäftsjahrs erfolgten Änderungen dieser Salden;
31. jeweils der Betrag und die Art der einzelnen Erträge und Aufwendungen von außergewöhnlicher Größenordnung oder außergewöhnlicher Bedeutung, soweit die Beträge nicht von untergeordneter Bedeutung sind;
32. eine Erläuterung der einzelnen Erträge und Aufwendungen hinsichtlich ihres Betrags und ihrer Art, die einem anderen Geschäftsjahr zuzurechnen sind, soweit die Beträge nicht von untergeordneter Bedeutung sind;
33. Vorgänge von besonderer Bedeutung, die nach dem Schluss des Geschäftsjahrs eingetreten und weder in der Gewinn- und Verlustrechnung noch in der Bilanz berücksichtigt sind, unter Angabe ihrer Art und ihrer finanziellen Auswirkungen;
34. der Vorschlag für die Verwendung des Ergebnisses oder der Beschluss über seine Verwendung.

Fußnote
(+++ § 285: Zur Anwendung vgl. Art. 75 Abs. 1 HGBEG +++)

Sechster Titel

Lagebericht

HGB § 289 Inhalt des Lageberichts

(1) Im Lagebericht sind der Geschäftsverlauf einschließlich des Geschäftsergebnisses und die Lage der Kapitalgesellschaft so darzustellen, dass ein den tatsächlichen Verhältnissen entsprechendes Bild vermittelt wird. Er hat eine ausgewogene und umfassende, dem Umfang und der Komplexität der Geschäftstätigkeit entsprechende Analyse des Geschäftsverlaufs und der Lage der Gesellschaft zu enthalten. In die Analyse sind die für die Geschäftstätigkeit bedeutsamsten finanziellen Leistungsindikatoren einzubeziehen und unter Bezugnahme auf die im Jahresabschluss ausgewiesenen Beträge und Angaben zu erläutern. Ferner ist im Lagebericht die voraussichtliche Entwicklung mit ihren wesentlichen Chancen und Risiken zu beurteilen und zu erläutern; zugrunde liegende Annahmen sind anzugeben. Die Mitglieder des vertretungsberechtigten Organs einer Kapitalgesellschaft im Sinne des § 264 Abs. 2 Satz 3 haben zu versichern, dass nach bestem Wissen im Lagebericht der Geschäftsverlauf einschließlich des Geschäftsergebnisses und die Lage der Kapitalgesellschaft so dargestellt sind, dass ein den tatsächlichen Verhältnissen entsprechendes Bild vermittelt wird, und dass die wesentlichen Chancen und Risiken im Sinne des Satzes 4 beschrieben sind.
(2) Im Lagebericht ist auch einzugehen auf:
1. a) die Risikomanagementziele und -methoden der Gesellschaft einschließlich ihrer Methoden zur Absicherung aller wichtigen Arten von Transaktionen, die im Rahmen der Bilanzierung von Sicherungsgeschäften erfasst werden, sowie
b) die Preisänderungs-, Ausfall- und Liquiditätsrisiken sowie die Risiken aus

Zahlungsstromschwankungen, denen die Gesellschaft ausgesetzt ist, jeweils in Bezug auf die Verwendung von Finanzinstrumenten durch die Gesellschaft und sofern dies für die Beurteilung der Lage oder der voraussichtlichen Entwicklung von Belang ist;
2. den Bereich Forschung und Entwicklung sowie
3. bestehende Zweigniederlassungen der Gesellschaft.
4. (weggefallen)

Sind im Anhang Angaben nach § 160 Absatz 1 Nummer 2 des Aktiengesetzes zu machen, ist im Lagebericht darauf zu verweisen.

(3) Bei einer großen Kapitalgesellschaft (§ 267 Abs. 3) gilt Absatz 1 Satz 3 entsprechend für nichtfinanzielle Leistungsindikatoren, wie Informationen über Umwelt- und Arbeitnehmerbelange, soweit sie für das Verständnis des Geschäftsverlaufs oder der Lage von Bedeutung sind.

(4) Kapitalgesellschaften im Sinn des § 264d haben im Lagebericht die wesentlichen Merkmale des internen Kontroll- und des Risikomanagementsystems im Hinblick auf den Rechnungslegungsprozess zu beschreiben.

Fußnote

(+++ § 289: Zur Anwendung vgl. Art. 75 Abs. 1 HGBEG +++)

Dritter Unterabschnitt

Prüfung

HGB § 321 Prüfungsbericht

(1) Der Abschlußprüfer hat über Art und Umfang sowie über das Ergebnis der Prüfung zu berichten; auf den Bericht sind die Sätze 2 und 3 sowie die Absätze 2 bis 4a anzuwenden. Der Bericht ist schriftlich und mit der gebotenen Klarheit abzufassen; in ihm ist vorweg zu der Beurteilung der Lage des Unternehmens oder Konzerns durch die gesetzlichen Vertreter Stellung zu nehmen, wobei insbesondere auf die Beurteilung des Fortbestandes und der künftigen Entwicklung des Unternehmens unter Berücksichtigung des Lageberichts und bei der Prüfung des Konzernabschlusses von Mutterunternehmen auch des Konzerns unter Berücksichtigung des Konzernlageberichts einzugehen ist, soweit die geprüften Unterlagen und der Lagebericht oder der Konzernlagebericht eine solche Beurteilung erlauben. Außerdem hat der Abschlussprüfer über bei Durchführung der Prüfung festgestellte Unrichtigkeiten oder Verstöße gegen gesetzliche Vorschriften sowie Tatsachen zu berichten, die den Bestand des geprüften Unternehmens oder des Konzerns gefährden oder seine Entwicklung wesentlich beeinträchtigen können oder die schwerwiegende Verstöße der gesetzlichen Vertreter oder von Arbeitnehmern gegen Gesetz, Gesellschaftsvertrag oder die Satzung erkennen lassen.

(2) Im Hauptteil des Prüfungsberichts ist festzustellen, ob die Buchführung und die weiteren geprüften Unterlagen, der Jahresabschluss, der Lagebericht, der Konzernabschluss und der Konzernlagebericht den gesetzlichen Vorschriften und den ergänzenden Bestimmungen des Gesellschaftsvertrags oder der Satzung entsprechen. In diesem Rahmen ist auch über Beanstandungen zu berichten, die nicht zur Einschränkung oder Versagung des Bestätigungsvermerks geführt haben, soweit dies für die Überwachung der Geschäftsführung und des geprüften Unternehmens von Bedeutung ist. Es ist auch darauf einzugehen, ob der Abschluss insgesamt unter Beachtung der Grundsätze ordnungsmäßiger Buchführung oder sonstiger maßgeblicher Rechnungslegungsgrundsätze ein den tatsächlichen Verhältnissen entsprechendes Bild der Vermögens-, Finanz- und Ertragslage der Kapitalgesellschaft oder des Konzerns vermittelt. Dazu ist auch auf wesentliche Bewertungsgrundlagen sowie darauf einzugehen, welchen Einfluss Änderungen in den Bewertungsgrundlagen einschließlich der Ausübung von Bilanzierungs- und Bewertungswahlrechten und der Ausnutzung von Ermessensspielräumen sowie sachverhaltsgestaltende Maßnahmen insgesamt auf die Darstellung der Vermögens-, Finanz- und Ertragslage haben. Hierzu sind die Posten des Jahres- und des Konzernabschlusses aufzugliedern und ausreichend zu erläutern, soweit diese Angaben nicht im Anhang enthalten sind. Es ist darzustellen, ob die gesetzlichen Vertreter die verlangten Aufklärungen und Nachweise erbracht haben.

(3) In einem besonderen Abschnitt des Prüfungsberichts sind Gegenstand, Art und Umfang der Prüfung zu erläutern. Dabei ist auch auf die angewandten Rechnungslegungs- und Prüfungsgrundsätze einzugehen.
(4) Ist im Rahmen der Prüfung eine Beurteilung nach § 317 Abs. 4 abgegeben worden, so ist deren Ergebnis in einem besonderen Teil des Prüfungsberichts darzustellen. Es ist darauf einzugehen, ob Maßnahmen erforderlich sind, um das interne Überwachungssystem zu verbessern.
(4a) Der Abschlussprüfer hat im Prüfungsbericht seine Unabhängigkeit zu bestätigen.
(5) Der Abschlußprüfer hat den Bericht unter Angabe des Datums zu unterzeichnen und den gesetzlichen Vertretern vorzulegen; § 322 Absatz 7 Satz 3 und 4 gilt entsprechend. Hat der Aufsichtsrat den Auftrag erteilt, so ist der Bericht ihm und gleichzeitig einem eingerichteten Prüfungsausschuss vorzulegen. Im Fall des Satzes 2 ist der Bericht unverzüglich nach Vorlage dem Geschäftsführungsorgan mit Gelegenheit zur Stellungnahme zuzuleiten.

HGB § 322 Bestätigungsvermerk

(1) Der Abschlussprüfer hat das Ergebnis der Prüfung schriftlich in einem Bestätigungsvermerk zum Jahresabschluss oder zum Konzernabschluss zusammenzufassen. Der Bestätigungsvermerk hat Gegenstand, Art und Umfang der Prüfung zu beschreiben und dabei die angewandten Rechnungslegungs- und Prüfungsgrundsätze anzugeben; er hat ferner eine Beurteilung des Prüfungsergebnisses zu enthalten. In einem einleitenden Abschnitt haben zumindest die Beschreibung des Gegenstands der Prüfung und die Angabe zu den angewandten Rechnungslegungsgrundsätzen zu erfolgen.
(1a) Bei der Erstellung des Bestätigungsvermerks hat der Abschlussprüfer die internationalen Prüfungsstandards anzuwenden, die von der Europäischen Kommission in dem Verfahren nach Artikel 26 Absatz 3 der Richtlinie 2006/43/EG angenommen worden sind.
(2) Die Beurteilung des Prüfungsergebnisses muss zweifelsfrei ergeben, ob
1. ein uneingeschränkter Bestätigungsvermerk erteilt,
2. ein eingeschränkter Bestätigungsvermerk erteilt,
3. der Bestätigungsvermerk aufgrund von Einwendungen versagt oder
4. der Bestätigungsvermerk deshalb versagt wird, weil der Abschlussprüfer nicht in der Lage ist, ein Prüfungsurteil abzugeben.

Die Beurteilung des Prüfungsergebnisses soll allgemein verständlich und problemorientiert unter Berücksichtigung des Umstandes erfolgen, dass die gesetzlichen Vertreter den Abschluss zu verantworten haben. Auf Risiken, die den Fortbestand des Unternehmens oder eines Konzernunternehmens gefährden, ist gesondert einzugehen. Auf Risiken, die den Fortbestand eines Tochterunternehmens gefährden, braucht im Bestätigungsvermerk zum Konzernabschluss des Mutterunternehmens nicht eingegangen zu werden, wenn das Tochterunternehmen für die Vermittlung eines den tatsächlichen Verhältnissen entsprechenden Bildes der Vermögens-, Finanz- und Ertragslage des Konzerns nur von untergeordneter Bedeutung ist.
(3) In einem uneingeschränkten Bestätigungsvermerk (Absatz 2 Satz 1 Nr. 1) hat der Abschlussprüfer zu erklären, dass die von ihm nach § 317 durchgeführte Prüfung zu keinen Einwendungen geführt hat und dass der von den gesetzlichen Vertretern der Gesellschaft aufgestellte Jahres- oder Konzernabschluss aufgrund der bei der Prüfung gewonnenen Erkenntnisse des Abschlussprüfers nach seiner Beurteilung den gesetzlichen Vorschriften entspricht und unter Beachtung der Grundsätze ordnungsmäßiger Buchführung oder sonstiger maßgeblicher Rechnungslegungsgrundsätze ein den tatsächlichen Verhältnissen entsprechendes Bild der Vermögens-, Finanz- und Ertragslage des Unternehmens oder des Konzerns vermittelt. Der Abschlussprüfer kann zusätzlich einen Hinweis auf Umstände aufnehmen, auf die er in besonderer Weise aufmerksam macht, ohne den Bestätigungsvermerk einzuschränken.
(4) Sind Einwendungen zu erheben, so hat der Abschlussprüfer seine Erklärung nach Absatz 3 Satz 1 einzuschränken (Absatz 2 Satz 1 Nr. 2) oder zu versagen (Absatz 2 Satz 1 Nr. 3). Die Versagung ist in den Vermerk, der nicht mehr als Bestätigungsvermerk zu bezeichnen ist, aufzunehmen. Die Einschränkung oder Versagung ist zu begründen; Absatz 3 Satz 2 findet Anwendung. Ein eingeschränkter Bestätigungsvermerk darf nur erteilt werden, wenn der geprüfte Abschluss unter Beachtung der vom

Abschlussprüfer vorgenommenen, in ihrer Tragweite erkennbaren Einschränkung ein den tatsächlichen Verhältnissen im Wesentlichen entsprechendes Bild der Vermögens-, Finanz- und Ertragslage vermittelt.

(5) Der Bestätigungsvermerk ist auch dann zu versagen, wenn der Abschlussprüfer nach Ausschöpfung aller angemessenen Möglichkeiten zur Klärung des Sachverhalts nicht in der Lage ist, ein Prüfungsurteil abzugeben (Absatz 2 Satz 1 Nr. 4). Absatz 4 Satz 2 und 3 gilt entsprechend.

(6) Die Beurteilung des Prüfungsergebnisses hat sich auch darauf zu erstrecken, ob der Lagebericht oder der Konzernlagebericht nach dem Urteil des Abschlussprüfers mit dem Jahresabschluss und gegebenenfalls mit dem Einzelabschluss nach § 325 Abs. 2a oder mit dem Konzernabschluss in Einklang steht, die gesetzlichen Vorschriften zur Aufstellung des Lage- oder Konzernlageberichts beachtet worden sind und der Lage- oder Konzernlagebericht insgesamt ein zutreffendes Bild von der Lage des Unternehmens oder des Konzerns vermittelt. Dabei ist auch darauf einzugehen, ob die Chancen und Risiken der zukünftigen Entwicklung zutreffend dargestellt sind.

(6a) Wurden mehrere Prüfer oder Prüfungsgesellschaften gemeinsam zum Abschlussprüfer bestellt, soll die Beurteilung des Prüfungsergebnisses einheitlich erfolgen. Ist eine einheitliche Beurteilung ausnahmsweise nicht möglich, sind die Gründe hierfür darzulegen; die Beurteilung ist jeweils in einem gesonderten Absatz vorzunehmen. Die Sätze 1 und 2 gelten im Fall der gemeinsamen Bestellung von

1. Wirtschaftsprüfern oder Wirtschaftsprüfungsgesellschaften,
2. vereidigten Buchprüfern oder Buchprüfungsgesellschaften sowie
3. Prüfern oder Prüfungsgesellschaften nach den Nummern 1 und 2.

(7) Der Abschlussprüfer hat den Bestätigungsvermerk oder den Vermerk über seine Versagung unter Angabe des Ortes der Niederlassung des Abschlussprüfers und des Tages der Unterzeichnung zu unterzeichnen; im Fall des Absatzes 6a hat die Unterzeichnung durch alle bestellten Personen zu erfolgen. Der Bestätigungsvermerk oder der Vermerk über seine Versagung ist auch in den Prüfungsbericht aufzunehmen. Ist der Abschlussprüfer eine Wirtschaftsprüfungsgesellschaft, so hat die Unterzeichnung zumindest durch den Wirtschaftsprüfer zu erfolgen, welcher die Abschlussprüfung für die Prüfungsgesellschaft durchgeführt hat. Satz 3 ist auf Buchprüfungsgesellschaften entsprechend anzuwenden.

Fußnote

(+++ § 322: Zur Anwendung vgl. Art. 75 Abs. 1 HGBEG +++)

Anlage 3: Musterbilanz (gemäß VV Muster zur GO NRW und KomHVO NRW v. 8. Nov. 2019)

AKTIVA

1. Anlagevermögen
    1.1 Immaterielle Vermögensgegenstände
    1.2 Sachanlagen
        1.2.1 Unbebaute Grundstücke und grundstücksgleiche Rechte
            1.2.1.1 Grünflächen
            1.2.1.2 Ackerland
            1.2.1.3 Wald, Forsten
            1.2.1.4 Sonstige unbebaute Grundstücke
        1.2.2 Bebaute Grundstücke und grundstücksgleiche Rechte
            1.2.2.1 Kinder- und Jugendeinrichtungen
            1.2.2.2 Schulen
            1.2.2.3 Wohnbauten
            1.2.2.4 Sonstige Dienst-, Geschäfts- und Betriebsgebäude
        1.2.3 Infrastrukturvermögen
            1.2.3.1 Grund und Boden des Infrastrukturvermögens
            1.2.3.2 Brücken und Tunnel
            1.2.3.3 Gleisanlagen mit Streckenausrüstung und Sicherheitsanlagen
            1.2.3.4 Entwässerungs- und Abwasserbeseitigungsanlagen
            1.2.3.5 Straßennetz mit Wegen, Plätzen und Verkehrslenkungsanlagen
            1.2.3.6 Sonstige Bauten des Infrastrukturvermögens
        1.2.4 Bauten auf fremdem Grund und Boden
        1.2.5 Kunstgegenstände, Kulturdenkmäler
        1.2.6 Maschinen und technische Anlagen, Fahrzeuge
        1.2.7 Betriebs- und Geschäftsausstattung
        1.2.8 Geleistete Anzahlungen, Anlagen im Bau
    1.3 Finanzanlagen
        1.3.1 Anteile an verbundenen Unternehmen
        1.3.2 Beteiligungen
        1.3.3 Sondervermögen
        1.3.4 Wertpapiere des Anlagevermögens
        1.3.5 Ausleihungen
            1.3.5.1 an verbundene Unternehmen
            1.3.5.2 an Beteiligungen
            1.3.5.3 an Sondervermögen
            1.3.5.4 Sonstige Ausleihungen
2 Umlaufvermögen
    2.1 Vorräte
        2.1.1 Roh-, Hilfs- und Betriebsstoffe, Waren
        2.1.2 Geleistete Anzahlungen
    2.2 Forderungen und sonstige Vermögensgegenstände
        2.2.1 Öffentlich-rechtliche Forderungen und Forderungen aus Transferleistungen
        2.2.2 Privatrechtliche Forderungen
        2.2.3 Sonstige Vermögensgegenstände
    2.3 Wertpapiere des Umlaufvermögens
    2.4 Liquide Mittel
3. Aktive Rechnungsabgrenzung

4. Nicht durch Eigenkapital gedeckter Fehlbetrag

PASSIVA

1. Eigenkapital
    1.1 Allgemeine Rücklage
    1.2 Sonderrücklagen
    1.3 Ausgleichsrücklage
    1.4 Jahresüberschuss/Jahresfehlbetrag

2. Sonderposten
    2.1 für Zuwendungen
    2.2 für Beiträge
    2.3 für den Gebührenausgleich
    2.4 Sonstige Sonderposten

3. Rückstellungen
    3.1 Pensionsrückstellungen
    3.2 Rückstellungen für Deponien und Altlasten
    3.3 Instandhaltungsrückstellungen
    3.4 Sonstige Rückstellungen

4. Verbindlichkeiten
    4.1 Anleihen
        4.1.1 für Investitionen
        4.1.2 zur Liquiditätssicherung
    4.2 Verbindlichkeiten aus Krediten für Investitionen
        4.2.1 von verbundenen Unternehmen
        4.2.2 von Beteiligungen
        4.2.3 von Sondervermögen
        4.2.4 vom öffentlichen Bereich
        4.2.5 von Kreditinstituten
    4.3 Verbindlichkeiten aus Krediten zur Liquiditätssicherung
    4.4 Verbindlichkeiten aus Vorgängen, die Kreditaufnahmen wirtschaftlich gleichkommen
    4.5 Verbindlichkeiten aus Lieferungen und Leistungen
    4.6 Verbindlichkeiten aus Transferleistungen
    4.7 Sonstige Verbindlichkeiten
    4.8 Erhaltene Anzahlungen

5. Passive Rechnungsabgrenzung

Anlage 4: Ergebnisplan (gemäß VV Muster zur GO NRW und KomHVO NRW v. 8. Nov. 2019)

	Ertrags- und Aufwandsarten	Ergebnis Vorvorjahres EUR	Ansatz des Vorjahres EUR	Ansatz des Haushaltsjahres EUR	Planung Haushaltsjahr +1 EUR	Planung Haushaltsjahr +2 EUR	Planung Haushaltsjahr +3 EUR
		1	2	3	4	5	6
1	Steuern und ähnliche Abgaben						
2	+ Zuwendungen und allgemeine Umlagen						
3	+ Sonstige Transfererträge						
4	+ Öffentlich-rechtliche Leistungsentgelte						
5	+ Privatrechtliche Leistungsentgelte						
6	+ Kostenerstattungen und Kostenumlagen						
7	+ Sonstige ordentliche Erträge						
8	+ Aktivierte Eigenleistungen						
9	+/- Bestandsveränderungen						
10	= Ordentliche Erträge						
11	- Personalaufwendungen						
12	- Versorgungsaufwendungen						
13	- Aufwendungen für Sach- und Dienstleistungen						
14	- Bilanzielle Abschreibungen						
15	- Transferaufwendungen						
16	- Sonstige ordentliche Aufwendungen						
17	= Ordentliche Aufwendungen						
18	**= Ordentliches Ergebnis** (= Zeilen 10 und 17)						
19	+Finanzerträge						
20	- Zinsen u. sonstige Finanzaufwendungen						
21	**= Finanzergebnis** (=Zeilen 19 und 20)						
22	**= Ergebnis der laufenden Verwaltungstätigkeit** (= Zeilen 18 und 21)						
23	+ Außerordentliche Erträge						
24	- Außerordentliche Aufwendungen						
25	**= Außerordentliches Ergebnis** (= Zeilen 23 und 24)						
26	**= Jahresergebnis** (= Zeilen 22 und 25)						
27	- globaler Minderaufwand						
28	**= Jahresergebnis nach Abzug globaler Minderaufwand** (=Zeilen 26 und 27)						
Nachrichtlich: Verrechnung von Erträgen und Aufwendungen mit der allgemeinen Rücklage							
29	Verrechnete Erträge bei Vermögensgegenständen						
30	Verrechnete Erträge bei Finanzanlagen						
31	Verrechnete Aufwendungen bei Vermögensgegenständen						
32	Verrechnete Aufwendungen bei Finanzanlagen						
33	Verrechnungssaldo (=Zeilen 29 bis 32)						

Anlage 5: Finanzplan (gemäß VV Muster zur GO NRW und KomHVO NRW v. 8. Nov. 2019)

	Ein- und Auszahlungsarten	Ergebnis des Vorvorjahr EUR	Ansatz des Vorjahres EUR	Ansatz des Haushaltsjahres EUR	Planung Haushaltsjahr +1 EUR	Planung Haushaltsjahr +2 EUR	Planung Haushaltsjahr +3 EUR
		1	2	3	4	5	6
1	Steuern und ähnliche Abgaben						
2	+ Zuwendungen und allgemeine Umlagen						
3	+ Sonstige Transfereinzahlungen						
4	+ Öffentlich-rechtliche Leistungsentgelte						
5	+ Privatrechtliche Leistungsentgelte						
6	+ Kostenerstattungen und Kostenumlagen						
7	+ Sonstige Einzahlungen						
8	+ Zinsen und sonstige Finanzeinzahlungen						
9	**= Einzahlungen aus laufender Verwaltungstätigkeit**						
10	- Personalauszahlungen						
11	- Versorgungsauszahlungen						
12	- Auszahlungen für Sach- und Dienstleistungen						
13	- Zinsen und sonstige Finanzauszahlungen						
14	- Transferauszahlungen						
15	- Sonstige Auszahlungen						
16	**= Auszahlungen aus laufender Verwaltungstätigkeit**						
17	**= Saldo aus laufender Verwaltungstätigkeit** (= Zeilen 9 und 16)						
18	+ Zuwendungen für Investitionsmaßnahmen						
19	+ Einzahlungen aus der Veräußerung von Sachanlagen						
20	+ Einzahlungen aus der Veräußerung von						
21	+ Finanzanlagen						
22	+ Einzahlungen aus Beiträgen u. Ä. Entgelten Sonstige Investitionseinzahlungen						
23	**= Einzahlungen aus Investitionstätigkeit**						
24	- Auszahlungen für den Erwerb von Grundstücken und Gebäuden						
25	- Auszahlungen für Baumaßnahmen						
26	- Auszahlungen für den Erwerb von beweglichem Anlagevermögen						
27	- Auszahlungen für den Erwerb von Finanzanlagen						
28	- Auszahlungen von aktivierbaren Zuwendungen						
29	- Sonstige Investitionsauszahlungen						
30	**= Auszahlungen aus Investitionstätigkeit**						
31	**= Saldo aus Investitionstätigkeit** (= Zeilen 23 und 30)						
32	**= Finanzmittelüberschuss / -fehlbetrag** (= Zeilen 17 und 31)						

33	+ Einzahlungen aus der Aufnahme und durch Rückflüsse von Krediten für Investitionen und diesen wirtschaftlich gleichkommenden Rechtsverhältnissen 34 + Einzahlungen aus der Aufnahme und durch Rückflüsse von Krediten zur Liquiditätssicherung 35 - Auszahlungen für die Tilgung und Gewährung von Krediten für Investitionen und diesen wirtschaftlich gleichkommenden Rechtsverhältnissen 36 - Auszahlungen für die Tilgung und Gewährung von Krediten zur Liquiditätssicherung						
37	**= Saldo aus Finanzierungstätigkeit**						
38	**= Änderung des Bestandes an eigenen Finanzmitteln** (= Zeilen 32 und 37)						
39	+ Anfangsbestand an Finanzmitteln						
40	**= Liquide Mittel** (= Zeilen 38 und 39)						

* *ggf. nachrichtlich: Globaler Minderaufwand in EUR*

Anlage 6: Teilfinanzplan (gemäß VV Muster zur GO NRW und KomHVO NRW v. 8. Nov. 2019)

A. Zahlungsübersicht

	Ein- und Auszahlungsarten	Ergebnis des Vorvorjahres EUR	Ansatz des Vorjahres EUR	Ansatz des Haushaltsjahres EUR	Verpflichtungsermächtigungen EUR	Planung Haushaltsjahr +1 EUR	Planung Haushaltsjahr +2 EUR	Planung Haushaltsjahr +3 EUR
		1	2	3	4	5	6	7
	Laufende Verwaltungstätigkeit (*Einzahlungen und Auszahlungen nach Arten können wie im Finanzplan abgebildet werden.*)							
	Investitionstätigkeit							
	Einzahlungen							
1	aus Zuwendungen für Investitionsmaßnahmen							
2	aus der Veräußerung von Sachanlagen							
3	aus der Veräußerung von Finanzanlagen							
4	aus Beiträgen u. Ä. Entgelten							
5	Sonstige Investitionseinzahlungen							
6	**Summe (invest. Einzahlungen)**							
	Auszahlungen							
7	für den Erwerb von Grundstücken und Gebäuden							
8	für Baumaßnahmen							
9	für den Erwerb von beweglichem Anlagevermögen							
10	für den Erwerb von Finanzanlagen							
11	von aktivierbaren Zuwendungen							
12	Sonstige Investitionsauszahlungen							
13	**Summe (invest. Auszahlungen)**							
14	**Saldo: der Investitionstätigkeit (Einzahlungen . / . Auszahlungen)**							

Zu den Verpflichtungsermächtigungen in Spalte 4 ist anzugeben, wie sich die Belastung auf die folgenden Jahre verteilt.

B. Planung einzelner Investitionsmaßnahmen

Investitionsmaßnahmen	**Ergebnis des Vorvorjahres EUR**	**Ansatz des Vorjahres EUR**	**Ansatz des Haushaltsjahres EUR**	**Verpflichtungsermächtigungen EUR**	**Planung Haushaltsjahr +1 EUR**	**Planung Haushaltsjahr +2 EUR**	**Planung Haushaltsjahr +3 EUR**	**Bisher bereitgestellt (einschl. Sp. 2) EUR**	**Gesamteinzahlungen/ -auszahlungen EUR**
	1	**2**	**3**	**4**	**5**	**6**	**7**	**6**	**7**
Investitionsmaßnahmen oberhalb der festgesetzten Wertgrenzen									
Maßnahme:... + Einzahlungen aus Investitionszuwendungen - Auszahlungen für den Erwerb von Grundstücken und Gebäuden - Auszahlungen für Baumaßnahmen									
Saldo: (Einzahlungen ./. Auszahlungen)									
Weitere Maßnahmen: (Gliederung wie oben)									

Investitionsmaßnahmen unterhalb der festgesetzten Wertgrenzen									
Summe der investiven Einzahlungen									
Summe der investiven Auszahlungen									
Saldo: (Einzahlungen ./. Auszahlungen)									

Zu den Verpflichtungsermächtigungen in Spalte 4 ist anzugeben, wie sich die Belastung auf die folgenden Jahre verteilt.

Anlage 7: Teilergebnisplan (gemäß VV Muster zur GO NRW und KomHVO NRW v. 8. Nov. 2019)

		Ertrags- und Aufwandsarten	Ergebnis Vorvorjahres EUR 1	Ansatz des Vorjahres EUR 2	Ansatz des Haushaltsjahres EUR 3	Planung Haushaltsjahr +1 EUR 4	Planung Haushaltsjahr +2 EUR 5	Planung Haushaltsjahr +3 EUR 6
1 ↓ 9		*Ertragsarten wie im Ergebnisplan*						
10	=	**Ordentliche Erträge**						
11 ↓ 16		*Aufwandsarten wie im Ergebnisplan*						
17	=	**Ordentliche Aufwendungen**						
18	=	**Ordentliches Ergebnis** (= Zeilen 10 und 17)						
19 20		*Arten wie im Ergebnisplan*						
21	=	**Finanzergebnis** (=Zeilen 19 und 20)						
22	=	**Ergebnis der laufenden Verwaltungstätigkeit** (= Zeilen 18 und 21)						
23 24	+ -	Außerordentliche Erträge Außerordentliche Aufwendungen						
25	=	**Außerordentliches Ergebnis** (= Zeilen 23 und 24)						
26	= -	**Ergebnis vor Berücksichtigung der internen Leistungsbeziehungen** (= Zeilen 22 und 25)						
27	+	Erträge aus internen Leistungsbeziehungen						
28	-	Aufwendungen aus internen Leistungsbeziehungen						
29	=	**Teilergebnis** (= Zeilen 26, 27, 28)						
30	-	globaler Minderaufwand						
31	=	**Teilergebnis nach Abzug globaler Minderaufwand** (=Zeilen 29 und 30)						

Der Ausweis eines globalen Minderaufwands in den Zeilen 30 und 31 kann entfallen.

Anlage 8: Ergebnisrechnung (gemäß VV Muster zur GO NRW und KomHVO NRW v. 8. Nov. 2019)

		Ertrags- und Aufwandsarten	Ergebnis des Vorjahres EUR	Fortgeschr. Ansatz des Haushalts-jahres EUR	davon Ermächti-gungs-übertrag-ungen aus dem Vorjahr EUR	Ist-Ergebnis des Haushalts-jahres EUR	Vergleich Ansatz / Ist (Sp. 3 ./. Sp. 2) EUR	Ermächti-gungs-übertrag-ungen in das Folgejahr EUR
			1	2	3	4	5	6
1		Steuern und ähnliche Abgaben						
2	+	Zuwendungen und allgemeine Umlagen						
3	+	Sonstige Transfererträge						
4	+	Öffentlich-rechtliche Leistungsentgelte						
5	+	Privatrechtliche Leistungsentgelte						
6	+	Kostenerstattungen und Kostenumlagen						
7	+	Sonstige ordentliche Erträge						
8	+	Aktivierte Eigenleistungen						
9	+ / -	Bestandsveränderungen						
10	=	**Ordentliche Erträge**						
11	-	Personalaufwendungen						
12	-	Versorgungsaufwendungen						
13	-	Aufwendungen für Sach- und Dienstleistungen						
14	-	Bilanzielle Abschreibungen						
15	-	Transferaufwendungen						
16	-	Sonstige ordentliche Aufwendungen						
17	=	**Ordentliche Aufwendungen**						
18	=	**Ordentliches Ergebnis** (= Zeilen 10 und 17)						
19	+	Finanzerträge						
20	-	Zinsen und sonstige Finanzaufwendungen						
21	=	**Finanzergebnis** (=Zeilen 19 und 20)						
22	=	**Ergebnis der laufenden Verwaltungstätigkeit** (= Zeilen 18 und 21)						
23	+	Außerordentliche Erträge						
24	-	Außerordentliche Aufwendungen						
25	=	**Außerordentliches Ergebnis** (= Zeilen 23 und 24)						
26	=	**Jahresergebnis** (= Zeilen 22 und 25)						
27	-	Globaler Minderaufwand *				0		
28	=	**Jahresergebnis nach Abzug globaler Minderaufwand** (=Zeilen 26 und 27)						
<u>Nachrichtlich:</u> Verrechnung von Erträgen und Aufwendungen mit der allgemeinen Rücklage								
29		Verrechnete Erträge bei Vermögensgegenständen						

30	Verrechnete Erträge bei Finanzanlagen						
31	Verrechnete Aufwendungen bei Vermögensgegenständen						
32	Verrechnete Aufwendungen bei Finanzanlagen						
33	**Verrechnungssaldo** (= Zeilen 29 bis 32)						

* *Beim globalen Minderaufwand ist in der Spalte des fortgeschriebenen Ansatzes lediglich der im Ergebnisplan festgesetzte Betrag zu übernehmen.*

Anlage 9: Teilergebnisrechnung (gemäß VV Muster zur GO NRW und KomHVO NRW v. 8. Nov. 2019)

		Ertrags- und Aufwandsarten	Ergebnis des Vorjahres EUR 1	Fortgeschr. Ansatz des Haushaltsjahres EUR 2	davon Ermächtigungsübertragungen aus dem Vorjahr EUR 3	Ist-Ergebnis des Haushaltsjahres EUR 4	Vergleich Ansatz / Ist (Sp. 3 . / . Sp. 2) EUR 5	Ermächtigungsübertragungen in das Folgejahr EUR 6
1 ↓ 9		*Ertragsarten wie im Ergebnisplan*						
10	=	**Ordentliche Erträge**						
11 ↓ 16		*Aufwandsarten wie im Ergebnisplan*						
17	=	**Ordentliche Aufwendungen**						
18	=	**Ordentliches Ergebnis** (= Zeilen 10 und 17)						
19 20		*Arten wie im Ergebnisplan*						
21	=	**Finanzergebnis** (=Zeilen 19 und 20)						
22	=	**Ergebnis der laufenden Verwaltungstätigkeit** (= Zeilen 18 und 21)						
23 24	+ -	Außerordentliche Erträge Außerordentliche Aufwendungen						
25	=	**Außerordentliches Ergebnis** (= Zeilen 23 und 24)						
26	= -	**Ergebnis vor Berücksichtigung der internen Leistungsbeziehungen** (= Zeilen 22 und 25)						
27	+	Erträge aus internen Leistungsbeziehungen						
28	-	Aufwendungen aus internen Leistungsbeziehungen						
29	=	**Teilergebnis** (= Zeilen 26, 27, 28)						
30	-	globaler Minderaufwand*	▒		▒	▒	▒	▒
31	=	**Teilergebnis nach Abzug globaler Minderaufwand** (=Zeilen 29 und 30)						

** Beim globalen Minderaufwand ist in der Spalte des fortgeschriebenen Ansatzes lediglich der im Teilergebnisplan festgesetzte Betrag zu übernehmen*

Anlage 10: Finanzrechnung (gemäß VV Muster zur GO NRW und KomHVO NRW v. 8. Nov. 2019)

		Ein- und Auszahlungsarten	Ergebnis des Vorjahres EUR	Fortgeschr. Ansatz des Haushaltsjahres EUR	davon Ermächtigungsübertragungen aus dem Vorjahr EUR	Ist-Ergebnis des Haushaltsjahres EUR	Vergleich Ansatz / Ist (Sp. 3 . / . Sp. 2) EUR	Ermächtigungsübertragungen in das Folgejahr EUR
			1	2	3	4	5	6
1		Steuern und ähnliche Abgaben						
2	+	Zuwendungen und allgemeine Umlagen						
3	+	Sonstige Transfererträge						
4	+	Öffentlich-rechtliche Leistungsentgelte						
5	+	Privatrechtliche Leistungsentgelte						
6	+	Kostenerstattungen und Kostenumlagen						
7	+	Sonstige Einzahlungen						
8	+	Zinsen und sonstige Finanzeinzahlungen						
9	=	**Einzahlungen aus laufender Verwaltungstätigkeit**						
10	-	Personalaufwendungen						
11	-	Versorgungsaufzahlungen						
13	-	Auszahlungen für Sach- und Dienstleistungen						
13	-	Zinsen und sonstige Finanzauszahlungen						
14	-	Transferauszahlungen						
15	-	Sonstige Auszahlungen						
16	=	**Auszahlungen aus laufender Verwaltungstätigkeit**						
17	=	**Saldo aus laufender Verwaltungstätigkeit** (= Zeilen 9 und 16)						
18	+	Zuwendungen für Investitionsmaßnahmen						
19	+	Einzahlungen aus der Veräußerung von Sachanlagen						
20	+	Einzahlungen aus der Veräußerung von Finanzanlagen						
21	+	Einzahlungen aus Beiträgen u.ä. Entgelten						
22	+	Sonstige Investitionseinzahlungen						
23	=	**Einzahlungen aus Investitionstätigkeit**						

24 25 26 27 28 29	- - - - - -	Auszahlungen für den Erwerb von Grundstücken und Gebäuden Auszahlungen für Baumaßnahmen Auszahlungen für den Erwerb von beweglichem Anlagevermögen Auszahlungen für den Erwerb von Finanzanlagen Auszahlungen von aktivierbaren Zuwendungen Sonstige Investitionsauszahlungen					
30	=	**Auszahlungen aus Investitionstätigkeit**					
31	=	**Saldo Investitionstätigkeit** (= Zeilen 23 und 30)					
32	=	**Finanzmittelüberschuss/-fehlbetrag** (Zeilen 17 und 31)					
33 34 35 36	+ + - -	Einzahlungen aus der Aufnahme und durch Rückflüsse von Krediten für Investitionen und diesen wirtschaftlich gleichkommenden Rechtsverhältnissen Einzahlungen aus der Aufnahme und durch Rückflüsse von Krediten zur Liquiditätssicherung Auszahlungen für die Tilgung und Gewährung von Krediten für Investitionen und diesen wirtschaftlich gleichkommenden Rechtsverhältnissen Auszahlungen für die Tilgung und Gewährung von Krediten zur Liquiditätssicherung					
37	=	**Saldo aus Finanzierungstätigkeit**					
38	=	**Änderung des Bestandes an eigenen Finanzmitteln**					
39 40	+ +	Anfangsbestand an Finanzmitteln Änderung des Bestandes an fremden Finanzmitteln					
41	=	**Liquide Mittel** (= Zeilen 38, 39 und 40)					

Anlage 11: Teilfinanzrechnung (gemäß VV Muster zur GO NRW und KomHVO NRW v. 8. Nov. 2019)

A. Zahlungsübersicht

	Ein- und Auszahlungsarten	**Ergebnis des Vorjahres** **EUR**	**Fortgeschriebener Ansatz des Haushaltsjahres** **EUR**	**davon Ermächtigungs-übertragungen aus dem Vorjahr** **EUR**	**Ist-Ergebnis des Haushaltsjahres** **EUR**	**Vergleich Ansatz/Ist (Sp. 4 ./. Sp. 2)** **EUR**	**Ermächtigungsübertragungen in das Folgejahr** **EUR**
		1	**2**	**3**	**4**	**5**	**6**
	Laufende Verwaltungstätigkeit *(Einzahlungen und Auszahlungen nach Arten können wie in der Finanzrechnung abgebildet werden.)*						
	Investitionstätigkeit						
	Einzahlungen						
1	aus Zuwendungen für Investitionsmaßnahmen						
2	aus der Veräußerung von Sachanlagen						
3	aus der Veräußerung von Finanzanlagen						
4	aus Beiträgen u. Ä. Entgelten						
5	Sonstige Investitionseinzahlungen						
6	**Summe (invest. Einzahlungen)**						
	Auszahlungen						
7	für den Erwerb von Grundstücken und Gebäuden						
8	für Baumaßnahmen						
9	für den Erwerb von beweglichem Anlagevermögen						
10	für den Erwerb von Finanzanlagen						
11	von aktivierbaren Zuwendungen						
12	Sonstige Investitionsauszahlungen						
13	**Summe (invest. Auszahlungen)**						
14	**Saldo: der Investitionstätigkeit (Einzahlungen . / . Auszahlungen)**						

Anlage 12: Anlagenspiegel (gemäß VV Muster zur GO NRW und KomHVO NRW v. 8. Nov. 2019)

Anlagevermögen		Anschaffungs- u. Herstellungskosten					Abschreibungen				Buchwert	
		Stand am 01.01. des Haushaltsjahres	**Zugänge**	**Abgänge**	**Umbuchungen im Haushaltsjahr**	**Stand am 31.12. des Haushaltsjahres**	**Kumulierte Abschreibungen zum 31.12. des Vorjahres**	**Abschreibungen im Haushaltsjahr**	**Zuschreibungen im Haushaltsjahr**	**Kumulierte Abschreibungen zum 31.12. des Haushaltsjahres**	**am 31.12 des Haushaltsjahres**	**am 31.12. des Vorjahres**
		EUR	EUR	EUR	EUR	EUR	EUR	EUR	EUR	EUR	EUR	EUR
			+	-	+/-			-	+	-		
1.	**Immaterielle Vermögensgegenstände**											
2.	**Sachanlagen**											
2.1.	Unbebaute Grundstücke u. grundstücksgleiche Rechte											
2.1.1	Grünflächen											
2.1.2	Ackerland											
2.1.3	Wald, Forsten											
2.1.4	Sonstige unbebaute Grundstücke											
2.2.	Bebaute Grundstücke u. grundstücksgleiche Rechte mit											
2.2.1	Kindertageseinrichtungen											
2.2.2	Schulen											
2.2.3	Wohnbauten											
2.2.4	Sonstigen Dienst-, Geschäfts- u.a. Betriebsgebäuden											
2.3	Infrastrukturvermögen											
2.3.1	Grund u. Boden des Infrastrukturvermögens											
2.3.2	Brücken u. Tunnel											
2.3.3	Gleisanlagen mit Streckenausrüstung u. Sicherheitsanlagen											
2.3.4	Entwässerungs- u. Abwasserbeseitigungsanlagen											
2.3.5	Straßennetz einschl. Wege, Plätze u. Verkehrslenkungsanlagen											
2.3.6	Sonstige Bauten des Infrastrukturvermögens											
2.4	Bauten auf fremden Grund u. Boden											
2.5	Kunstgegenstände, Kulturdenkmäler											

2.6	Maschinen und technische Anlagen, Fahrzeuge										
2.7	Betriebs- und Geschäftsausstattung										
2.8	Geleistete Anzahlungen, Anlagen im Bau										
3.	**Finanzanlagen**										
3.1	Anteile an verbundenen Unternehmen										
3.2	Beteiligungen										
3.3	Sondervermögen										
3.4	Wertpapiere des Anlagevermögens										
3.5	Ausleihungen										
3.5.1	an verbundene Unternehmen										
3.5.2	an Beteiligungen										
3.5.3	an Sondervermögen										
3.5.4	Sonstige Ausleihungen										

Anlage 13: Forderungenspiegel (gemäß VV Muster zur GO NRW und KomHVO NRW v. 8. Nov. 2019)

Art der Forderungen	Gesamtbetrag des Haushaltsjahres EUR	mit einer Restlaufzeit von			Gesamt-Betrag am 31.12. des Vorjahres EUR
		bis zu 1 Jahr EUR	1 bis 5 Jahre EUR	mehr als 5 Jahre EUR	
	1	2	3	4	5
(Gliederung mindestens wie in § 42 Absatz 3 Nummern 2.2.1 und 2.2.2 KomHVO NRW)					

Anlage 14: Verbindlichkeitenspiegel (gemäß VV Muster zur GO NRW und KomHVO NRW v. 8. Nov. 2019)

Art der Verbindlichkeiten		Gesamtbetrag lfd. Jahr	Mit einer Restlaufzeit von			Gesamtbetrag Vorjahr
			Bis zu 1 Jahr	1 bis 5 Jahre	Mehr als 5 Jahre	
		1	2	3	4	5
1.	Anleihen					
2.	Verbindlichkeiten aus Krediten für Investitionen					
2.1	von verbundenen Unternehmen					
2.2	von Beteiligungen					
2.3	von Sondervermögen					
2.4	vom öffentlichen Bereich					
2.4.1	vom Bund					
2.4.2	vom Land					
2.4.3	von Gemeinden (GV)					
2.4.4	von Zweckverbänden					
2.4.5	vom sonstigen öffentlichen Bereich					
2.4.6	von sonstigen öffentlichen Sonderrechnungen					
2.5	vom privaten Kreditmarkt					
3.	Verbindlichkeiten aus Krediten zur Liquiditätssicherung					
3.1	vom öffentlichen Bereich					
3.2	vom privaten Kreditmarkt					
4.	Verbindlichkeiten aus Vorgängen, die Kreditaufnahmen wirtschaftlich gleichkommen					
5.	Verbindlichkeiten aus Lieferungen und Leistungen					
6.	Verbindlichkeiten aus Transferleistungen					
7.	Sonstige Verbindlichkeiten					
8.	Erhaltene Anzahlungen					
9.	**Summe aller Verbindlichkeiten**					
Nachrichtlich: Haftungsverhältnisse aus der Bestellung von Sicherheiten: z.B. Bürgschaften u.a.						

Anlage 15: NKF – Rahmentabelle der Gesamtnutzungsdauer für kommunale Vermögensstände (gemäß VV Muster zur GO NRW und KomHVO NRW v. 8. Nov. 2019)

Nr.	Vermögensgegenstand	Nutzung in Jahren
1	**Gebäude und bauliche Anlagen**	
1.01	Abwasserhebe- und -reinigungsanlagen (baulicher Teil)	30 - 40
1.02	Abwasserkanäle	50 - 80
1.03	Auslaufbauwerke einschl. Rechen und Schützen (Bauwerke)	30 - 50
1.04	Baracken, Behelfsbauten	20 - 40
1.05	Einlaufbauwerke einschl. Rechen und Schützen (Bauwerke)	30 - 50
1.06	Feuerwehrgerätehäuser (massiv)	40 - 80
1.07	Feuerwehrgerätehäuser (sonstige Bauweise)	20 - 40
1.08	Freibäder (bauliche Anlagen)	30 - 50
1.09	Garagen (massiv)	40 - 60
1.10	Garagen (sonstige Bauweise)	20 - 40
1.11	Gemeindezentren, Bürgerhäuser, Saalbauten, Vereins-, Jugendheime	40 - 80
1.12	Geschäftshäuser (auch gemischt genutzt mit Wohnungen)	50 - 80
1.13	Hallen (massiv)	40 - 60
1.14	Hallen (sonstige Bauweise)	20 - 40
1.15	Hallenbäder	40 - 70
1.16	Heime, Personal- und Schwestern-, Alten-, Kinder-	40 - 80
1.17	Hochwasserschutzanlagen (dauerhafte), z. B. Deiche	70 - 100
1.18	Industriegebäude, Werkstätten (mit und ohne Sozialtrakt)	40 - 60
1.19	Kapellen, Kirchen	60 - 80
1.20	Kindergärten, Kindertagesstätten	40 - 80
1.21	Krankenhäuser	40 - 60
1.22	Krematorien	50 - 60
1.23	Lager (massiv)	40 - 60
1.24	Lager (sonstige Bauweise)	20 - 40
1.25	Leichenhallen, Trauerhallen	60 - 80
1.26	Parkhäuser, Tiefgaragen	30 - 50
1.27	Pumpenhäuser	20 - 50
1.28	Rettungswachen (massiv)	40 - 80
1.29	Rettungswachen (sonstige Bauweise)	20 - 40
1.30	Schleusen, Wehre (Stahl oder Beton)	40 - 50
1.31	Schleusen, Wehre (sonstige Bauweise)	20 - 30
1.32	Schulgebäude (massiv)	40 - 80
1.33	Schulgebäude (sonstige Bauweise)	20 - 40
1.34	Silobauten (Beton)	28 - 33
1.35	Silobauten (Kunststoff oder Stahl)	17 - 25
1.36	Sportanlagen (nur Sozialgebäude u. a. Funktionsgebäude)	40 - 60
1.37	Straßenabläufe einschl. Anschlusskanäle	50 - 80
1.38	Transformatoren- und Schalthäuser, Trafostationshäuser	20 - 50
1.39	Tunnel	70 - 80

Nr.	Vermögensgegenstand	Nutzung in Jahren
1.40	Verwaltungsgebäude (massiv)	40 - 80
1.41	Verwaltungsgebäude (sonstige Bauweise)	20 - 40
1.42	Wassertürme	40- 50
1.43	Wohncontainer	10 - 20
1.44	Wohnhäuser (auch Mehrfamilienhäuser)	50 - 80
1.45	Gebäudekomponente - Dach	30 – 50
1.46	Gebäudekomponente - Fenster	30 - 50
2	**Straßen, Wege, Plätze (Grundstückseinrichtungen)**	
2.01	Betonmauer, Ziegelmauer	20 - 40
2.02	Brücken (Holzkonstruktion)	20 - 40
2.03	Brücken (Mauerwerk, Beton- oder Stahlkonstruktion, Verbundsystem)	50 - 100
2.04	Gewässerausbau naturnah, offene Gräben	20 - 50
2.05	Kompostdeponie, -plätze	10 - 25
2.06	Löschwasserteiche	20 - 40
2.07	Straßen- und Stadtmobiliar	10 - 30
2.08	Spielplätze, Bolzplätze	10 - 15
2.09	Sportplätze (Rasen- und Hartplätze)	20 - 25
2.10	Straßen (Anlieger-, Hauptverkehrsstraßen) Wege, Plätze, Parkflächen	30 - 60
2.11	Straßenkomponente - Deckschicht	10 - 30
2.12	Straßenkomponente - Unterbau	30 - 80
2.13	Wege, Plätze, Parkflächen (in einfacher Bauart)	10 - 30
3	**Technische Anlagen (Betriebsanlagen)**	
3.01	Abwasserhebe- und -reinigungsanlagen (maschinelle Einrichtungen)	10 - 33
3.02	Alarmgeber, Alarmanlagen	5 - 15
3.03	Aufzüge (mobil), Hublifte, Hebebühnen, Arbeitsbühnen	10 - 25
3.04	Bahnkörper, Gleisanlagen, Gleiseinrichtungen, Weichen	15 - 33
3.05	Baucontainer, Bürocontainer, Transportcontainer	10 - 20
3.06	Beleuchtungsanlagen	20 - 30
3.07	Beschallungsanlagen	5 - 15
3.08	Blockheizkraftwerke (Kraft-Wärmekopplungsanlagen)	10 - 20
3.09	Dampfkessel, Dampfmaschinen, Dampfturbinen, Dampfversorgungsleitungen	10 - 20
3.10	Druckluftanlagen, Kompressoren	5 - 15
3.11	Druckrohrleitungen	20 - 40
3.12	Gasleitungen	40 - 45
3.13	Heiß- und Kaltluftanlagen, Abzugsvorrichtungen, Ventilatoren, Klimaanlagen	10 - 15
3.14	Heizkanäle	40 - 50
3.15	Kabelnetze (auch Rohre, Schächte)	20 - 25
3.16	Leitstellentechnik	5 - 15
3.17	Mess- und Prüfgeräte	8 - 12
3.18	Notstromaggregate, Stromgeneratoren, -umformer, Gleichrichter	15 - 20
3.19	Ozonmessstation, Umweltmessstation	8 - 12
3.20	Photovoltaikanlagen	20 - 25
3.21	Solaranlagen	10 - 15
3.22	Stromverteileranlagen	10 - 15
3.23	Telekommunikationseinrichtungen, Betriebsfunkanlagen, Antennenmasten	10 - 15

Nr.	Vermögensgegenstand	Nutzung in Jahren
3.24	Verkehrsrechner (Verkehrsleitsystem)	10 - 15
3.25	Videoanlagen, Überwachungsanlagen	5 - 15
3.26	Waschanlage, Waschstraße	5 - 15
3.27	Wasseraufbereitungsanlagen, Wasserenthärtungsanlagen, Wasserreinigungsanlagen	10 - 15
3.28	Windkraftanlagen	15 - 20
4	**Maschinen und Geräte**	
4.00	Maschinen und Geräte	5 - 20
	z. B.: Atemschutzgerät, Maskendichtprüfgerät	8 - 12
	z. B.: Bohrhammer, Bohrmaschine	5 - 8
	z. B.: Druckereimaschinen und ähnliches	13 - 15
	z. B.: Fahrkartenverkaufsautomat, Fahrkartenentwerter	8 - 12
	z. B.: medizinisch-technische Geräte	8 - 10
	z. B.: Parkscheinautomat	8 - 12
	z. B.: Spielgeräte (Wippe, Rutsche, Schaukel, Klettergeräte usw.)	8 - 10
5	**Büro- und Geschäftsausstattung**	
5.00	Büro- und Geschäftsausstattung	3 - 20
	z. B. Büromaschinen, Flipcharts, Software	5 - 10
	z. B.: Büromöbel	10 - 20
	z. B.: Computer und Zubehör	3 - 5
	z. B.: Werkstatteinrichtungen	10 - 15
6	**Fahrzeuge**	
6.01	Anhänger, Auflieger	10 - 15
6.02	Bagger, sonstige Baufahrzeuge	8 - 12
6.03	Fahrräder	4 - 8
6.04	Fäkalienwagen, Hochdruckspülwagen u. ä.	8 - 10
6.05	Feuerwehrfahrzeuge, Feuerlöschfahrzeuge, Kraftfahrdrehleiter, Löschboot	15 - 20
6.06	Hubwagen, Gerätewagen	6 - 10
6.07	Kleintransporter, Mannschaftstransportfahrzeuge	6 - 10
6.08	Krankentransportwagen, -fahrzeuge, Notarzteinsatzwagen, Rettungstransportwagen	6 - 8
6.09	Lastkraftwagen, Sattelschlepper, Wechselaufbauten u. ä.	8 - 12
6.10	Lokomotiven, Waggons, Gelenkwagen-Waggons, Kesselwagen	25 - 30
6.11	Motorräder, Motorroller	6 - 10
6.12	Müllentsorgungsfahrzeuge	6 - 10
6.13	Omnibusse	6 - 10
6.14	Personenkraftwagen, Wohnwagen	6 - 10
6.15	Rettungsboot	8 - 12
6.16	Traktoren	8 - 12

Anlage 16: Haushaltrechtlicher Kontenrahmen (gemäß VV Muster zur GO NRW und KomHVO NRW v. 8. Nov. 2019)

Aktiva		Passiva	
Kontenklasse 0 **Immaterielle Vermögensgegenstände und Sachanlagen**	**Kontenklasse 1** **Finanzanlagen, Umlaufvermögen und aktive Rechnungsabgrenzung**	**Kontenklasse 2** **Eigenkapital, Sonderposten und Rückstellungen**	**Kontenklasse 3** **Verbindlichkeiten und passive Rechnungsabgrenzung**
00 ...	10 Anteile an verbundenen Unternehmen	20 Eigenkapital	30 Anleihen
01 Immaterielle Vermögensgegenstände	11 Beteiligungen	21 Wertberichtigungen (kein Bilanzausweis)	31 ...
02 Unbebaute Grundstücke und grundstücksgleiche Rechte	12 Sondervermögen	22 ...	32 Verbindlichkeiten aus Krediten für Investitionen
03 Bebaute Grundstücke und grundstücksgleiche Rechte	13 Ausleihungen	23 Sonderposten	33 Verbindlichkeiten aus Krediten zur Liquiditätssicherung
04 Infrastrukturvermögen	14 Wertpapiere	24 ...	34 Verbindlichkeiten aus Vorgängen, die Kreditaufnahmen wirtschaftlich gleichkommen
05 Bauten auf fremdem Grund und Boden	15 Vorräte	25 Pensionsrückstellungen	35 Verbindlichkeiten aus Lieferungen und Leistungen
06 Kunstgegenstände, Kulturdenkmäler	16 Öffentlich-rechtliche Forderungen und Forderungen aus Transferleistungen	26 Rückstellungen für Deponien und Altlasten	36 Verbindlichkeiten aus Transferleistungen
07 Maschinen und technische Anlagen, Fahrzeuge	17 Privatrechtliche Forderungen, sonst. Vermögensgegenstände	27 Instandhaltungsrückstellungen	37 Sonstige Verbindlichkeiten
08 Betriebs- und Geschäftsausstattung	18 Liquide Mittel	28 Sonstige Rückstellungen	38 ...
09 Geleistete Anzahlungen, Anlagen im Bau	19 Aktive Rechnungsabgrenzung	29 ...	39 Passive Rechnungsabgrenzung

Ergebnisrechnung		Finanzrechnung		Abschluss	KLR
Kontenklasse 4 **Erträge**	**Kontenklasse 5** **Aufwendungen**	**Kontenklasse 6** **Einzahlungen**	**Kontenklasse 7** **Auszahlungen**	**Kontenklasse 8** **Abschlusskonten**	**Kontenklasse 9** **Kosten- und Leistungs-rechnung**
40 Steuern und ähnliche Abgaben	50 Personal-aufwendungen	60 Steuern und ähnliche Abgaben	70 Personal-auszahlungen	80 Eröffnungs- / Abschlusskonten	90 Kosten und Leistungsrechn-ung (KLR)
41 Zuwendungen und allgemeine Umlagen	51 Versorgungs-aufwendungen	61 Zuwen-dungen und allgemeine Umlagen	71 Versorgungs-auszahlungen	81 Korrektur-konten	
42 Sonstige Transfererträge	52 Aufwendungen für Sach- und Dienstleistungen	62 Sonstige Transferein-zahlungen	72 Auszahlungen für Sach- und Dienstleistungen	82 Kurzfristige Erfolgsrechnung	*Die Ausgestaltung der KLR ist von jeder Kommune selbst*
43 Öffentlich-rechtliche Leistungsentgelte	53 Transferauf-wendungen	63 Öffentlich-rechtliche Leistungs-entgelte	73 Transferaus-zahlungen		
44 Privatrechtliche Leistungsentgelte, Kostenerstattungen und Kostenumlagen	54 Sonstige ordentliche Auf-wendungen	64 Privat-rechtliche Leistungs-entgelte, Kostenerstattung	74 Sonstige Aus-zahlungen aus laufender Ver-waltungstätigkeit		
45 Sonstige ordentliche Erträge	55 Zinsen und sonstige Finanz-aufwendungen	65 Sonstige Einzahlungen aus laufender Verwal-tungstätigkeit	75 Zinsen und sonstige Finanzaus-zahlungen		
46 Finanzerträge	56 ...	66 Zinsen und sonstige Finanzein-zahlungen	76 ...		
47 Aktivierte Eigen-leistungen, Bestandsveränderu ngen	57 Bilanzielle Abschreibungen	67 ...	77 ...		
48 Erträge aus internen Leistungsbeziehung en	58 Aufwen-dungen aus internen Leis-tungsbeziehung en	68 Einzahlungen aus Investitionstätigk eit	78 Auszahlungen aus Investitions-tätigkeit		
49 Außerordentliche Erträge	59 Außer-ordentliche Aufwendungen	69 Einzahlungen aus Finanzierungs-tätigkeit	79 Auszahlungen aus Finanzierungs-tätigkeit		

Anlage 17: Zuordnungsvorschriften zum kommunalen haushaltsrechtlichen Kontenrahmen (Kommunaler Kontierungsplan) (gemäß VV Muster zur GO NRW und KomHVO NRW v. 8. Nov. 2019)

In der kommunalen Finanzbuchhaltung sind die Geschäftsvorfälle auf der Grundlage des Kontenrahmens nach den folgenden Zuordnungen im Rahmen der Buchungen zu kontieren:

0 Immaterielle Vermögensgegenstände und Sachanlagen

01 Immaterielle Vermögensgegenstände

Konzessionen
Lizenzen
DV-Software
(Hier sind nur Vermögensgegenstände des Anlagevermögens, die entgeltlich erworben oder nicht selbst hergestellt wurden, zu erfassen.)

02 Unbebaute Grundstücke und grundstücksgleiche Rechte

Grünflächen
(Erholungsflächen als Parkanlagen oder sonstige Freizeit- und Erholungsflächen)
Ackerland
(landwirtschaftlich oder gartenbaulich genutzte Flächen)
Wald, Forsten
Sonstige unbebaute Grundstücke
(Bei den einzelnen Posten sollen Grund und Boden, Aufbauten und Betriebsvorrichtungen getrennt erfasst werden.)

03 Bebaute Grundstücke und grundstücksgleiche Rechte

Grundstücke mit Kinder- und Jugendeinrichtungen,
Grundstücke mit Schulen
Grundstücke mit Wohnbauten
Grundstücke mit sonstigen Dienst-, Geschäfts- und Betriebsgebäuden
(Bei den einzelnen Posten sollen Grund und Boden, Aufbauten und Betriebsvorrichtungen getrennt erfasst werden.)

04 Infrastrukturvermögen

Grund und Boden des Infrastrukturvermögens
(Unbebaute Grundstücke sowie Grund und Boden von bebauten Grundstücken)
Brücken und Tunnel
Gleisanlagen mit Streckenausrüstung und Sicherheitsanlagen
Entwässerungs- und Abwasserbeseitigungsanlagen
(Kläranlagen, Abwasserkanäle, Stauraumkanäle, Regenrückhaltebecken, Regenwasserbehandlungsanlagen, öffentliche Toiletten)
Straßennetz mit Wegen, Plätzen und Verkehrslenkungsanlagen
Sonstige Bauten des Infrastrukturvermögens

(Strom-, Gas-, Wasserleitungen und dazu gehörige Anlagen, wasserbauliche Anlagen)

05 Bauten auf fremdem Grund und Boden

06 Kunstgegenstände, Kulturdenkmäler Gemälde, Skulpturen, Antiquitäten usw.
Baudenkmäler, Bodendenkmäler, sonstige Kulturdenkmäler

07 Maschinen und technische Anlagen, Fahrzeuge

08 Betriebs- und Geschäftsausstattung
Einrichtungsgegenstände von Büros und Werkstätten, Werkzeuge u. a.

09 Geleistete Anzahlungen, Anlagen im Bau

1 Finanzanlagen, Umlaufvermögen und aktive Rechnungsabgrenzung

10 Anteile an verbundenen Unternehmen

11 Beteiligungen
(Sofern sie nicht zu den verbundenen Unternehmen gehören)
Anteile an Kapitalgesellschaften (auch Gemeinnützige Gesellschaften)
Anstalten des öffentlichen Rechts
Anteile an sonstigen juristischen Personen, z. B. Zweckverbände
Rechtlich selbstständige Stiftungen
Beteiligungen an Personengesellschaften

12 Sondervermögen
Sondervermögen nach § 97 GO NRW

13 Ausleihungen
Ausleihungen
- an verbundene Unternehmen
- an Beteiligungen
- an Sondervermögen

Anteile an Genossenschaft sind als „Sonstige Ausleihungen" anzusetzen

14 Wertpapiere
Wertpapiere in Form von Unternehmensanteilen
Sonstige Wertpapiere
(In der Bilanz getrennt bei Anlage- oder Umlaufvermögen anzusetzen.)

15 Vorräte
Rohstoffe/Fertigungsmaterial
Hilfsstoffe, Betriebsstoffe
Waren

Unfertige/fertige Erzeugnisse, unfertige Leistungen
Zu veräußernde Bau- und Gewerbegrundstücke
Geleistete Anzahlungen auf Vorräte
Sonstige Vorräte

16 Öffentlich-rechtliche Forderungen und Forderungen aus Transferleistungen
Gebührenforderungen
Beitragsforderungen
Steuerforderungen
Forderungen aus Transferleistungen
Sonstige öffentlich-rechtliche Forderungen

17 Privatrechtliche Forderungen, sonstige Vermögensgegenstände
Privatrechtliche Forderungen
- gegenüber dem privaten Bereich
- gegenüber dem öffentlichen Bereich
- gegen verbundene Unternehmen
- gegen Beteiligungen
- gegen Sondervermögen

Sonstige Vermögensgegenstände

18 Liquide Mittel
Guthaben bei Banken, Kreditinstituten, der Bundesbank, der Europäischen Zentralbank u. a.
Entgegennahme von Schecks
Kassenbestand in Form von Bargeld

19 Aktive Rechnungsabgrenzung (RAP) Ausgaben für andere Haushaltsjahre
Kreditbeschaffungskosten
Zölle und Verbrauchssteuern
Umsatzsteuer auf erhaltene Anzahlungen
Geleistete Zuwendungen mit Gegenleistungsverpflichtung

2 Eigenkapital, Sonderposten und Rückstellungen

20 Eigenkapital Allgemeine Rücklage
Sonderrücklage
Ausgleichsrücklage
Jahresüberschuss/Jahresfehlbetrag

21 Wertberichtigungen
Einzelwert- und Pauschalwertberichtigungen zu Forderungen
(kein Bilanzausweis)

22 *(nicht belegt)*

23 Sonderposten

Sonderposten aus Zuwendungen
Sonderposten aus Beiträgen
Sonderposten für den Gebührenausgleich
Sonstige Sonderposten

24 *(nicht belegt)*

25 Pensionsrückstellungen

- für Beschäftigte
- für Versorgungsempfänger

26 Rückstellungen für Deponien und Altlasten

27 Instandhaltungsrückstellungen für unterlassene Instandhaltung u. a.

28 Sonstige Rückstellungen

- für nicht in Anspruch genommenen Urlaub
- für Arbeitszeitguthaben
- für die Aufbewahrung von Unterlagen
- für die Inanspruchnahme von Altersteilzeit

29 *(nicht belegt)*

3 Verbindlichkeiten und passive Rechnungsabgrenzung

30 Anleihen konvertible und nicht konvertible

31 *(nicht belegt)*

32 Verbindlichkeiten aus Krediten für Investitionen

- von verbundenen Unternehmen
- von Beteiligungen
- von Sondervermögen
- vom öffentlichen Bereich
- von Kreditinstituten

33 Verbindlichkeiten aus Krediten zur Liquiditätssicherung

- vom öffentlichen Bereich
- von Kreditinstituten

34 Verbindlichkeiten aus Vorgängen, die Kreditaufnahmen wirtschaftlich gleichkommen

Schuldübernahmen
Leibrentenverträge
Verträge über die Durchführung städtebaulicher Maßnahmen

Gewährung von Schuldendiensthilfen an Dritte
Leasingverträge
Restkaufgelder im Zusammenhang mit Grundstücksgeschäften
Sonstige Kreditaufnahmen gleichkommende Vorgänge

35 Verbindlichkeiten aus Lieferungen und Leistungen

- gegen verbundene Unternehmen
- gegen Beteiligungen
- gegen Sondervermögen
- gegen den öffentlichen Bereich
- gegen den privaten Bereich
- im Ausland

36 Verbindlichkeiten aus Transferleistungen

- gegen verbundene Unternehmen
- gegen Beteiligungen
- gegen Sondervermögen
- gegen den öffentlichen Bereich
- gegen übrige Bereiche

37 Sonstige Verbindlichkeiten

Steuerverbindlichkeiten aus den Steuerarten
- gegenüber Sozialversicherungsträgern
- gegenüber Mitarbeitern, Organmitgliedern und Gesellschaftern

38 Erhaltene Anzahlungen

39 Passive Rechnungsabgrenzung (RAP)

Einnahmen für andere Haushaltsjahre
Erhaltene Zuwendungen für Dritte

4 Erträge

40 Steuern und ähnliche Abgaben

Realsteuern als Grundsteuer A, Grundsteuer B, Gewerbesteuer
Gemeindeanteile an Gemeinschaftssteuern, an der Einkommensteuer, an der Umsatzsteuer
Andere Steuern, z. B. Vergnügungssteuer, Hundesteuer, Jagdsteuer, Zweitwohnungssteuer
Steuerähnliche Einnahmen, z. B. Fremdenverkehrsabgaben, Abgaben von Spielbanken u. a.
Ausgleichsleistungen nach dem Familienleistungsausgleich
Ausgleichsleistungen wegen der Umsetzung der Grundsicherung für Arbeitssuchende

41 Zuwendungen und allgemeine Umlagen Zuwendungen

(Unter Zuwendungen werden Zuweisungen und Zuschüsse erfasst. Zuweisungen sind Übertragungen finanzieller Mittel zwischen Gebietskörperschaften und Zuschüsse sind Übertragungen vom unternehmerischen und übrigen Bereich an Kommunen.)

Schlüsselzuweisungen vom Land

Bedarfszuweisungen vom Land, von Gemeinden, Gemeindeverbänden (GV)

Allgemeine Zuweisungen vom Bund, vom Land, von Gemeinden (GV)

Zuweisungen und Zuschüsse für laufende Zwecke

Erträge aus der Auflösung von Sonderposten

Allgemeine Umlagen vom Land, von Gemeinden (GV)

(Unter allgemeinen Umlagen werden Zuweisungen von Gemeinden und Gemeindeverbänden an Körperschaften erfasst, die ohne Zweckbindung an einen bestimmten Aufgabenbereich zur Deckung eines allgemeinen Finanzbedarfs aufgrund eines bestimmten Schlüssels geleistet werden.)

Kreisumlage einschließlich Mehrbelastung

Jugendamtsumlage

Landschaftsumlage

Verbandsumlage des Regionalverbandes Ruhrgebiet

42 Sonstige Transfererträge

Ersatz von sozialen Leistungen außerhalb von Einrichtungen und in Einrichtungen

Schuldendiensthilfen

Andere sonstige Transfererträge

43 Öffentlich-rechtliche Leistungsentgelte

Verwaltungsgebühren

Öffentlich-rechtliche Gebühren (Entgelte) für die Inanspruchnahme von Verwaltungsleistungen und Amtshandlungen, z. B. Passgebühren, Genehmigungsgebühren, Gebühren für die Bauüberwachung, Gebühren für Beglaubigungen, für Erlaubnisscheine, Vermessungs-(Abmarkungs-)gebühren usw.

Benutzungsgebühren und ähnliche Entgelte

Entgelte für die Benutzung von öffentlichen Einrichtungen und Anlagen und für die Inanspruchnahme wirtschaftlicher Dienstleistungen z. B. Entgelte für die Lieferung von Elektrizität, Gas, Fernwärme, Wasser, einschl. Grundgebühren, Zählermiete

Entgelte der Verkehrsunternehmen

Entgelte für die Inanspruchnahme von Einrichtungen der Abwasserbeseitigung, der Müllabfuhr, der Straßenreinigung, des Bestattungswesens, für die Sondernutzung von Straßen

Entgelte für Arbeiten zur Unterhaltung von Straßen, Anlagen und dgl.

Entgelte für die Unterhaltung der Hausanschlüsse für Gas, Wasser, Abwasser und Elektrizität

Sonstige Entgelte, z. B. *Parkgebühren, Pflegesätze der Krankenhäuser, Alten- und Pflegeheime (auch Einkaufsgelder), Eintrittsgelder zu kulturellen oder sportlichen Veranstaltungen*
Pflege von Gräbern
Zweckgebundene Abgaben
Erträge aus der Auflösung von Sonderposten für Beiträge, für den Gebührenausgleich und aus ähnlichen Sonderposten

44 Privatrechtliche Leistungsentgelte, Kostenerstattungen und Kostenumlagen
Privatrechtliche Leistungsentgelte
- Erträge aus Verkauf
- Mieten und Pachten

Kostenerstattungen und Kostenumlagen
- Erträge aus Kostenerstattungen und Kostenumlagen
- Erträge aus aufgabenbezogenen Leistungsbeteiligungen, z. B. aus der Umsetzung der Grundsicherung für Arbeitssuchende

45 Sonstige ordentliche Erträge
Erträge aus der Veräußerung von Vermögensgegenständen, sofern diese nicht mit der allgemeinen Rücklage zu verrechnen sind
Konzessionsabgaben
Erträge aus der Auflösung von sonstigen Sonderposten
Erstattung von Steuern vom Einkommen und Ertrag für Vorjahre
Nicht zahlungswirksame ordentliche Erträge, z. B. Erträge aus Zuschreibungen, aus der
Auflösung oder Herabsetzung von Wertberichtigungen auf Forderungen, aus der Auflösung von Rückstellungen

46 Finanzerträge
Zinserträge
Finanzerträge aus Beteiligungen, Gewinnabführungsverträgen, Wertpapieren des Anlage- und des Umlaufvermögens, auch andere zinsähnliche Erträge

47 Aktivierte Eigenleistungen, Bestandsveränderungen
Aktivierte Eigenleistungen
- Selbst erstellte aktivierungsfähige Vermögensgegenstände

Bestandsveränderungen
- Bestandsveränderungen an unfertigen und fertigen Erzeugnissen

48 Erträge aus internen Leistungsbeziehungen

49 Außerordentliche Erträge

5 Aufwendungen

50 Personalaufwendungen

Bezüge der Beamten, Vergütungen der Tarifbeschäftigten, Aufwendungen für sonstige Beschäftigte
Beiträge zu Versorgungskassen und Zusatzversorgungskassen
Beiträge zur gesetzlichen Sozialversicherung
Beihilfen und Unterstützungsleistungen und dgl. für Beschäftigte
Zuführungen zu Pensionsrückstellungen für Beschäftigte und Altersteilzeit Aufwendungen für Rückstellungen für nicht genommenen Urlaub und Arbeitszeitguthaben
Pauschalierte Lohnsteuer

51 Versorgungsaufwendungen

Versorgungsaufwendungen
Beiträge zur gesetzlichen Sozialversicherung
Beihilfen und Unterstützungsleistungen und dgl. für Versorgungsempfänger Zuführungen zu Pensionsrückstellungen für Versorgungsempfänger

52 Aufwendungen für Sach- und Dienstleistungen

- für Fertigung, Vertrieb und Waren
- für Energie/Wasser/Abwasser
- für Unterhaltung der Grundstücke und Gebäude, des Infrastrukturvermögens, der Maschinen und technischen Anlagen, von Fahrzeugen, der Betriebsvorrichtungen, der Betriebs- und Geschäftsausstattung
- für die Bewirtschaftung der Grundstücke, Gebäude usw.
- für weitere Verwaltungs- und Betriebsaufwendungen, z. B. Schülerbeförderungskosten, Lernmittel - für Kostenerstattungen
- für sonstige Sach- und Dienstleistungen

53 Transferaufwendungen

Aufwendungen für Zuweisungen und Zuschüsse für laufende Zwecke
Schuldendiensthilfen
Sozialtransferaufwendungen

- Leistungen an natürliche Personen außerhalb von Einrichtungen und in Einrichtungen
- Leistungen der Sozialhilfe, auch Grundsicherung im Alter
- Leistungen der Jugendhilfe
- Leistungen an Arbeitssuchende
- Leistungen an Kriegsopfer und ähnliche Anspruchsberechtigte
- Leistungen an Asylbewerber
- sonstige soziale Leistungen

Aufwendungen wegen Steuerbeteiligungen, z. B. Gewerbesteuerumlage
Finanzierungsbeteiligung Fonds Deutsche Einheit
Allgemeine Zuweisungen an Gemeinden (GV)
Allgemeine Umlagen

- an das Land *(auch Nachzahlung aus der Abrechnung des Solidarbeitrages)*
- an Gemeinden (GV)

Sonstige Transferaufwendungen

54 Sonstige ordentliche Aufwendungen

Sonstige Personal- und Versorgungsaufwendungen für Personaleinstellungen, Aus- und Fortbildung, Umschulung, übernommene Reisekosten, für Beschäftigtenbetreuung und Dienstjubiläen, Umzugskostenvergütung für Dienst- und Schutzkleidung, persönliche Ausrüstungsgegenstände, Personalnebenaufwendungen, Ausgleichsabgabe

Aufwendungen für die Inanspruchnahme von Rechten und Diensten

Mieten, Pachten, Erbbauzinsen, Leasing, Leiharbeitskräfte, Aufwendungen für ehrenamtliche und sonstige Tätigkeiten, zu denen Aufwendungen für den Rat, Ausschüsse, Fraktionen, Beiräte auch für die Mitgliedschaft in Aufsichtsräten zählen

Geschäftsaufwendungen

Büromaterial, Zeitungen, Fachliteratur, Telekommunikationsleistungen, Porto, Öffentlichkeitsarbeit, Bekanntmachungen u. a.

Aufwendungen für Beiträge

Versicherungsbeiträge, Beiträge zu Wirtschaftsverbänden, Berufsvertretungen und Vereinen

Wertberichtigungen

Aufwendungen aus Wertberichtigungen, die nicht als bilanzielle Abschreibung zu erfassen und nicht mit der allgemeinen Rücklage zu verrechnen sind

Aufwendungen für besondere Finanzauszahlungen

Aufwendungen für nicht rückzahlbare Zuweisungen für Investitionen

Betriebliche Steueraufwendungen

Grundsteuer, Kraftfahrzeugsteuer, Ausfuhrzölle, andere Verbrauchsteuern, sonstige betriebliche Steueraufwendungen

Aufwendungen für Steuern vom Einkommen und Ertrag

Aufgabenbezogene Leistungsbeteiligungen, z. B. aus der Umsetzung der Grundsicherung für Arbeitssuchende

Andere sonstige ordentlichen Aufwendungen

Verfügungsmittel, Aufwendungen für Schadensfälle

55 Zinsen und sonstige Finanzaufwendungen

Zinsaufwendungen

Sonstige Finanzaufwendungen

56 *(nicht belegt)*

57 Bilanzielle Abschreibungen

- als nutzungsbedingte Wertminderungen in Form von planmäßigen und außerplanmäßigen Abschreibungen
- auf immaterielle Vermögensgegenstände des Anlagevermögens - auf Gebäude u. a.
- auf das Infrastrukturvermögen, z. B. Brücken und Tunnel, Gleisanlagen mit

Streckenausrüstung und Sicherheitsanlagen, Entwässerungs- und Abwasserbeseitigungsanlagen, Straßen, Wege, Plätze, Verkehrslenkungsanlagen, auf sonstige Bauten des Infrastrukturvermögens
- auf Maschinen und technische Anlagen, Fahrzeuge
- auf Betriebs- und Geschäftsausstattung und geringwertige Wirtschaftsgüter
- auf Finanzanlagen
- auf das Umlaufvermögen

58 Aufwendungen aus internen Leistungsbeziehungen

59 Außerordentliche Aufwendungen

6 Einzahlungen

60 Steuern und ähnliche Abgaben
(vgl. Nummer 40)

61 Zuwendungen und allgemeine Umlagen
(vgl. Nummer 41, jedoch ohne den Bereich „Erträge aus der Auflösung von Sonderposten")

62 Sonstige Transfereinzahlungen
(vgl. Nummer 42)

63 Öffentlich-rechtliche Leistungsentgelte
(vgl. Nummer 43, jedoch ohne den Bereich „Erträge aus der Auflösung von Sonderposten")

64 Privatrechtliche Leistungsentgelte, Kostenerstattungen und Kostenumlagen
(vgl. Nummer 44)

65 Sonstige Einzahlungen aus laufender Verwaltungstätigkeit
Konzessionsabgaben
Erstattung von Steuern vom Einkommen und Ertrag für Vorjahre

66 Zinsen und sonstige Finanzeinzahlungen
Zinseinzahlungen
Sonstige Finanzeinzahlungen

67*(nicht belegt)*

68 Einzahlungen aus Investitionstätigkeit Zuwendungen für Investitionsmaßnahmen
Einzahlungen aus der Veräußerung von Sachanlagen
Einzahlungen aus der Veräußerung von Finanzanlagen
Beiträge und ähnliche Entgelte

Sonstige Investitionseinzahlungen
Rückflüsse von Ausleihungen

69 Einzahlungen aus Finanzierungstätigkeit Kreditaufnahmen für Investitionen
Kreditaufnahmen zur Liquiditätssicherung
Rückflüsse von Darlehen (ohne Ausleihungen)

7Auszahlungen

70 Personalauszahlungen
Personalauszahlungen
Beiträge zu Zusatzversorgungskassen
(vgl. Nummer 50)

71 Versorgungsauszahlungen
Versorgungsauszahlungen
Umlagezahlungen an Versorgungskassen
(vgl. Nummer 51)

72 Auszahlungen für Sach- und Dienstleistungen
(vgl. Nummer 52)

73 Transferauszahlungen
(vgl. Nummer 53)

74 Sonstige Auszahlungen aus laufender Verwaltungstätigkeit
(vgl. Nummer 54)

75 Zinsen und sonstige Finanzauszahlungen
(vgl. Nummer 55)

76 *(nicht belegt)*

77 *(nicht belegt)*

78 Auszahlungen aus Investitionstätigkeit
Auszahlungen für den Erwerb von Vermögensgegenständen (auch Ablösung von Dauerlasten)
(Wird das Wahlrecht des § 36 Abs. 3 KomHVO in Anspruch genommen, sind die Auszahlungen für die Anschaffung des entsprechenden Vermögensgegenstandes der laufenden Verwaltungstätigkeit zuzuordnen.)
Auszahlungen für die Abwicklung von Baumaßnahmen
(Eine Trennung zwischen den Baumaßnahmen oberhalb der vom Rat festgelegten Wertgrenze ist vorzunehmen.)
Auszahlungen von aktivierbaren Zuwendungen
Gewährung von Ausleihungen

79 Auszahlungen aus Finanzierungstätigkeit
Tilgung von Krediten für Investitionen
Tilgung von Krediten zur Liquiditätssicherung
Gewährung von Darlehen

8 Abschlusskonten

80 Eröffnungs-/Abschlusskonten
Eröffnungsbilanz-Konto
Schlussbilanz-Konto
Ergebnisrechnungs-Konto
Finanzrechnungs-Konto

81 Korrekturkonten

82 Kurzfristige Erfolgsrechnung

9 Kosten- und Leistungsrechnung

90 Kosten- und Leistungsrechnung (KLR)
(Die Ausgestaltung der KLR ist von jeder Kommune selbst festzulegen.)

Anlage 18: Exemplarischer Kontenplan (in Anlehnung an Anlage 16 Regierungsentwurf NKFG)

Kontenklasse	Kontengruppe	Kontenart	Konto	Bezeichnung	Gruppierungs-nummer
0				**Immaterielle Vermögensgegenstände und Sachanlagen**	
		000		**(Aufwendungen für Erweiterung des Geschäftsbetriebs)**	
	01			**Immaterielle Vermögensgegenstände**	
		011		**Konzessionen**	
		012		**Lizenzen**	
		013		**DV-Software**	
		019		**Anzahlungen auf immaterielle Vermögensgegenstände**	
	02			**Unbebaute Grundstücke und grundstücksgleiche Rechte**	
		021		**Grünflächen**	
			0211	Grund und Boden von Grünflächen	
			0212	Aufbauten und Betriebsvorrichtungen auf Grünflächen	
		022		**Ackerland**	
			0221	Grund und Boden von Ackerland	
			0222	Aufbauten und Betriebsvorrichtungen auf Ackerland	
		023		**Wald, Forsten**	
			0231	Grund und Boden von Wald und Forsten	
			0232	Aufbauten und Betriebsvorrichtungen auf Forstflächen	
		024		**Sonstige unbebaute Grundstücke**	
			0241	Grund und Boden sonstiger unbebauter Grundstücke	
			0242	Aufbauten und Betriebsvorrichtungen auf sonstigen unbebauten Grundstücken	
	03			**Bebaute Grundstücke und grundstücksgleiche Rechte**	
		031		**Grundstücke mit Kindertageseinrichtungen**	
			0311	Grund und Boden bei Kindertageseinrichtungen	
			0312	Gebäude, Aufbauten und Betriebsvorrichtungen bei Kindertageseinrichtungen	
		032		**Grundstücke mit Schulen**	
			0321	Grund und Boden bei Schulen	
			0322	Gebäude, Aufbauten und Betriebsvorrichtungen bei Schulen	
		033		**Grundstücke mit Wohnbauten**	
			0331	Grund und Boden bei Wohnbauten	
			0332	Gebäude, Aufbauten und Betriebsvorrichtungen bei Wohnbauten	
		034		**Grundstücke mit sonstigen Dienst-, Geschäfts- und anderen Betriebsgebäuden**	
			0341	Grund und Boden bei sonstigen Gebäuden	
			0342	Gebäude, Aufbauten und Betriebsvorrichtungen bei sonstigen Gebäuden	
	04			**Infrastrukturvermögen**	
		041		**Grund und Boden des Infrastrukturvermögens**	
		042		**Brücken und Tunnel**	
		043		**Gleisanlagen mit Streckenausrüstung und Sicherheitsanlagen**	
		044		**Entwässerungs- und Abwasserbeseitigungsanlagen**	
		045		**Straßennetz mit Wegen, Plätzen und Verkehrslenkungsanlagen**	
		046		**Sonstige Bauten des Infrastrukturvermögens**	
	05			**Bauten auf fremdem Grund und Boden**	
		051		**Bauten auf fremdem Grund und Boden**	
	06			**Kunstgegenstände, Kulturdenkmäler**	
		061		**Kunstgegenstände**	
		065		**Baudenkmäler**	
		066		**Bodendenkmäler**	
		069		**Sonstige Kulturdenkmäler**	
	07			**Maschinen und technische Anlagen, Fahrzeuge**	
		071		**Maschinen**	

		072		**Technische Anlagen**	
		073		**Betriebsvorrichtungen**	
		075		**Fahrzeuge**	
	08			**Betriebs- und Geschäftsausstattung**	
		081		**Betriebs- und Geschäftsausstattung**	
	09			**Geleistete Anzahlungen, Anlagen im Bau**	
		091		**Geleistete Anzahlungen auf Sachanlagen**	
		096		**Anlagen im Bau**	
1				**Finanzanlagen, Umlaufvermögen und aktive Rechnungsabgrenzung**	
	10			**Anteile an verbundenen Unternehmen**	
		101		**Anteile an verbundenen Unternehmen**	
	11			**Beteiligungen**	
		111		**Beteiligungen**	
	12			**Sondervermögen**	
		121		**Sondervermögen**	
	13			**Ausleihungen**	
		131		**Ausleihungen an verbundene Unternehmen**	
		132		**Ausleihungen an Beteiligungen**	
		133		**Ausleihungen an Sondervermögen**	
		139		**Sonstige Ausleihungen**	
	14			**Wertpapiere**	
		141		**Wertpapiere des Anlagevermögens**	
			1411	Unternehmensanteile als Anlagevermögen	
			1412	Sonstige Wertpapiere des Anlagevermögens	
		145		**Wertpapiere des Umlaufvermögens**	
			1451	Unternehmensanteile als Umlaufvermögen	
			1452	Sonstige Wertpapiere des Umlaufvermögens	
	15			**Vorräte**	
		151		**Rohstoffe / Fertigungsmaterial**	
		152		**Hilfsstoffe**	
		153		**Betriebsstoffe**	
		154		**Waren**	
		155		**Unfertige / fertige Erzeugnisse**	
		156		**Unfertige Leistungen**	
		157		**Geleistete Anzahlungen auf Vorräte**	
		159		**Sonstige Vorräte**	
	16			**Öffentlich-rechtliche Forderungen und Forderungen aus Transferleistungen**	
		161		**Gebührenforderungen**	
			1611	Gebührenforderungen gegenüber dem privaten Bereich	
			1612	Gebührenforderungen gegenüber dem öffentlichen Bereich	
			1613	Gebührenforderungen gegen verbundene Unternehmen	
			1614	Gebührenforderungen gegen Beteiligungen	
			1615	Gebührenforderungen gegen Sondervermögen	
		162		**Beitragsforderungen**	
			1621	Beitragsforderungen gegenüber dem privaten Bereich	
			1622	Beitragsforderungen gegenüber dem öffentlichen Bereich	
			1623	Beitragsforderungen gegen verbundene Unternehmen	
			1624	Beitragsforderungen gegen Beteiligungen	
			1625	Beitragsforderungen gegen Sondervermögen	
		163		**Steuerforderungen**	
			1631	Steuerforderungen gegenüber dem privaten Bereich	
			1632	Steuerforderungen gegenüber dem öffentlichen Bereich	
			1633	Steuerforderungen gegen verbundene Unternehmen	
			1634	Steuerforderungen gegen Beteiligungen	
			1635	Steuerforderungen gegen Sondervermögen	
		164		**Forderungen aus Transferleistungen**	
			1641	Forderungen aus Transferleistungen gegenüber dem privaten Bereich	
			1642	Forderungen aus Transferleistungen gegenüber dem öffentlichen Bereich	

			1643	Forderungen aus Transferleistungen gegen verbundene Unternehmen	
			1644	Forderungen aus Transferleistungen gegen Beteiligungen	
			1645	Forderungen aus Transferleistungen gegen Sondervermögen	
		169		**Sonstige öffentlich-rechtliche Forderungen**	
			1691	Sonstige öffentlich-rechtliche Forderungen gegenüber dem privaten Bereich	
			1692	Sonstige öffentlich-rechtliche Forderungen gegenüber dem öffentlichen Bereich	
			1693	Sonstige öffentlich-rechtliche Forderungen gegen verbundene Unternehmen	
			1694	Sonstige öffentlich-rechtliche Forderungen gegen Beteiligungen	
			1695	Sonstige öffentlich-rechtliche Forderungen gegen Sondervermögen	
	17			**Privatrechtliche Forderungen, sonstige Vermögensgegenstände**	
		171		**Privatrechtliche Forderungen gegenüber dem privaten Bereich**	
		172		**Privatrechtliche Forderungen gegenüber dem öffentlichen Bereich**	
			1721	Privatrechtliche Forderungen gegen den Bund	
			1722	Privatrechtliche Forderungen gegen das Land	
			1723	Privatrechtliche Forderungen gegen Gemeinden (GV)	
			1724	Privatrechtliche Forderungen gegen Zweckverbände	
			1725	Privatrechtliche Forderungen gegen den sonstigen öffentlichen Bereich	
		173		**Privatrechtliche Forderungen gegen verbundene Unternehmen**	
		174		**Privatrechtliche Forderungen gegen Beteiligungen**	
		175		**Privatrechtliche Forderungen gegen Sondervermögen**	
		176		**Privatrechtlich Forderungen gegen Mitarbeiter, Organmitglieder und Gesellschafter**	
		177		**Andere sonstige Vermögensgegenstände**	
		178		**Eingefordertes, noch nicht eingezahltes Kapital und eingeforderte Nachschüsse**	
		179		**Vorsteuer**	
	18			**Liquide Mittel**	
		181		**Guthaben bei Banken und Kreditinstituten**	
		185		**Guthaben bei Bundesbank und Europäischer Zentralbank**	
		186		**Schecks**	
		187		**Kasse (Bargeld)**	
	19			**Aktive Rechnungsabgrenzung (RAP)**	
		191		**Kreditbeschaffungskosten**	
		192		**Zölle und Verbrauchssteuern**	
		193		**Umsatzsteuer auf erhaltene Anzahlungen**	
		195		**Aktive RAP für geleistete Zuwendungen**	
		199		**Sonstige aktive RAP**	
2				**Eigenkapital, Sonderposten und Rückstellungen**	
	20			**Eigenkapital**	
		201		**Allgemeine Rücklage**	
		202		**Zweckgebundene Deckungsrücklagen**	
		203		**Sonderrücklagen**	
		204		**Ausgleichsrücklage**	
		208		**Jahresüberschuss / Jahresfehlbetrag**	
	21			**Wertberichtigungen** *(Bilanzausweis nicht zulässig)*	
		211		**Einzelwertberichtungen zu Forderungen**	
		212		**Pauschalwertberichtungen zu Forderungen**	
	23			**Sonderposten**	
		231		**Sonderposten aus Zuwendungen**	
			2310	Sonderposten aus Zuweisungen vom Bund	
			2311	Sonderposten aus Zuweisungen vom Land	
			2312	Sonderposten aus Zuweisungen von Gemeinden (GV)	
			2313	Sonderposten aus Zuweisungen von Zweckverbänden	
			2314	Sonderposten aus Zuweisungen vom sonstigen öffentlichen Bereich	
			2315	Sonderposten aus Zuschüsse von verbundenen Unternehmen, Beteiligungen und Sondervermögen	
			2316	Sonderposten aus Zuschüsse von sonstigen öffentlichen Sonderrechnungen	
			2317	Sonderposten aus Zuschüssen von privaten Unternehmen	
			2318	Sonderposten aus Zuschüssen von übrigen Bereichen	
		232		**Sonderposten aus Beiträgen**	

		233		**Sonderposten für den Gebührenausgleich**	
			2331	Sonderposten für den Gebührenausgleich "..."	
			2332	Sonderposten für den Gebührenausgleich "..."	
		239		**Sonstige Sonderposten**	
	25			**Pensionsrückstellungen**	689
		251		**Pensionsrückstellungen für Beschäftigte**	
		252		**Pensionsrückstellungen für Versorgungsempfänger**	
		253		**Rückstellungen für die Inanspruchnahme von Altersteilzeit**	
	26			**Rückstellungen für Deponien und Altlasten**	689
		261		**Rückstellungen für Deponien und Altlasten**	
	27			**Instandhaltungsrückstellungen**	689
		271		**Instandhaltungsrückstellungen**	
	28			**Sonstige Rückstellungen**	689
		281		**Sonstige Rückstellungen für nicht in Anspruch genommenen Urlaub**	
		282		**Sonstige Rückstellungen für geleistete Überstunden**	
		289		**Andere sonstige Rückstellungen**	
3				**Verbindlichkeiten und passive Rechnungsabgrenzung**	
	30			**Anleihen**	
		301		**Konvertible Anleihen**	
		305		**Nicht konvertible Anleihen**	
	32			**Verbindlichkeiten aus Krediten für Investitionen**	
		321		**Investitionskredite von verbundenen Unternehmen**	
		322		**Investitionskredite von Beteiligungen**	
		323		**Investitionskredite von Sondervermögen**	
		324		**Investitionskredite vom öffentlichen Bereich**	
			3241	Investitionskredite vom Bund	
			3242	Investitionskredite vom Land	
			3243	Investitionskredite von Gemeinden (GV)	
			3244	Investitionskredite von Zweckverbänden	
			3245	Investitionskredite vom sonstigen öffentlichen Bereich	
		325		**Investitionskredite vom privaten Kreditmarkt**	
			3251	Investitionskredite von Banken und Kreditinstituten	
			3252	Investitionskredite von Übrigen Kreditgebern	
	33			**Verbindlichkeiten aus Krediten zur Liquiditätssicherung**	
		331		**Liquiditätskredite vom öffentlichen Bereich**	
		332		**Liquiditätskredite vom privaten Kreditmarkt**	
	34			**Verbindlichkeiten aus Vorgängen, die Kreditaufnahmen wirtschaftlich gleichkommen**	
		341		**Schuldübernahmen**	
		342		**Leibrentenverträge**	
		343		**Verträge über die Durchführung städtebaulicher Maßnahmen**	
		344		**Gewährung von Schuldendiensthilfen an Dritte**	
		345		**Leasingverträge**	
		346		**Restkaufgelder im Zusammenhang mit Grundstücksgeschäften**	
		349		**Sonstige Kreditaufnahmen gleichkommende Vorgänge**	
	35			**Verbindlichkeiten aus Lieferungen und Leistungen**	
		351		**Verbindlichkeiten aus Lieferungen und Leistungen gegen verbundene Unternehmen**	
		352		**Verbindlichkeiten aus Lieferungen und Leistungen gegen Beteiligungen**	
		353		**Verbindlichkeiten aus Lieferungen und Leistungen gegen Sondervermögen**	
		354		**Verbindlichkeiten aus Lieferungen und Leistungen gegen den öffentlichen Bereich**	
		355		**Verbindlichkeiten aus Lieferungen und Leistungen gegen den privaten Bereich**	
		356		**Verbindlichkeiten aus Lieferungen und Leistungen (Ausland)**	
	36			**Verbindlichkeiten aus Transferleistungen**	
		361		**Verbindlichkeiten aus Transferleistungen gegen verbundene Unternehmen**	
		362		**Verbindlichkeiten aus Transferleistungen gegen Beteiligungen**	
		363		**Verbindlichkeiten aus Transferleistungen gegen Sondervermögen**	
		364		**Verbindlichkeiten aus Transferleistungen gegen den öffentlichen Bereich**	
		365		**Verbindlichkeiten aus Transferleistungen gegen übrige Bereiche**	

	37			**Sonstige Verbindlichkeiten**
		371		**Steuerverbindlichkeiten**
			3711	Umsatzsteuer
			3712	Abzuführende Lohn- und Kirchensteuer der Beschäftigten
			3713	Körperschaftsteuer
			3714	Kapitalertragsteuer
			3719	Sonstige Steuerverbindlichkeiten
		372		**Verbindlichkeiten gegenüber Sozialversicherungsträgern**
		373		**Verbindlichkeiten gegenüber Mitarbeitern, Organmitgliedern und Gesellschaftern**
		374		**Erhaltene Anzahlungen**
		379		**Andere sonstige Verbindlichkeiten**
	39			**Passive Rechnungsabgrenzung (RAP)**
		391		**Passive RAP für erhaltene Zuwendungen**
		399		**Sonstige passive RAP**
4				**Erträge**
	40			**Steuern und ähnliche Abgaben**
		401		**Realsteuern**
			4011	Grundsteuer A
			4012	Grundsteuer B
			4013	Gewerbesteuer
		402		**Gemeindeanteile an den Gemeinschaftssteuern**
			4021	Gemeindeanteil an der Einkommensteuer
			4022	Gemeindeanteil an der Umsatzsteuer
		403		**Sonstige Gemeindesteuern**
			4031	Vergnügungssteuer für die Vorführung von Bildstreifen
			4032	Sonstige Vergnügungssteuer
			4033	Hundesteuer
			4034	Jagdsteuer
			4035	Zweitwohnungssteuer
			4039	Sonstige Steuern
		404		**Steuerähnliche Erträge**
			4041	Fremdenverkehrsabgaben
			4042	Abgaben von Spielbanken
			4049	Sonstige steuerähnliche Erträge
		405		**Ausgleichsleistungen**
			4051	Kompensationszahlung (Familienleistungsausgleich)
	41			**Zuwendungen und allgemeine Umlagen**
		411		**Schlüsselzuweisungen**
			4111	Schlüsselzuweisungen vom Land
		412		**Bedarfszuweisungen**
			4121	Bedarfszuweisungen vom Land
			4122	Bedarfszuweisungen von Gemeinden (GV)
		413		**Allgemeine Zuweisungen**
			4131	Allgemeine Zuweisungen vom Bund
			4132	Allgemeine Zuweisungen vom Land
			4133	Allgemeine Zuweisungen von Gemeinden (GV)
		414		**Zuweisungen und Zuschüsse für laufende Zwecke**
			4140	Zuweisungen vom Bund
			4141	Zuweisungen vom Land
			4142	Zuweisungen von Gemeinden und Gemeindeverbänden
			4143	Zuweisungen von Zweckverbänden
			4144	Zuweisungen vom sonstigen öffentlichen Bereich
			4145	Zuschüsse von verbundenen Unternehmen, Beteiligungen und Sondervermögen
			4146	Zuschüsse von sonstigen öffentlichen Sonderrechnungen
			4147	Zuschüsse von privaten Unternehmen
			4148	Zuschüsse von übrigen Bereichen
		416		**Erträge aus der Auflösung von Sonderposten aus Zuwendungen**
			4160	Erträge aus der Auflösung von Sonderposten aus Zuweisungen vom Bund

			4161	Erträge aus der Auflösung von Sonderposten aus Zuweisungen vom Land	
			4162	Erträge aus der Auflösung von Sonderposten aus Zuweisungen von Gemeinden (GV)	
			4163	Erträge aus der Auflösung von Sonderposten aus Zuweisungen von Zweckverbänden	
			4164	Erträge aus der Auflösung von Sonderposten aus Zuweisungen vom sonstigen öffentlichen Bereich	
			4165	Erträge aus der Auflösung von Sonderposten aus Zuschüssen von verbundenen Unternehmen, Beteiligungen und Sondervermögen	
			4166	Erträge aus der Auflösung von Sonderposten aus Zuschüssen von sonstigen öffentlichen Sonderrechnungen	
			4167	Erträge aus der Auflösung von Sonderposten aus Zuschüssen von privaten Unternehmen	
			4168	Erträge aus der Auflösung von Sonderposten aus Zuschüssen von übrigen Bereichen	
		417		**Allgemeine Umlagen**	
			4171	Allgemeine Umlagen vom Land	
			4172	Allgemeine Umlagen von Gemeinden und Gemeindeverbänden	
	42			**Sonstige Transfererträge**	
		421		**Ersatz von sozialen Leistungen außerhalb von Einrichtungen**	
			4211	Kostenbeiträge und Aufwendungsersatz, Kostenersatz	
			4212	Übergeleitete Unterhaltsansprüche gegen bürgerlich-rechtlich Unterhaltsverpflichtete	
			4213	Leistungen von Sozialleistungsträgern (ohne Pflegeversicherung)	
			4214	Leistungen der Pflegeversicherungsträger	
			4215	Rückzahlung gewährter Hilfe	
			4219	Sonstige Ersatzleistungen	
		422		**Ersatz von sozialen Leistungen in Einrichtungen**	
			4221	Kostenbeiträge und Aufwendungsersatz, Kostenersatz	
			4222	Übergeleitete Unterhaltsansprüche gegen bürgerlich-rechtlich Unterhaltsverpflichtete	
			4223	Leistungen von Sozialleistungsträgern (ohne Pflegeversicherung)	
			4224	Leistungen von Pflegeversicherungsträgern	
			4225	Rückzahlung gewährter Hilfe	
			4229	Sonstige Ersatzleistungen	
		423		**Schuldendiensthilfen**	
			4230	Schuldendiensthilfen vom Bund	
			4231	Schuldendiensthilfen vom Land	
			4232	Schuldendiensthilfen von Gemeinden (GV)	
			4233	Schuldendiensthilfen von Zweckverbänden	
			4234	Schuldendiensthilfen vom sonstigen öffentlichen Bereich	
			4235	Schuldendiensthilfen von verbundenen Unternehmen, Beteiligungen und Sondervermögen	
			4236	Schuldendiensthilfen von sonstigen öffentlichen Sonderrechnungen	
			4237	Schuldendiensthilfen von privaten Unternehmen	
			4238	Schuldendiensthilfen von übrigen Bereichen	
		429		**Andere sonstige Transfererträge**	
			4291	Andere sonstige Transfererträge	
	43			**Öffentlich-rechtliche Leistungsentgelte**	
		431		**Verwaltungsgebühren**	
			4311	Verwaltungsgebühren	
		432		**Benutzungsgebühren und ähnliche Entgelte**	
			4321	Benutzungsgebühren "..."	
			4322	Benutzungsgebühren "..."	
		436		**Zweckgebundene Abgaben**	
			4361	Zweckgebundene Abgaben	
		437		**Erträge aus der Auflösung von Sonderposten für Beiträge**	
			4371	Erträge aus der Auflösung von Sonderposten für Beiträge	
		438		**Erträge aus der Auflösung von Sonderposten für den Gebührenausgleich**	
			4381	Erträge aus der Auflösung von Sonderposten für den Gebührenausgleich "..."	
			4382	Erträge aus der Auflösung von Sonderposten für den Gebührenausgleich "..."	
	44			**Privatrechtliche Leistungsentgelte, Kostenerstattungen und Kostenumlagen**	
		441		**Privatrechtliche Leistungsentgelte**	
			4411	Erträge aus Verkauf	
			4412	Mieten und Pachten	

			4419	Sonstige privatrechtliche Leistungsentgelte	
		442		**Erträge aus Kostenerstattungen und Kostenumlagen**	
			4420	Erstattungen vom Bund	
			4421	Erstattungen vom Land	
			4422	Erstattungen von Gemeinden (GV)	
			4423	Erstattungen von Zweckverbänden	
			4424	Erstattungen vom sonstigen öffentlichen Bereich	
			4425	Erstattungen von verbundenen Unternehmen, Beteiligungen und Sondervermögen	
			4426	Erstattungen von sonstigen öffentlichen Sonderrechnungen	
			4427	Erstattungen von privaten Unternehmen	
			4428	Erstattungen von übrigen Bereichen	
	45			**Sonstige ordentliche Erträge**	
		451		**Erträge aus der Veräußerung von Vermögensgegenständen des Anlagevermögens**	
			4511	Erträge aus der Veräußerung von Grundstücken und Gebäuden	
			4512	Erträge aus der Veräußerung von Finanzanlagen	
			4513	Erträge aus der Veräußerung von beweglichen Sachen	
		452		**Weitere sonstige ordentliche Erträge**	
			4521	Ordnungsrechtliche Erträge (Bußgelder u.a.)	
			4522	Säumniszuschläge und dgl.	
			4523	Erträge aus der Inanspruchnahme von Bürgschaften, Gewährverträgen usw.	
			4524	Erträge aus Ausgleichszahlungen nach AFWoG	
			4525	Verzinsung der Gewerbesteuer nach § 233 a AO	
			4526	Konzessionsabgaben	
		453		**Erträge aus der Auflösung von sonstigen Sonderposten**	
			4531	Erträge aus der Auflösung von sonstigen Sonderposten	
		454		**Erstattung von Steuern vom Einkommen und Ertrag für Vorjahre**	
			4541	Erstattung von Steuern vom Einkommen und Ertrag für Vorjahre (Steuer "...")	
		458		**Nicht zahlungswirksame ordentliche Erträge**	
			4581	Erträge aus Zuschreibungen	
			4582	Erträge aus der Auflösung oder Herabsetzung von Wertberichtigungen auf Forderungen	
			4583	Erträge aus der Auflösung oder Herabsetzung von Rückstellungen	
		459		**Andere sonstige ordentliche Erträge**	
			4591	Andere sonstige ordentliche Erträge	
	46			**Finanzerträge**	
		461		**Zinserträge**	
			4610	Zinserträge vom Bund	
			4611	Zinserträge vom Land	
			4612	Zinserträge von Gemeinden (GV)	
			4613	Zinserträge von Zweckverbänden	
			4614	Zinserträge vom sonstigen öffentlichen Bereich	
			4615	Zinserträge von verbundenen Unternehmen, Beteiligungen und Sondervermögen	
			4616	Zinserträge von sonstigen öffentlichen Sonderrechnungen	
			4617	Zinserträge von privaten Unternehmen	
			4618	Zinserträge von übrigen Bereichen	
		469		**Sonstige Finanzerträge**	
			4691	Erträge aus Gewinnanteilen aus Beteiligungen	
			4692	Erträge aus Gewinnabführungsverträgen	
			4693	Erträge aus Wertpapieren des Anlagevermögens	
			4694	Erträge aus Wertpapieren des Umlaufvermögens	
			4695	Andere sonstige zinsähnliche Erträge	
	47			**Aktivierte Eigenleistungen und Bestandsveränderungen**	
		471		**Aktivierte Eigenleistungen**	
			471	Aktivierte Eigenleistungen	
		472		**Bestandsveränderungen**	
			4721	Bestandsveränderungen an unfertigen Erzeugnissen	
			4722	Bestandsveränderungen an fertigen Erzeugnissen	
	48			**Erträge aus internen Leistungsbeziehungen**	**169**
		481		**Erträge aus internen Leistungsbeziehungen**	

			4811	Erträge aus internen Leistungsbeziehungen	
	49			**Außerordentliche Erträge**	
		491		**Außerordentliche Erträge**	
			4911	Außerordentliche Erträge	
5				**Aufwendungen**	
	50			**Personalaufwendungen**	
		501		**Dienstaufwendungen und dgl.**	
			5011	Bezüge der Beamten	
			5012	Vergütungen der Angestellten	
			5013	Löhne der Arbeiter	
			5019	Aufwendungen für sonstige Beschäftigte	
		502		**Beiträge zu Versorgungskassen**	
			5021	Beiträge zu Versorgungskassen für Beamte	
			5022	Beiträge zu Versorgungskassen für Angestellte	
			5023	Beiträge zu Versorgungskassen für Arbeiter	
			5029	Beiträge zu Versorgungskassen für sonstige Beschäftigte	
		503		**Beiträge zur gesetzlichen Sozialversicherung**	
			5031	Beiträge zur gesetzlichen Sozialversicherung für Beamte	
			5032	Beiträge zur gesetzlichen Sozialversicherung für Angestellte	
			5033	Beiträge zur gesetzlichen Sozialversicherung für Arbeiter	
			5039	Beiträge zur gesetzlichen Sozialversicherung für sonstige Beschäftigte	
		504		**Beihilfen und Unterstützungsleistungen und dgl. für Beschäftigte**	
			5041	Beihilfen und Unterstützungsleistungen und dgl. für Beschäftigte	
		505		**Zuführungen zu Pensionsrückstellungen für Beschäftigte**	
			5051	Zuführungen zu Pensionsrückstellungen für Beschäftigte	
		506		**Zuführungen zu Pensionsrückstellungen für Altersteilzeit**	
			5061	Zuführungen zu Pensionsrückstellungen für Altersteilzeit	
		507		**Aufwendungen für Rückstellungen für nicht genommenen Urlaub, Überstunden u.ä.**	
			5071	Aufwendungen für Rückstellungen für nicht genommenen Urlaub	
			5072	Aufwendungen für Rückstellungen für Überstunden	
		509		**Pauschalierte Lohnsteuer**	
			5091	Pauschalierte Lohnsteuer	
	51			**Versorgungsaufwendungen**	
		511		**Versorgungsaufwendungen**	
			5111	Versorgungsaufwendungen für Beamte	
			5112	Versorgungsaufwendungen für Angestellte	
			5113	Versorgungsaufwendungen für Arbeiter	
			5119	Versorgungsaufwendungen für sonstige Beschäftigte	
		513		**Beiträge zur gesetzlichen Sozialversicherung**	
			5131	Beiträge zur gesetzlichen Sozialversicherung für Beamte	
			5132	Beiträge zur gesetzlichen Sozialversicherung für Angestellte	
			5133	Beiträge zur gesetzlichen Sozialversicherung für Arbeiter	
			5139	Beiträge zur gesetzlichen Sozialversicherung für sonstige Beschäftigte	
		514		**Beihilfen und Unterstützungsleistungen und dgl. für Versorgungsempfänger**	
			5141	Beihilfen und Unterstützungsleistungen und dgl. für Versorgungsempfänger	
		515		**Zuführungen zu Pensionsrückstellungen für Versorgungsempfänger**	
			5151	Zuführungen zu Pensionsrückstellungen für Versorgungsempfänger	
	52			**Aufwendungen für Sach- und Dienstleistungen**	
		521		**Aufwendungen für Fertigung, Vertrieb und Waren**	
			5211	Aufwendungen für "..."	
			5212	Aufwendungen für "..."	
		522		**Aufwendungen für Energie / Wasser / Abwasser**	
			5221	Aufwendungen für "..."	
			5222	Aufwendungen für "..."	
		523		**Aufwendungen für Unterhaltung und Bewirtschaftung**	
			5231	Aufwendungen für Unterhaltung der Grundstücke, Gebäude usw.	
			5232	Aufwendungen für Unterhaltung des Infrastrukturvermögens	

			5233	Aufwendungen für Unterhaltung der Maschinen und technischen Anlagen	
			5234	Aufwendungen für die Unterhaltung von Fahrzeugen	
			5235	Aufwendungen für Unterhaltung der Betriebsvorrichtungen	
			5236	Aufwendungen für Unterhaltung der Betriebs- und Geschäftsausstattung	
			5237	Aufwendungen für Bewirtschaftung der Grundstücke, Gebäude usw.	
		524		**Weitere Verwaltungs- und Betriebsaufwendungen**	
			5241	Schülerbeförderungskosten	
			5242	Lernmittel nach dem Lernmittelfreiheitsgesetz	
			5249	Sonstige Aufwendungen für Sachleistungen	
		525		**Kostenerstattungen**	
			5250	Erstattungen an den Bund	
			5251	Erstattungen an das Land	
			5252	Erstattungen an Gemeinden (GV)	
			5253	Erstattungen an Zweckverbände	
			5254	Erstattungen an den sonstigen öffentlichen Bereich	
			5255	Erstattungen an verbundene Unternehmen, Beteiligungen und Sondervermögen	
			5256	Erstattungen an sonstige öffentliche Sonderrechnungen	
			5257	Erstattungen an private Unternehmen	
			5258	Erstattungen an übrige Bereiche	
		526		**Sonstige Aufwendungen für Dienstleistungen**	
			5261	Sonstige Aufwendungen für Dienstleistungen	
	53			**Transferaufwendungen**	
		531		**Aufwendungen für Zuweisungen und Zuschüsse für laufende Zwecke**	
			5310	Aufwendungen für Zuweisungen an den Bund	
			5311	Aufwendungen für Zuweisungen an das Land	
			5312	Aufwendungen für Zuweisungen an Gemeinden (GV)	
			5313	Aufwendungen für Zuweisungen an Zweckverbände	
			5314	Aufwendungen für Zuweisungen an den sonstigen öffentlichen Bereich	
			5315	Aufwendungen für Zuschüsse an verbundenen Unternehmen, Beteiligungen und Sondervermögen	
			5316	Aufwendungen für Zuschüsse an sonstige öffentliche Sonderrechnungen	
			5317	Aufwendungen für Zuschüsse an private Unternehmen	
			5318	Aufwendungen für Zuschüsse an übrige Bereiche	
		532		**Schuldendiensthilfen**	
			5320	Schuldendiensthilfen an den Bund	
			5321	Schuldendiensthilfen an das Land	
			5322	Schuldendiensthilfen an Gemeinden (GV)	
			5323	Schuldendiensthilfen an Zweckverbände	
			5324	Schuldendiensthilfen an den sonstigen öffentlichen Bereich	
			5325	Schuldendiensthilfen von verbundenen Unternehmen, Beteiligungen und Sondervermögen	
			5326	Schuldendiensthilfen an sonstige öffentliche Sonderrechnungen	
			5327	Schuldendiensthilfen an private Unternehmen	
			5328	Schuldendiensthilfen an übrige Bereiche	
		533		**Sozialtransferaufwendungen**	
			5331	Leistungen der Sozialhilfe an natürliche Personen außerhalb von Einrichtungen	
			5332	Leistungen der Sozialhilfe an natürliche Personen in Einrichtungen	
			5333	Leistungen an Kriegsopfer und ähnliche Anspruchsberechtigte	
			5334	Leistungen der Jugendhilfe an natürliche Personen außerhalb von Einrichtungen	
			5335	Leistungen der Jugendhilfe an natürliche Personen in Einrichtungen	
			5336	Leistungen der Grundsicherung an natürliche Personen außerhalb von Einrichtungen	
			5337	Leistungen der Grundsicherung an natürliche Personen in Einrichtungen	
			5338	Leistungen nach dem Asylbewerberleistungsgesetz	
			5339	Sonstige soziale Leistungen	
		534		**Aufwendungen wegen Steuerbeteiligungen und dgl.**	
			5341	Gewerbesteuerumlage	
			5342	Finanzierungsbeteiligung Fonds Deutsche Einheit	
		535		**Allgemeine Zuweisungen**	
			5352	Allgemeine Zuweisungen an Gemeinden (GV)	

		537		**Allgemeine Umlagen**	
			5371	Allgemeine Umlagen an das Land und Nachzahlung aus der Abrechnung des Solidarbeitrages	
			5372	Allgemeine Umlagen an Gemeinden (GV)	
		539		**Sonstige Transferaufwendungen**	
			5391	Rückzahlung überzahlter Gewerbesteuer	
	54			**Sonstige ordentliche Aufwendungen**	
		541		**Sonstige Personal- und Versorgungsaufwendungen**	
			5411	Aufwendungen für Personaleinstellungen	
			5412	Aufwendungen für Aus- und Fortbildung, Umschulung	
			5413	Aufwendungen für übernommene Reisekosten	
			5414	Aufwendungen für Beschäftigtenbetreuung und Dienstjubiläen	
			5415	Aufwendungen für Umzugskostenvergütung	
			5416	Aufwendungen für Dienst- und Schutzkleidung, persönliche Ausrüstungsgegenstände	
			5417	Personalnebenaufwendungen	
		542		**Aufwendungen für die Inanspruchnahme von Rechten und Diensten**	
			5421	Mieten, Pachten, Erbbauzinsen	
			5422	Leasing	
			5425	Leiharbeitskräfte	
			5429	Sonstige Aufwendungen für die Inanspruchnahme von Rechten und Diensten	
		543		**Geschäftsaufwendungen**	
			5431	Büromaterial	
			5432	"..."	
		544		**Aufwendungen für Beiträge und Sonstiges sowie Wertberichtigungen**	
			5441	Versicherungsbeiträge u.ä.	
			5442	Kfz-Versicherungsbeiträge	
			5443	Beiträge zu Wirtschaftsverbänden, Berufsvertretungen und Vereinen	
			5444	Sonstige Beiträge	
			5445	Verluste aus Wertminderungen und Abgängen von Gegenständen des Umlaufvermögens (außer Vorräten und Wertpapieren)	
			5446	Verluste aus dem Abgang von immateriellen Vermögensgegenständen und Vermögensgegenständen des Sachanlagevermögens	
			5447	Einstellungen und Zuschreibungen in die Sonderposten	
			5448	Aufwendungen zu Rückstellungen, soweit nicht unter anderen Aufwendungen erfassbar	
			5449	Wertkorrekturen zu Forderungen	
		545		**Verluste aus Finanzanlagen und aus Wertpapieren**	
			5451	Verluste aus dem Abgang von Finanzanlagen und Beteiligungen	
			5452	Verluste aus dem Abgang von Wertpapieren	
			5453	Aufwendungen aus Verlustübernahmen	
		546		**Aufwendungen für besondere Finanzauszahlungen**	
			5460	Aufwendungen für nicht rückzahlbare Zuweisungen für Investitionen	
			5469	Sonstige Aufwendungen für besondere Finanzauszahlungen	
		547		**Betriebliche Steueraufwendungen**	
			5471	Grundsteuer	
			5472	Kraftfahrzeugsteuer	
			5473	Ausfuhrzölle	
			5474	Andere Verbrauchsteuern	
			5479	Sonstige betriebliche Steueraufwendungen	
		548		**Aufwendungen für Steuern vom Einkommen und Ertrag**	
			5481	Aufwendungen für Steuern vom Einkommen und Ertrag (Steuer "...")	
		549		**Andere sonstige ordentlichen Aufwendungen**	
			5491	Verfügungsmittel	
			5492	Aufwendungen für Schadensfälle	
			5499	Andere sonstige ordentliche Aufwendungen	
	55			**Zinsen und sonstige Finanzaufwendungen**	
		551		**Zinsaufwendungen**	
			5510	Zinsaufwendungen an den Bund	
			5511	Zinsaufwendungen an das Land	
			5512	Zinsaufwendungen an Gemeinden (GV)	

			5513	Zinsaufwendungen an Zweckverbände	
			5514	Zinsaufwendungen an den sonstigen öffentlichen Bereich	
			5515	Zinsaufwendungen an verbundene Unternehmen, Beteiligungen und Sondervermögen	
			5516	Zinsaufwendungen an sonstige öffentliche Sonderrechnungen	
			5517	Zinsaufwendungen an private Unternehmen	
			5518	Zinsaufwendungen an übrige Bereiche	
		559		**Sonstige Zinsen und sonstige Finanzaufwendungen**	
			5591	Sonstige Zinsaufwendungen	
			5592	Sonstige Finanzaufwendungen	
	57			**Bilanzielle Abschreibungen**	**680**
		571		**Abschreibungen auf aktivierte Aufwendungen für die Erweiterung des Geschäftsbetriebs**	
			5711	Abschreibungen auf aktivierte Aufwendungen für die Erweiterung des Geschäftsbetriebs	
		572		**Abschreibungen auf immaterielle Vermögensgegenstände des Anlagevermögens**	
			5721	Abschreibungen auf immaterielle Vermögensgegenstände des Anlagevermögens	
		573		**Abschreibungen auf Gebäude u.a.**	
			5731	Abschreibungen auf "..."	
		574		**Abschreibungen auf das Infrastrukturvermögen**	
			5741	Abschreibungen auf Brücken und Tunnel	
			5742	Abschreibungen auf Gleisanlagen mit Streckenausrüstung und Sicherheitsanlagen	
			5743	Abschreibungen auf Entwässerungs- und Abwasserbeseitigungsanlagen	
			5744	Abschreibungen auf Straßen, Wege, Plätze, Verkehrslenkungsanlagen	
			5745	Abschreibungen auf sonstige Bauten des Infrastrukturvermögens	
		575		**Abschreibungen auf Maschinen und technische Anlagen, Fahrzeuge**	
			5751	Abschreibungen auf Maschinen	
			5752	Abschreibungen auf technische Anlagen	
			5753	Abschreibungen auf Fahrzeuge	
		576		**Abschreibungen auf Betriebs- und Geschäftsausstattung und geringwertige Wirtschaftsgüter**	
			5763	Abschreibungen auf Betriebs- und Geschäftsausstattung	
			5764	Abschreibungen auf geringwertige Wirtschaftsgüter	
		577		**Abschreibungen auf Finanzanlagen**	
			5771	Abschreibungen auf Finanzanlagen	
		578		**Abschreibungen auf das Umlaufvermögen**	
			5781	Abschreibungen auf das Umlaufvermögen	
		579		**Sonstige Abschreibungen**	
			5791	Sonstige Abschreibungen	
	58			**Aufwendungen aus internen Leistungsbeziehungen**	**679**
		581		**Aufwendungen aus internen Leistungsbeziehungen**	
			5811	Aufwendungen aus internen Leistungsbeziehungen	
	59			**Außerordentliche Aufwendungen**	
		591		**Außerordentliche Aufwendungen**	
6				**Einzahlungen**	
	60			**Steuern und ähnliche Abgaben**	
		601		**Realsteuern**	**00**
			6011	Grundsteuer A	**000**
			6012	Grundsteuer B	**001**
			6013	Gewerbesteuer	**003**
		602		**Gemeindeanteile an den Gemeinschaftssteuern**	**01**
			6021	Gemeindeanteil an der Einkommensteuer	**010**
			6022	Gemeindeanteil an der Umsatzsteuer	**012**
		603		**Sonstige Gemeindesteuern**	**02**
			6031	Vergnügungssteuer für die Vorführung von Bildstreifen	**020**
			6032	Sonstige Vergnügungssteuer	**021**
			6033	Hundesteuer	**022**
			6034	Jagdsteuer	**026**
			6035	Zweitwohnungssteuer	**027**
			6039	Sonstige Steuern	**029**
		604		**Steuerähnliche Einzahlungen**	**03**

		6041	Fremdenverkehrsabgabe	030
		6042	Abgaben von Spielbanken	031
		6049	Sonstige steuerähnliche Einzahlungen	032
	605		**Ausgleichsleistungen**	09
		6051	Kompensationszahlung (Familienleistungsausgleich)	091
61			**Zuwendungen und allgemeine Umlagen**	
	611		**Schlüsselzuweisungen**	04
		6111	Schlüsselzuweisungen vom Land	041
	612		**Bedarfszuweisungen**	05
		6121	Bedarfszuweisungen vom Land	051
		6122	Bedarfszuweisungen von Gemeinden (GV)	052
	613		**Allgemeine Zuweisungen**	06
		6131	Allgemeine Zuweisungen vom Bund	060
		6132	Allgemeine Zuweisungen vom Land	061
		6133	Allgemeine Zuweisungen von Gemeinden (GV)	062
	614		**Zuweisungen und Zuschüsse für laufende Zwecke**	17
		6140	Zuweisungen für laufende Zwecke vom Bund	170
		6141	Zuweisungen für laufende Zwecke vom Land	171
		6142	Zuweisungen für laufende Zwecke von Gemeinden (GV)	172
		6143	Zuweisungen für laufende Zwecke von Zweckverbänden	173
		6144	Zuweisungen für laufende Zwecke vom sonstigen öffentlichen Bereich	174
		6145	Zuschüsse für laufende Zwecke von verbundenen Unternehmen, Beteiligungen und Sondervermögen	175
		6146	Zuschüsse für laufende Zwecke von sonstigen öffentlichen Sonderrechnungen	176
		6147	Zuschüsse für laufende Zwecke von privaten Unternehmen	177
		6148	Zuschüsse für laufende Zwecke von übrigen Bereichen	178
	617		**Allgemeine Umlagen**	07
		6171	Allgemeine Umlagen vom Land	071
		6172	Allgemeine Umlagen von Gemeinden (GV)	072
62			**Sonstige Transfereinzahlungen**	
	621		**Ersatz von sozialen Leistungen außerhalb von Einrichtungen**	24
		6211	Kostenbeiträge und Aufwendungsersatz, Kostenersatz	241
		6212	Übergeleitete Unterhaltungsansprüche gegen bürgerlich-rechtlich Unterhaltsverpflichtete	243
		6213	Leistungen von Sozialleistungsträgern (ohne Pflegeversicherung)	245
		6214	Leistungen der Pflegeversicherungsträger	246
		6215	Rückzahlung gewährter Hilfe	249
		6219	Sonstige Ersatzleistungen	247
	622		**Ersatz von sozialen Leistungen in Einrichtungen**	25
		6221	Kostenbeiträge und Aufwendungsersatz, Kostenersatz	251
		6222	Übergeleitete Unterhaltungsansprüche gegen bürgerlich-rechtlich Unterhaltsverpflichtete	253
		6223	Leistungen von Sozialleistungsträgern (ohne Pflegeversicherung)	255
		6224	Leistungen von Pflegeversicherungsträgern	256
		6225	Rückzahlung gewährter Hilfen	259
		6229	Sonstige Ersatzleistungen	257
	623		**Schuldendiensthilfen**	23
		6230	Schuldendiensthilfen vom Bund	230
		6231	Schuldendiensthilfen vom Land	231
		6232	Schuldendiensthilfen von Gemeinden (GV)	232
		6233	Schuldendiensthilfen von Zweckverbänden	233
		6234	Schuldendiensthilfen vom sonstigen öffentlichen Bereich	234
		6235	Schuldendiensthilfen von verbundenen Unternehmen, Beteiligungen und Sondervermögen	235
		6236	Schuldendiensthilfen von sonstigen öffentlichen Sonderrechnungen	236
		6237	Schuldendiensthilfen von privaten Unternehmen	237
		6238	Schuldendiensthilfen von übrigen Bereichen	238
	629		**Andere sonstige Transfereinzahlungen**	
		6291	Andere sonstige Transfereinzahlungen	237
63			**Öffentlich-rechtliche Leistungsentgelte**	
	631		**Verwaltungsgebühren**	10

			6311	Verwaltungsgebühren	
		632		**Benutzungsgebühren und ähnliche Entgelte**	**11**
			6321	Benutzungsgebühren und ähnliche Entgelte	
		636		**Zweckgebundene Abgaben**	**12**
			6361	Zweckgebundene Abgaben	
	64			**Privatrechtliche Leistungsentgelte, Kostenerstattungen und Kostenumlagen**	
		641		**Privatrechtliche Leistungsentgelte**	
			6411	Einzahlung aus Verkauf	**13**
			6412	Mieten und Pachten	**14**
			6419	Sonstige privatrechtliche Leistungsentgelte	**15**
		642		**Einzahlungen aus Kostenerstattungen, Kostenumlagen**	**16**
			6420	Erstattungen vom Bund	**160**
			6421	Erstattungen vom Land	**161**
			6422	Erstattungen von Gemeinden (GV)	**162**
			6423	Erstattungen von Zweckverbänden	**163**
			6424	Erstattungen vom sonstigen öffentlichen Bereich	**164**
			6425	Erstattungen von verbundenen Unternehmen, Beteiligungen und Sondervermögen	**165**
			6426	Erstattungen von sonstigen öffentlichen Sonderrechnungen	**166**
			6427	Erstattungen von privaten Unternehmen	**167**
			6428	Erstattungen von übrigen Bereichen	**168**
	65			**Sonstige Einzahlungen aus laufender Verwaltungstätigkeit**	
		652		**Sonstige Einzahlungen aus laufender Verwaltungstätigkeit**	**26**
			6521	Ordnungsrechtliche Einzahlungen (Bußgelder u.a.)	**26**
			6522	Säumniszuschläge und dgl.	**26**
			6523	Einzahlungen aus der Inanspruchnahme von Bürgschaften, Gewährverträgen usw.	**26**
			6524	Ausgleichszahlungen nach AFWoG	**26**
			6525	Verzinsung der Gewerbesteuer nach § 233 a AO	**26**
			6526	Konzessionsabgaben	**26**
		653		**Einzahlungen aus Vorsteuerüberhang**	**159**
			6531	Einzahlungen aus Vorsteuerüberhang	
		654		**Erstattungen von Steuern vom Einkommen und Ertrag für Vorjahre**	**26**
			6541	Erstattungen von Steuern vom Einkommen und Ertrag für Vorjahre (Steuer "...")	
		659		**Andere sonstige Einzahlungen aus laufender Verwaltungstätigkeit**	**26**
			6591	Andere sonstige Einzahlungen aus laufender Verwaltungstätigkeit	
	67			**Zinsen und sonstige Finanzeinzahlungen**	
		671		**Zinseinzahlungen**	**20**
			6710	Zinseinzahlungen vom Bund	**200**
			6711	Zinseinzahlungen vom Land	**201**
			6712	Zinseinzahlungen von Gemeinden (GV)	**202**
			6713	Zinseinzahlungen von Zweckverbänden	**203**
			6714	Zinseinzahlungen vom sonstigen öffentlichen Bereich	**204**
			6715	Zinseinzahlungen von verbundenen Unternehmen, Beteiligungen und Sondervermögen	**205**
			6716	Zinseinzahlungen von sonstigen öffentlichen Sonderrechnungen	**206**
			6717	Zinseinzahlungen von privaten Unternehmen	**207**
			6718	Zinseinzahlungen von übrigen Bereichen	**208**
		679		**Sonstige Zinsen und sonstige Finanzeinzahlungen**	**21**
			6791	Sonstige Zinsen	
			6792	Sonstige Finanzeinzahlungen	
	68			**Einzahlungen aus Investitionstätigkeit**	
		681		**Investitionszuwendungen**	**36**
			6810	Investitionszuweisungen vom Bund	**360**
			6811	Investitionszuweisungen vom Land	**361**
			6812	Investitionszuweisungen von Gemeinden (GV)	**362**
			6813	Investitionszuweisungen von Zweckverbänden	**363**
			6814	Investitionszuweisungen vom sonstigen öffentlichen Bereich	**364**
			6815	Investitionszuschüsse von verbundenen Unternehmen, Beteiligungen und Sondervermögen	**365**
			6816	Investitionszuschüsse von sonstigen öffentlichen Sonderrechnungen	**366**

			6817	Investitionszuschüsse von privaten Unternehmen	**367**
			6818	Investitionszuschüsse von übrigen Bereichen	**368**
		682		**Einzahlungen aus der Veräußerung von Vermögensgegenständen des Anlagevermögens**	**34**
			6821	Einzahlungen aus der Veräußerung von Grundstücken und Gebäuden	**340**
			6822	Einzahlungen aus der Veräußerung von Finanzanlagen	**33**
			6823	Einzahlungen aus der Veräußerung von beweglichen Sachen des Anlagevermögens	**345**
			6824	Einzahlungen aus der Abwicklung von Baumaßnahmen	**347**
		683		**Beiträge und ähnliche Entgelte**	**35**
			6831	Beiträge für "..."	
			6832	Beitragsähnliche Entgelte für "..."	
	69			**Einzahlungen aus Finanzierungstätigkeit**	
		691		**Kreditaufnahmen für Investitionen**	**37**
			6910	Einzahlungen aus Krediten vom Bund	**370**
			6911	Einzahlungen aus Krediten vom Land	**371**
			6912	Einzahlungen aus Krediten von Gemeinden (GV)	**372**
			6913	Einzahlungen aus Krediten von Zweckverbänden	**373**
			6914	Einzahlungen aus Krediten vom sonstigen öffentlichen Bereich	**374**
			6915	Einzahlungen aus Krediten von verbundenen Unternehmen, Beteiligungen und Sondervermögen	**375**
			6916	Einzahlungen aus Krediten von sonstigen öffentlichen Sonderrechnungen	**376**
			6917	Einzahlungen aus Krediten von privaten Unternehmen	**377**
			6918	Einzahlungen aus Krediten von übrigen Bereichen	**378**
		692		**Aufnahme von Krediten zur Liquiditätssicherung**	
			6921	Aufnahme von Krediten zur Liquiditätssicherung vom öffentlichen Bereich	
			6922	Aufnahme von Krediten zur Liquiditätssicherung vom privaten Kreditmarkt	
		695		**Rückflüsse von Darlehen (ohne Ausleihungen)**	**32**
			6950	Rückflüsse von Darlehen an den Bund	**320**
			6951	Rückflüsse von Darlehen an das Land	**321**
			6952	Rückflüsse von Darlehen an Gemeinden (GV)	**322**
			6953	Rückflüsse von Darlehen an Zweckverbände	**323**
			6954	Rückflüsse von Ausleihungen an den sonstigen öffentlichen Bereich	**324**
			6955	Rückflüsse von Darlehen an verbundene Unternehmen, Beteiligungen und Sondervermögen	**325**
			6956	Rückflüsse von Darlehen an sonstige öffentliche Sonderrechnungen	**326**
			6957	Rückflüsse von Darlehen an private Unternehmen	**327**
			6958	Rückflüsse von Darlehen an übrige Bereiche	**328**
		696		**Rückflüsse von Ausleihungen**	**32**
			6960	Rückflüsse von Ausleihungen an den Bund	**320**
			6961	Rückflüsse von Ausleihungen an das Land	**321**
			6962	Rückflüsse von Ausleihungen an Gemeinden (GV)	**322**
			6963	Rückflüsse von Ausleihungen an Zweckverbände	**323**
			6964	Rückflüsse von Ausleihungen an den sonstigen öffentlichen Bereich	**324**
			6965	Rückflüsse von Ausleihungen an verbundene Unternehmen, Beteiligungen und Sondervermögen	**325**
			6966	Rückflüsse von Ausleihungen an sonstige öffentliche Sonderrechnungen	**326**
			6967	Rückflüsse von Ausleihungen an private Unternehmen	**327**
			6968	Rückflüsse von Ausleihungen an übrige Bereiche	**328**
7				**Auszahlungen**	
	70			**Personalauszahlungen**	
		701		**Dienstauszahlungen und dgl.**	**41**
			7011	Bezüge der Beamten	**410**
			7012	Vergütungen der Angestellten	**414**
			7013	Löhne der Arbeiter	**415**
			7019	Auszahlungen für sonstige Beschäftigte	**416**
		702		**Beiträge zu Versorgungskassen**	**43**
			7021	Beiträge zu Versorgungskassen für Beamte	**430**
			7022	Beiträge zu Versorgungskassen für Angestellte	**434**
			7023	Beiträge zu Versorgungskassen für Arbeiter	**435**

			7029	Beiträge zu Versorgungskassen für sonstige Beschäftigte	438
		703		**Beiträge zur gesetzlichen Sozialversicherung**	44
			7031	Beiträge zur gesetzlichen Sozialversicherung für Beamte	440
			7032	Beiträge zur gesetzlichen Sozialversicherung für Angestellte	444
			7033	Beiträge zur gesetzlichen Sozialversicherung für Arbeiter	445
			7039	Beiträge zur gesetzlichen Sozialversicherung für sonstige Beschäftigte	448
		704		**Beihilfen, Unterstützungsleistungen und dgl.**	45
			7041	Beihilfen, Unterstützungsleistungen und dgl.	
		707		**Ansparung für künftige Pensionszahlungen**	411
			7071	Ansparung für künftige Pensionszahlungen	
		709		**Pauschalierte Lohnsteuer**	
			7091	Pauschalierte Lohnsteuer	
	71			**Versorgungsauszahlungen**	
		711		**Versorgungsauszahlungen**	42
			7111	Versorgungsauszahlungen für Beamte	420
			7112	Versorgungsauszahlungen für Angestellte	424
			7113	Versorgungsauszahlungen für Arbeiter	425
			7119	Versorgungsauszahlungen für sonstige Beschäftigte	428
		713		**Beiträge zur gesetzlichen Sozialversicherung**	44
			7131	Beiträge zur gesetzlichen Sozialversicherung für Beamte	440
			7132	Beiträge zur gesetzlichen Sozialversicherung für Angestellte	444
			7133	Beiträge zur gesetzlichen Sozialversicherung für Arbeiter	445
			7139	Beiträge zur gesetzlichen Sozialversicherung für sonstige Beschäftigte	448
		714		**Beihilfen, Unterstützungsleistungen und dgl.**	45
		717		**Ansparung für künftige Pensionszahlungen**	421
	72			**Auszahlungen für Sach- und Dienstleistungen**	
		721		**Auszahlungen für Fertigung, Vertrieb und Waren**	57 - 63
			7211	Auszahlungen für "..."	
			7212	Auszahlungen für "..."	
		722		**Auszahlungen für Energie / Wasser / Abwasser**	54
			7221	Auszahlungen für "..."	
			7222	Auszahlungen für "..."	
		723		**Auszahlungen für Unterhaltung und Bewirtschaftung**	
			7231	Auszahlungen für Unterhaltung der Grundstücke, Gebäude usw.	50
			7232	Auszahlungen für Unterhaltung des Infrastrukturvermögens	51
			7233	Auszahlungen für Unterhaltung der Maschinen und technischen Anlagen	52
			7234	Auszahlungen für die Unterhaltung von Fahrzeugen	55
			7235	Auszahlungen für Unterhaltung der Betriebsvorrichtungen	52
			7236	Auszahlungen für Unterhaltung der Betriebs- und Geschäftsausstattung	52
			7237	Auszahlungen für Bewirtschaftung der Grundstücke, Gebäude usw.	54
		724		**Weitere Verwaltungs- und Betriebsauszahlungen**	57 - 63
			7241	Schülerbeförderungskosten	639
			7242	Lernmittel nach dem Lernmittelfreiheitsgesetz	631
			7249	Sonstige Auszahlungen für Sachleistungen	57 - 63
		725		**Kostenerstattungen**	67
			7250	Erstattungen an den Bund	670
			7251	Erstattungen an das Land	671
			7252	Erstattungen an Gemeinden (GV)	672
			7253	Erstattungen an Zweckverbände	673
			7254	Erstattungen an den sonstigen öffentlichen Bereich	674
			7255	Erstattungen an verbundene Unternehmen, Beteiligungen und Sondervermögen	675
			7256	Erstattungen an sonstige öffentliche Sonderrechnungen	676
			7257	Erstattungen an private Unternehmen	677
			7258	Erstattungen an übrige Bereiche	678

		726		**Auszahlungen für sonstige Dienstleistungen**	**57 - 63**
			7261	Auszahlungen für sonstige Dienstleistungen	
	73			**Transferauszahlungen**	
		731		**Auszahlungen von Zuweisungen und Zuschüsse für laufende Zwecke**	**71**
			7310	Auszahlungen von Zuweisungen an den Bund	**710**
			7311	Auszahlungen von Zuweisungen an das Land	**711**
			7312	Auszahlungen von Zuweisungen an Gemeinden (GV)	**712**
			7313	Auszahlungen von Zuweisungen an Zweckverbände	**713**
			7314	Auszahlungen von Zuweisungen an den sonstigen öffentlichen Bereich	**714**
			7315	Auszahlungen von Zuschüssen an verbundene Unternehmen, Beteiligungen und Sondervermögen	**715**
			7316	Auszahlungen von Zuschüssen an sonstige öffentliche Sonderrechnungen	**716**
			7317	Auszahlungen von Zuschüssen an private Unternehmen	**717**
			7318	Auszahlungen von Zuschüssen an übrige Bereiche	**718**
		732		**Schuldendiensthilfen**	**72**
			7320	Schuldendiensthilfen an den Bund	**720**
			7321	Schuldendiensthilfen an das Land	**721**
			7322	Schuldendiensthilfen an Gemeinden (GV)	**722**
			7323	Schuldendiensthilfen an Zweckverbände	**723**
			7324	Schuldendiensthilfen an den sonstigen öffentlichen Bereich	**724**
			7325	Schuldendiensthilfen an verbundene Unternehmen, Beteiligungen und Sondervermögen	**725**
			7326	Schuldendiensthilfen an sonstige öffentliche Sonderrechnungen	**726**
			7327	Schuldendiensthilfen an private Unternehmen	**727**
			7328	Schuldendiensthilfen an übrige Bereiche	**728**
		733		**Sozialtransferauszahlungen**	
			7331	Leistungen der Sozialhilfe an natürliche Personen außerhalb von Einrichtungen	**73**
			7332	Leistungen der Sozialhilfe an natürliche Personen in Einrichtungen	**74**
			7333	Leistungen an Kriegsopfer und ähnliche Anspruchsberechtigte	**75**
			7334	Leistungen der Jugendhilfe an natürliche Personen außerhalb von Einrichtungen	**76**
			7335	Leistungen der Jugendhilfe an natürliche Personen in Einrichtungen	**77**
			7336	Leistungen der Grundsicherung an natürliche Personen außerhalb von Einrichtungen	**781**
			7337	Leistungen der Grundsicherung an natürliche Personen in Einrichtungen	**782**
			7338	Leistungen nach dem Asylbewerberleistungsgesetz	**79**
			7339	Sonstige soziale Leistungen	**788**
		734		**Auszahlungen wegen Steuerbeteiligungen und dgl.**	**81**
			7341	Gewerbesteuerumlage	**810**
			7342	Finanzierungsbeteiligung Fonds Deutsche Einheit	**811**
		735		**Allgemeine Zuweisungen**	**82**
			7352	Allgemeine Zuweisungen an Gemeinden und Gemeindeverbände	**822**
		737		**Allgemeine Umlagen**	**83**
			7371	Allgemeine Umlagen an das Land und Nachzahlung aus der Abrechnung des Solidarbeitrages	**831**
			7372	Allgemeine Umlagen an Gemeinden und Gemeindeverbände	**832**
		739		**Sonstige Transferauszahlungen**	
			7391	Rückzahlung überzahlter Gewerbesteuer	**3**
	74			**Sonstige Auszahlungen aus laufender Verwaltungstätigkeit**	
		741		**Sonstige Personal- und Versorgungsauszahlungen**	
			7411	Auszahlungen für Personaleinstellungen	**46**
			7412	Auszahlungen für die Aus- und Fortbildung, Umschulung	**56**
			7413	Auszahlungen für übernommene Reisekosten	**65**
			7414	Auszahlungen für Beschäftigtenbetreuung und Dienstjubiläen	**41**
			7415	Auszahlungen für Umzugskostenvergütung	**46**
			7416	Auszahlungen für Dienst- und Schutzkleidung, persönliche Ausrüstungsgegenstände	**56**
			7417	Personalnebenauszahlungen	**46**

		742		**Auszahlungen für die Inanspruchnahme von Rechten und Diensten**	
			7421	Mieten, Pachten und Erbbauzinsen	**53**
			7422	Leasing	**53**
			7425	Leiharbeitskräfte	**57 - 63**
			7429	Sonstige Auszahlungen für die Inanspruchnahme von Rechten und Diensten	**65**
		743		**Geschäftsauszahlungen**	
			7431	Büromaterial	**65**
			7432	"..."	
		744		**Auszahlungen von Beiträgen und Sonstigem**	
			7441	Versicherungsbeiträge u.ä.	**64**
			7442	Kfz-Versicherungsbeiträge	**55**
			7443	Beiträge zu Wirtschaftsverbänden, Berufsvertretungen und Vereinen	**661**
			7444	Sonstige Beiträge	**661**
		745		**Auszahlungen für Umsatzsteuerüberhang**	**64**
			7451	Auszahlungen für Umsatzsteuerüberhang	
		747		**Betriebliche Steuerauszahlungen**	
			7471	Grundsteuer	**54**
			7472	Kraftfahrzeugsteuer	**55**
			7473	Ausfuhrzölle	**64**
			7474	Andere Verbrauchsteuern	**64**
			7479	Sonstige betriebliche Steueraufwendungen	**64**
		748		**Auszahlungen für Steuern vom Einkommen und Ertrag**	**64**
			7481	Auszahlungen für Steuern vom Einkommen und Ertrag (Steuer "...")	
		749		**Andere sonstige Auszahlungen aus laufender Verwaltungstätigkeit**	
			7491	Verfügungsmittel	**660**
			7492	Auszahlungen für Schadensfälle	**64**
			7499	Andere sonstige Auszahlungen aus laufender Verwaltungstätigkeit	
	75			**Zinsen und sonstige Finanzauszahlungen**	
		751		**Zinsauszahlungen**	**80**
			7510	Zinsauszahlungen an den Bund	**800**
			7511	Zinsauszahlungen an das Land	**801**
			7512	Zinsauszahlungen an Gemeinden (GV)	**802**
			7513	Zinsauszahlungen an Zweckverbände	**803**
			7514	Zinsauszahlungen an den sonstigen öffentlichen Bereich	**804**
			7515	Zinsauszahlungen an verbundene Unternehmen, Beteiligungen und Sondervermögen	**805**
			7516	Zinsauszahlungen an sonstige öffentliche Sonderrechnungen	**806**
			7517	Zinsauszahlungen an private Unternehmen	**807**
			7518	Zinsauszahlungen an übrige Bereiche	**808**
		759		**Sonstige Zinsen und sonstige Finanzauszahlungen**	
			7591	Sonstige Zinsauszahlungen	**84**
			7592	Sonstige Finanzauszahlungen	
			7595	Kreditbeschaffungskosten	**990**
	78			**Auszahlungen aus Investitionstätigkeit**	
		781		**Allgemeine Investitionszuwendungen**	**98**
			7810	Allgemeine Investitionszuweisungen an den Bund	**980**
			7811	Allgemeine Investitionszuweisungen an das Land	**981**
			7812	Allgemeine Investitionszuweisungen an Gemeinden (GV)	**982**
			7813	Allgemeine Investitionszuweisungen an Zweckverbände	**983**
			7814	Allgemeine Investitionszuweisungen an den sonstigen öffentlichen Bereich	**984**
			7815	Allgemeine Investitionszuschüsse an verbundene Unternehmen, Beteiligungen und Sondervermögen	**985**
			7816	Allgemeine Investitionszuschüsse an sonstige öffentliche Sonderrechnungen	**986**
			7817	Allgemeine Investitionszuschüsse an private Unternehmen	**987**
			7818	Allgemeine Investitionszuschüsse an übrige Bereiche	**988**

		782		**Auszahlungen für den Erwerb von Vermögensgegenständen des Anlagevermögens**	**93**
			7821	Auszahlungen für den Erwerb von immateriellen Vermögensgegenständen	**935**
			7822	Auszahlungen für den Erwerb von unbebauten Grundstücken	**932**
			7823	Auszahlungen für den Erwerb von bebauten Grundstücken	**932**
			7824	Auszahlungen für den Erwerb von Finanzanlagen (ohne Ausleihungen)	**930**
			7825	Auszahlungen für den Erwerb von Finanzanlagen (Ausleihungen)	**92**
			7826	Auszahlungen aus dem Erwerb von beweglichen Sachen des Anlagevermögens oberhalb der Wertgrenze i. H. v. 410 Euro	**935**
			7827	Auszahlungen aus dem Erwerb von beweglichen Sachen des Anlagevermögens unterhalb der Wertgrenze i. H. v. 410 Euro	**52**
			7828	Auszahlungen für die Ablösung von Dauerlasten	**991**
		783		**Auszahlungen für die Abwicklung von Baumaßnahmen**	**94,95, 96**
			7831	Baumaßnahme "..."	
			7832	Baumaßnahme "..."	
	79			**Auszahlungen aus Finanzierungstätigkeit**	
		791		**Tilgung von Krediten für Investitionen**	**97**
			7910	Tilgung von Krediten vom Bund	**970**
			7911	Tilgung von Krediten vom Land	**971**
			7912	Tilgung von Krediten von Gemeinden (GV)	**972**
			7913	Tilgung von Krediten von Zweckverbänden	**973**
			7914	Tilgung von Krediten vom sonstigen öffentlichen Bereich	**974**
			7915	Tilgung von Krediten von verbundenen Unternehmen, Beteiligungen und Sondervermögen	**975**
			7916	Tilgung von Krediten von sonstigen öffentlichen Sonderrechnungen	**976**
			7917	Tilgung von Krediten von privaten Unternehmen	**977**
			7918	Tilgung von Krediten von übrigen Bereichen	**978**
		792		**Tilgung von Krediten zur Liquiditätssicherung**	
			7921	Tilgung von Krediten zur Liquiditätssicherung an öffentlichen Bereich	
			7922	Tilgung von Krediten zur Liquiditätssicherung an privaten Kreditmarkt	
		795		**Gewährung von Darlehen**	**92**
			7950	Darlehen an den Bund	**920**
			7951	Darlehen an das Land	**921**
			7952	Darlehen an Gemeinden (GV)	**922**
			7953	Darlehen an Zweckverbände	**923**
			7954	Darlehen an den sonstigen öffentlichen Bereich	**924**
			7955	Darlehen an verbundene Unternehmen, Beteiligungen und Sondervermögen	**925**
			7956	Darlehen an sonstige öffentliche Sonderrechnungen	**926**
			7957	Darlehen an private Unternehmen	**927**
			7958	Darlehen an übrige Bereiche	**928**
8				**Abschlusskonten**	
	80			**Eröffnungskonten/Abschlusskonten**	
		801		**Eröffnungsbilanz-Konto**	
			8011	**"..."**	
		802		**Schlussbilanz-Konto**	
			8021	**"..."**	
		803		**Ergebnisrechnungs-Konto**	
			8031	**"..."**	
		804		**Finanzrechnungs-Konto**	
			8041	**"..."**	
	81			**Korrekturkonten**	
			8111	**"..."**	
	82			**Kurzfristige Erfolgsrechnung**	
			8211	**"..."**	
9				**Kosten- und Leistungsrechnung (KLR)**	
	90			**Kosten- und Leistungsrechnung (KLR)**	

Literaturhinweise

Baetge, Jörg, Kirsch, Hans-Jürgen und Thiele, Stefan: Bilanzen, 15., überarbeitete Auflage, Düsseldorf: IDW-Verlag, 2019.

Beck'scher Bilanz-Kommentar: Handels- und Steuerbilanz, hrsg. von Grottel, Bernd/ Schmidt, Stefan F./ Schubert, Wolfgang J. u.a., 12. Auflage, München: Verlag C. H. Beck, 2019.

Bittig, Gordon, Fudalla, Mark und zur Mühlen, Manfred: Doppisches kommunales Rechnungswesen: Finanzrechnung und Finanzplan, in: Der Gemeindehaushalt, Heft 2/2002, S. 29 – 36.

Bornhofen, Manfred und Bornhofen, Martin C.: Buchführung 1 DATEV-Kontenrahmen 2019, Grundlagen der Buchführung für Industrie- und Handelsbetriebe, 31. Auflage, Wiesbaden: Gabler, 2019.

Bornhofen, Manfred und Bornhofen, Martin C.: Buchführung 2 DATEV-Kontenrahmen 2019, Abschlüsse nach Handels- und Steuerrecht – Betriebswirtschaftliche Auswertung – Vergleich mit IFRS, 31. Auflage, Wiesbaden: Gabler, 2020.

Bussiek, Jürgen und Ehrmann, Harald: Buchführung: Kompendium der praktischen Betriebswirtschaft, 9., vollkommen überarbeitete Auflage, Ludwigshafen (Rhein): Friedrich Kiehl Verlag GmbH, 2010.

Dünken, Hans-Gerd und Zeiler, Wolfgang: Rechnungswesen in der öffentlichen Verwaltung, 6. Auflage, Braunschweig: Westermann Schulbuch, 2019

Eisele, Wolfgang und Knobloch, Alois P.: Technik des betriebswirtschaftlichen Rechnungswesens. Buchführung und Bilanzierung, Kosten- und Leistungsrechnung, Sonderbilanzen, 9. Auflage, München: Vahlen, 2018.

Endriss, Horst Walter u.a. (Hrsg.): Bilanzbuchalter-Handbuch, 12, überarbeitete Auflage, Herne/Berlin: Verlag Neue Wirtschafts-Briefe, 2019.

Engelhardt, Werner H., Raffée, Hans und Wischermann, Barbara: Grundzüge der doppelten Buchhaltung mit Aufgaben und Lösungen, 8., überarbeitete Auflage, Wiesbaden: Gabler, 2010.

Freytag, Dieter, Hamacher, Claus und Wohland, Andreas: Neues Kommunales Finanzmanagement (NKF) Nordrhein-Westfalen, Stuttgart: Deutscher Gemeindeverlag GmbH, 2005.

Fudalla, Mark und Schwarting, Gunnar: Der Rechenschaftsbericht in der kommunalen Doppik: Grundlagen, Funktion, Aufbau, Berlin: Erich Schmidt Verlag, 2009

Fudalla, Mark, Tölle, Martin und Wöste, Christian: Bilanzierung und Jahresabschluss in der Kommunalverwaltung. Grundsätze für das „Neue Kommunale Finanzmanagement" (NKF), 4., neu bearbeitete Auflage, Berlin: Erich Schmidt Verlag, 2017.

Fudalla, Mark, Schwarting, Gunnar und Wöste, Christian: Wirtschaftlichere Haushaltsführung dank Doppik?, in: Der Gemeindehaushalt, Heft 3/2005, S. 53 – 56.

Häfner, Philipp: Doppelte Buchführung für Kommunen, 4. Auflage, Freiburg (Breisgau): Rudolf Haufe Verlag, 2009.

Henkes, Jörg: Der Jahresabschluss kommunaler Gebietskörperschaften: Von der Verwaltungskameralistik zur kommunalen Doppik, Berlin: Erich Schmidt Verlag, 2008

Homann, Klaus: Kommunales Rechnungswesen. Buchführung, Kostenrechnung und Wirtschaftlichkeitsrechnung in Kommunalverwaltungen, 6., überarbeitete Auflage, Siegen: Verlag Gerhard Homann, 2005.

Horschitz, Harald, Groß, Walter und Fanck, Bernfried: Bilanzsteuerrecht und Buchführung, Buchreihe Finanz und Steuern Band 1, 15. Auflage, Stuttgart: Schäffer-Poeschel Verlag, 2018.

Innenministerium des Landes Nordrhein-Westfalen (Hrsg.): Neues Kommunales Finanzmanagement in Nordrhein-Westfalen. Handreichung für Kommunen, 7. Auflage, Düsseldorf 2016.

KGSt (Hrsg.): Vom Geldverbrauchs- zum Ressourcenverbrauchskonzept. Leitlinien für ein neues kommunales Haushalts- und Rechnungsmodell auf doppischer Grundlage, KGSt-Bericht 1/1995.

Kußmaul, Heinz und Henkes, Jörg: Kommunale Doppik: Einführung in das Dreikomponentensystem, Berlin: Erich Schmidt Verlag, 2009.

Lüder, Klaus: Konzeptionelle Grundlagen des Neuen Kommunalen Rechnungswesens (Speyerer Verfahren), 2. überarbeitete und ergänzte Auflage, Stuttgart: Staatsanzeiger für Baden-Württemberg GmbH, 1999.

Schildbach, Thomas u.a: Der handelsrechtliche Jahresabschluss, 11., überarbeitete Auflage, Berlin: Verlag Wissenschaft & Praxis, 2019.

Deitermann, Manfred u.a.: Industrielles Rechnungswesen IKR,. 48. Auflage, Darmstadt: Winklers, 2019.

Schuster, Falko: Doppelte Buchführung für Städte, Kreise und Gemeinden. Einführung zur Vorbereitung auf das neue kommunale Rechnungswesen und das neue kommunale Finanzmanagement, 2., überarbeitete und erweiterte München/Wien: Oldenbourg, 2007.

Schwarting, Gunnar: Den kommunalen Haushaltsplan richtig lesen und verstehen im doppischen Rechnungswesen, 5., neu bearbeitete und erweiterte Auflage, Berlin: Erich Schmidt Verlag 2016.

Wöhe, Günter und Kußmaul, Heinz: Grundzüge der Buchführung und Bilanztechnik, 10. Auflage, München: Verlag Franz Vahlen, 2018.

Stichwortverzeichnis